全国水利行业规划教材　高职高专水利水电类
中国水利教育协会策划组织
“互联网+”新形态教材　少学时经典教材

工程力学

主　编　奚立平
副主编　杨晓红　张生瑞　郭江涛
　　　　顾　颖　夏　艳　吴冬影
主　审　张祥霖

黄河水利出版社
·郑州·

内 容 提 要

本书是全国水利行业规划教材，是根据中国水利教育协会职业技术教育分会高等职业教育教学研究会组织制定的工程力学课程教学标准编写完成的。本书共分为外力、内力和应力 3 个模块，包括绪论，受力图，平面力系的合成与平衡，杆件的内力分析，轴向拉(压)杆件、剪切(连接件)的强度和变形计算，扭转的强度和刚度计算，弯曲的强度和刚度计算，组合变形和压杆稳定等 9 个项目内容。

本书可作为高职高专院校水利、土木等工程类专业的教材，或其他相近专业的教学参考书，也可供有关工程技术人员学习参考。

图书在版编目(CIP)数据

工程力学/奚立平主编．—郑州：黄河水利出版社，2023．10

全国水利行业规划教材

ISBN 978-7-5509-3786-4

Ⅰ．①工…　Ⅱ．①奚…　Ⅲ．①工程力学-高等职业教育-教材　Ⅳ．①TB12

中国国家版本馆 CIP 数据核字(2023)第 210675 号

组稿编辑：王路平　电话：0371-66022212　E-mail：hhslwlp@163.com
　　　　　陈俊克　　　　66026749　E-mail：hhslcjk@126.com

责任编辑：赵红菲　责任校对：王单飞　封面设计：李思璇　责任监制：常红昕

出版发行：黄河水利出版社

地址：河南省郑州市顺河路 49 号　邮政编码：450003

网址：www.yrcp.com　E-mail：hhslcbs@126.com

发行部电话：0371-66020550、66028024

承印单位：河南承创印务有限公司

开本：787 mm×1 092 mm　1/16

印张：13.25

字数：310 千字　　印数：1—2 100

版次：2023 年 10 月第 1 版　　印次：2023 年 10 月第 1 次印刷

定价：48.00 元

前 言

本书是贯彻落实中共中央办公厅、国务院办公厅《关于推动现代职业教育高质量发展的意见》(2021 年 10 月)、《国家职业教育改革实施方案》(国发〔2019〕4 号)、《国务院关于加快发展现代职业教育的决定》(国发〔2014〕19 号)和《水利部 教育部关于进一步推进水利职业教育改革发展的意见》(水人事〔2013〕121 号)等文件精神,依据教育部印发的《高等职业学校专业教学标准(试行)》中关于课程的教学要求,在中国水利教育协会指导下,由中国水利教育协会职业技术教育分会高等职业教育教学研究会组织编写的第四轮水利水电类专业规划教材。第四轮教材以学生能力培养为主线,体现出实用性、实践性、创新性的教材特色,是一套理论联系实际、教学面向生产的高职教育精品规划教材。

本书是由“2020 年度高校学科(专业)拔尖人才学术资助项目(gxbjZD2020122)”资助编写的教材,也是安徽省质量工程项目“《工程力学》精品共享课(2017kfk152)”研究成果的应用。书中学习内容配合二维码,可调用纸媒以外的视频、动画、图片等学习资源,是理论与实践相结合的多元化“互联网+”新形态教材。

本书主要介绍工程结构受力分析、承载能力计算的基本原理和方法。

本书是以“层次递进,步骤导引,情境激发”的课程教学模式为指导思想,并结合安徽省大学生力学竞赛大纲来编写的。在具体内容的编排上,基于高职学生认知规律,将繁杂凌乱的教学内容整合成外力、内力和应力三个模块。其主线是“外力→内力→应力”,即按照由宏观到微观、由表及里的层次递进。相应的练习也按照由易到难的层次逐步递进,分为“思考题”“一般练习题”和“较难练习题”。“思考题”“一般练习题”主要针对基本知识进行巩固训练,“较难练习题”主要针对综合应用能力进行训练,可作为力学竞赛赛前训练题。这样,就能实现能力培养的递进。另外,本书不强调理论的系统性,重在概念和结论的应用,力求做到文字简练,重难点阐述透彻,并结合工程实际,重视对学生工程意识和力学素养的训练和培养。

本书编写以党的二十大精神为指引,通过实例、话题的自然延伸等融入思政元素,培养学生强烈的家国情怀、良好的职业道德、严谨务实的作风和创新的能力,践行人民至上的理念。

本书编写人员与编写分工如下:安徽水利水电职业技术学院奚立平编写绪论、项目七;杨凌职业技术学院郭江涛编写项目一;安徽水利水电职业技术学院夏艳编写项目二;福建水利电力职业技术学院张生瑞编写项目三;安徽水利水电职业技术学院顾颖编写项目四和项目五;安徽水利水电职业技术学院杨晓红编写项目六;安徽水利水电职业技术学院吴冬影编写项目八。本书由奚立平担任主编,并负责统稿;由杨晓红、张生瑞、郭江涛、顾颖、夏艳、吴冬影担任副主编;由安徽水利水电职业技术学院张祥霖担任主审。

由于编者水平有限,不足之处在所难免,恳请广大读者批评指正。

编 者

2023 年 6 月

本书互联网全部资源

目 录

绪 论

【学习目标】 了解工程力学的研究对象及杆系结构的概念;了解工程力学的任务;掌握刚体和理想变形固体的概念;掌握荷载的分类。

一、工程力学的研究对象及在我国的发展情况

工程力学是研究工程结构受力分析、承载能力的基本原理和方法的学科。工程力学是工程技术人员从事水利工程结构设计、施工及管理所必须具备的理论基础。在生活、生产中,为了满足不同的使用要求,需要建造各种建筑物,如为兴利除害而兴建的水闸、水坝、水电站、渡槽等水利工程,为了工作和生活的需要而建造的各种房屋。这些建筑物从施工到建成及使用的过程中,都要承受各种荷载(外力)。建筑物中承受荷载并起到骨架作用的部分称为结构。组成结构的元件称为构件,它是结构的基本单元。结构是由若干构件按一定方式组合而成的。例如:支承渡槽槽身的排架是由立柱和横梁组成的刚架结构,如图 0-1(a)所示;工业厂房结构由屋架、吊车梁、柱等构件组成,如图 0-1(b)所示。结构受荷载作用时,若不考虑建筑材料的变形,其几何形状和位置不会发生改变。

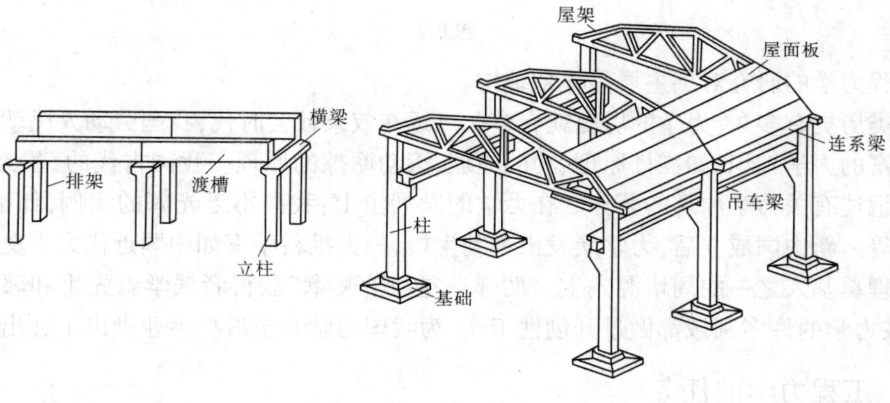

(a) (b)

图 0-1

码 0-1 课程标准

码 0-2 微课-绪论(一)

码 0-3 微课-绪论(二)

结构按其几何特征可分为以下三种类型:

(1)杆系结构。是由杆件组成的结构。杆件的几何特征是其长度远远大于横截面的宽度和高度,包括杆、轴、梁等。如图0-2(a)所示,梁两端搁在墙上,其截面尺寸远小于长度。描述杆件的两个主要几何要素为横截面和轴线。横截面是指垂直于杆长度方向的截面,而轴线则为杆件所有横截面形心的连线,两者相互垂直。如杆件的轴线为直线,称为直杆;如杆件的轴线为曲线,则称为曲杆。横截面大小和形状不变的杆件,称为等截面杆;反之,称为变截面杆。

(2)薄壁结构。是由薄板或薄壳构成的结构。板或壳的几何特征是其厚度远远小于另外两个方向的尺寸,如图0-2(b)所示。当构件各处曲率为零时称为板,建筑结构中的板类构件有各种墙板、楼板、屋面板等。当构件至少有一个方向的曲率不为零时称为壳,如钢筋混凝土连拱坝的拱壳。

(3)实体结构。是由块体构成的结构。块体的几何特征是三个方向的尺寸相近,基本为同一数量级,如图0-2(c)所示的重力坝。

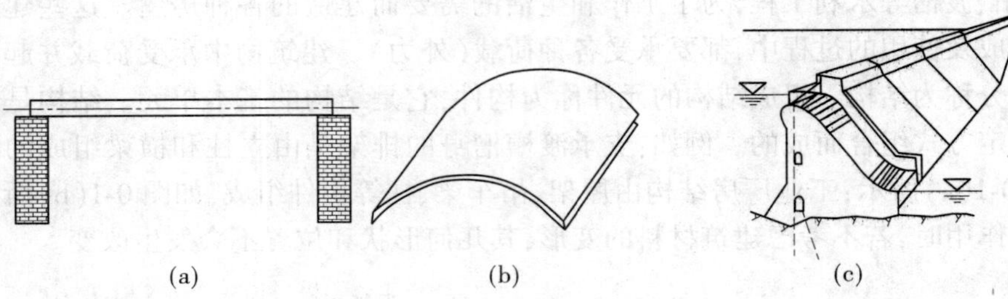

图0-2

工程力学的研究对象主要是杆系结构。

人类历史有多久,力学的历史就有多久。远在奴隶社会时代,我国劳动人民就积累了比较丰富的力学知识,如杠杆原理、功的原理、滚动摩擦的原理。我国古代的《墨经》是一部最早记述有关力学原理的著作。在力学的发展史上,我国不乏光辉的实例,如都江堰、赵州桥等。新中国成立后,力学焕发出勃勃生机,一大批科学家如中国近代力学奠基人和理论物理奠基人之一的周培源先生、"两弹一星功勋奖章"获得者钱学森先生和郭永怀先生等,在力学的许多领域都做过开创性工作,为我国力学乃至科技事业做出了突出贡献。

二、工程力学的任务

工程力学的任务主要有如下四个方面:

(1)进行结构的受力分析。进行结构设计时,必须确定结构和构件受哪些力作用,每个力的作用位置和方向,哪些力是已知的,哪些力是未知的,以及未知力的数值,这个过程称为受力分析,它是工程力学四个任务之首。

(2)进行结构的几何组成分析。结构设计要求各构件必须按一定规律组合,以确保在荷载作用下结构的几何形状和位置不发生改变。

(3)进行结构的承载能力计算。工程实际中,构件工作时,荷载过大会使其丧失正常的工作能力,这种现象称为失效或破坏。反之,承受必要的荷载时能正常服役的构件,我们称为处于安全状态。构件失效往往是由于其材料、尺寸和约束形式等与其所受荷载不相适应而造成的,由此引起的常见破坏形式主要有构件材料发生屈服或断裂破坏、构件产生过大的变形或失去稳定性等。为了使构件在荷载作用下正常工作而不破坏,必须满足强度、刚度和稳定性要求。强度要求就是指在荷载作用下,构件应有足够的抵抗破坏和过大塑性变形的能力。刚度要求就是指在荷载作用下,构件应有足够的抵抗弹性变形的能力。稳定性要求就是指在荷载作用下,构件应有足够的保持原有平衡状态的能力。

(4)设计结构的合理形式。结构在安全正常工作的同时还应考虑经济条件,应设计合理的形式,充分发挥材料的性能,不至于产生过大的浪费。

三、工程力学的理想模型

工程中的结构和构件,其性质是复杂多样的,在力学分析时,为了使所研究的问题简化,常将物体抽象化为两种计算模型:刚体和理想变形固体。

刚体是在外力作用下,其内部任意两点之间的距离始终保持不变的物体,亦即物体受力后其形状和尺寸都不发生改变。实际上,任何物体受力作用后都会发生一定的变形,但在进行结构和构件的受力分析及体系几何组成分析时,变形这一因素不影响所研究问题的性质,是次要因素,可以忽略不计,故抽象为刚体。在另一些力学问题中,如内力、应力分析等,是研究作用在物体上的力与变形规律的,变形这一因素是不可忽略的主要因素,如果不予考虑就得不到问题的客观结论。这时,我们将物体视为理想变形固体,其基本假设如下:

(1)连续均匀假设。认为材料无空隙地连续分布,且各处性质均相同。

(2)各向同性假设。认为材料沿不同方向的力学性质均相同。具有这种性质的材料被称为各向同性材料。

按照连续均匀、各向同性假设而理想化了的物体称为理想变形固体。

变形固体受荷载作用产生变形,撤去荷载可完全消失的变形称为弹性变形。撤去荷载不能恢复的变形称为塑性变形或残余变形。在多数工程问题中,要求构件只发生弹性变形。

工程中大多数构件在荷载作用下产生的变形量与其原始尺寸相比很微小,称为小变形;否则,称为大变形。小变形构件的计算,可采取变形前的原始尺寸并略去某些高阶微量,以达到简化计算的目的。

综上所述,工程力学中把所研究的结构和构件作为连续均匀、各向同性的理想变形固体,在弹性范围内和小变形情况下研究其承载能力。

四、荷载及其分类

结构在工作时所承受的其他物体作用的主动外力称为荷载。荷载可分为不同类型。

码 0-4 例题分析

(一)按荷载作用的范围分类

按荷载作用的范围可分为集中荷载和分布荷载。

若荷载作用的范围与构件的尺寸相比很小,可认为荷载集中作用于一点，称为集中荷载。车轮对地面的压力、柱子对面积较大的基础的压力等都为集中荷载。

分布作用在体积、面积和线段上的荷载分别称为体荷载、面荷载和线荷载，统称为分布荷载。如重力分布属于体荷载；风、雪的压力等属于面荷载；杆件所受的分布荷载视为作用在杆件的轴线上，可简化为单位长度上分布的荷载，称为线荷载。当各点线荷载的大小均相同时，称为均布线荷载；当荷载各点大小不同时，称为非均布线荷载。各点荷载的大小用荷载集度 q 表示，某点的荷载集度表示线荷载在该点的密集程度，常用单位为 N/m 或 kN/m。可以证明：按任一平面曲线分布的线荷载，其合力的大小等于分布荷载图的面积，作用线通过荷载图形的形心，合力的指向与分布力的指向相同。

当以刚体为研究对象时，作用在结构上的分布荷载可用其合力（集中荷载）代替，以简化计算；但以变形体为研究对象时，作用在结构上的分布荷载不能用其合力代替。

（二）按荷载作用时间的长短分类

按荷载作用时间的长短可分为恒荷载和活荷载。

永久作用在结构上且大小、方向不变的荷载称为恒荷载。固定设备、结构的自重等都为恒荷载。

暂时作用在结构上的荷载称为活荷载。人群、风、雪、吊车荷载等都属于活荷载。

（三）按荷载作用的性质分类

按荷载作用的性质可分为静荷载和动荷载。

缓慢地加到结构上的荷载称为静荷载。静荷载作用下结构不产生明显的加速度，结构处于静止平衡状态，不致引起振动，可以忽略惯性力的影响。

大小、方向随时间而变的荷载称为动荷载。地震力、冲击力、惯性力等都为动荷载。在动荷载作用下，结构上各点产生明显的加速度，结构的内力和变形都随时间而发生变化。

小结

（1）结构是建筑物中承受荷载并起到骨架作用的部分。构件是组成结构的基本单元。结构按其几何特征可分为杆系结构、薄壁结构和实体结构。工程力学的研究对象主要是杆系结构。

（2）工程力学的任务主要有四个方面：进行结构的受力分析，进行结构的几何组成分析，进行结构的承载能力计算，设计结构的合理形式。构件在荷载作用下正常工作而不被破坏，必须满足强度、刚度和稳定性要求。

（3）工程力学中将物体抽象化为两种计算模型：刚体模型、理想变形固体模型。在进行结构和构件的受力分析及体系几何组成分析时，可以抽象为刚体。在内力、应力分析时，可将结构和构件视为理想变形固体。

（4）结构在工作时所承受的其他物体作用的主动外力称为荷载。按荷载作用的范围可分为集中荷载和分布荷载，按荷载作用时间的长短可分为恒荷载和活荷载，按荷载作用的性质可分为静荷载和动荷载。

模块一　外　力

项目一　受力图

【学习目标】 掌握力的概念,理解静力学公理;掌握力对点之矩、合力矩定理、力对轴之矩;掌握力偶的概念、力偶矩;理解力偶的性质;掌握力的平移定理;掌握各种约束简图、约束反力表达法及工程上真实约束的简化方法;掌握物体受力分析及受力图的绘制方法。

任务一　力

一、力的概念

(一)力与力系的概念

力的概念是人类在长期的生活和生产实践中由感性认识到理性认识逐步形成的抽象概念。墨翟是中国物理学史上第一个给"力"定义的学者,《墨经·经上》记录了墨子关于"力"的定义:"力,刑之所以奋也。"意为,力是驱使物体运动的原因。比古希腊哲学家亚里士多德认为的"物体的运动是靠外力支持的"要早几十年。

牛顿定律给出了力的科学定义:力是物体间相互的机械作用,这种作用使物体的机械运动状态发生改变,同时使物体发生变形。由力的定义可知,既然力是物体与物体之间的相互作用,因此力不可能脱离物体而单独存在。也就是说,存在受力物体就必然存在施力物体。

力对物体的作用结果称为力的效应。一般力的效应可分为两类:一类是使得物体的机械运动状态发生变化,称为力的外效应或运动效应;另一类是使得物体的形状和尺寸发生改变,称为力的内效应或变形效应。在外力部分,只研究力的外效应。

码 1-1　微课-力(一)　　　　码 1-2　微课-力(二)

(二)力的三要素

实践证明,力对物体的作用效应取决于力的大小、方向和作用点。在这三个因素中,只要改变这三个因素中的一个因素,都会对物体产生不同的效果。所以,把力的大小、方向和作用点称为力的三要素。国际单位制中,衡量力的大小的单位采用牛[顿](N)或千牛(kN)。

在力学中要区分两类量:标量和矢量。一般把只需一个数值就可以确定的量称为标量。把既要考虑大小又要考虑方向的量称为矢量。由力的三要素可知,力是既有大小又有方向的量,所以力是矢量,可用一带箭头的线段来表示。如图 1-1 所示,线段的起点 A(或终点 B)表示力的作用点,线段的方位和箭头的指向表示力的方向,线段的长度(按一定的比例尺)表示力的大小。通过力的作用点沿力方向的直线 L,称为力的作用线。本书中用黑体字表示力矢量,如 $\boldsymbol{F}$。

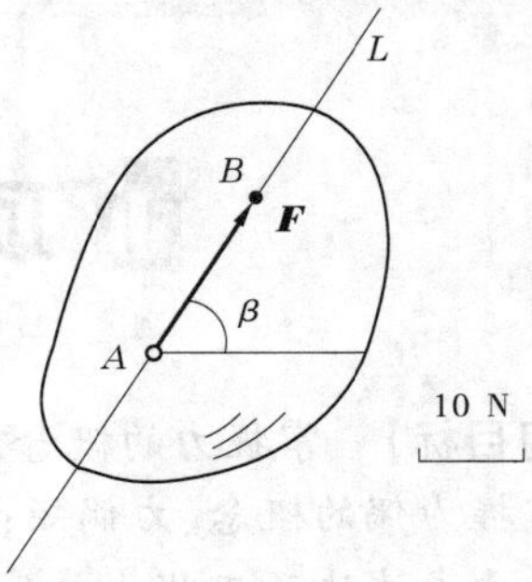

图 1-1

(三)力系的概念

力系是指作用在物体上的一组力。

根据力系中各个力的作用线在空间分布情况,可将力系分为平面力系和空间力系。各力的作用线均位于同一平面内的力系称为平面力系,各力的作用线不在同一平面内的力系称为空间力系。

(四)合力与分力

若两个力系分别作用于同一物体上,产生的效应完全相同,则把这两个力系称为等效力系。在不改变作用效应的前提下,用一个简单力系(或一个力)代替一个复杂力系的过程称为力系的简化。力系的简化是刚体静力学的基本问题之一。

如果一个力与一个力系等效,则这个力称为该力系的合力,而力系中的各个力都为这个合力的分力。

(五)平衡力系的概念

物体相对于惯性参考系保持静止或匀速直线运动的状态称为物体的平衡状态。一般常取地球作为惯性参考系。例如,静止在地面的桥梁、水坝等,在高速公路上匀速直线行驶的汽车等,都处于平衡状态。如果使物体在某一个力系作用下处于平衡,则称此力系为平衡力系。研究物体平衡时,作用在物体上的力系应满足的条件是静力学的又一基本问题。

力系简化的目的之一是导出力系的平衡条件,而力系的平衡条件是设计结构、构件和机械零件时静力计算的基础。

二、静力学公理

静力学公理是人们在长期生产和实践中对力的基本性质的总结和概括。它是研究力系简化和力系平衡条件的依据。其中最基本的规律可归纳为以下四条。

（一）二力平衡公理

受两力作用的刚体，使其保持平衡的充分必要条件是：这两个力大小相等，方向相反，且作用在同一条直线上，如图 1-2 所示。

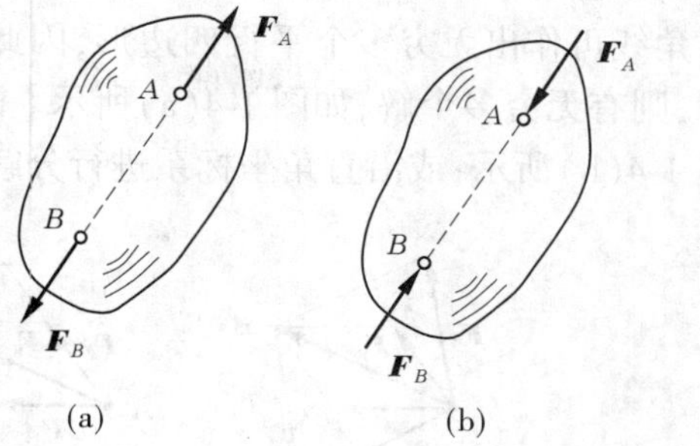

图 1-2

上述条件对于刚体来说是必要而充分的，但是对于理想变形固体来说仅仅是必要条件。例如，绳索受两个等值、反向、共线的拉力作用时可以平衡，而两端受一对等值、反向、共线的压力作用时就不能平衡。

仅在两个力作用下处于平衡的刚体称为二力体。如果物体是某种杆件或构件，有时也称为二力杆件或二力构件，二力杆件与其本身形状无关。

（二）加减平衡力系公理

在作用于刚体上的任意力系中，加上或减去一个平衡力系，不改变原力系对刚体的作用效应。

在平衡力系中各力对于刚体的运动效应相互抵消，从而使刚体保持平衡。因此，该公理的正确性是显而易见的。

力的加减平衡力系公理只适用于刚体，不适用于理想变形固体。

（三）力的平行四边形法则

作用于物体上同一点的两个力，可以合成为作用于该点的一个合力。合力的大小和方向，以这两个力为邻边所构成的平行四边形的由该点出发的对角线表示。

如图 1-3(a)所示，F_1、F_2 为作用于物体上 A 点的两个力，以 F_1 和 F_2 为邻边作平行四边形 $ABCD$，其对角线 AC 表示两共点力 F_1 和 F_2 的合力 F_R。这种求合力的方法，称为矢量加法，用公式表示为

$$F_R = F_1 + F_2 \tag{1-1}$$

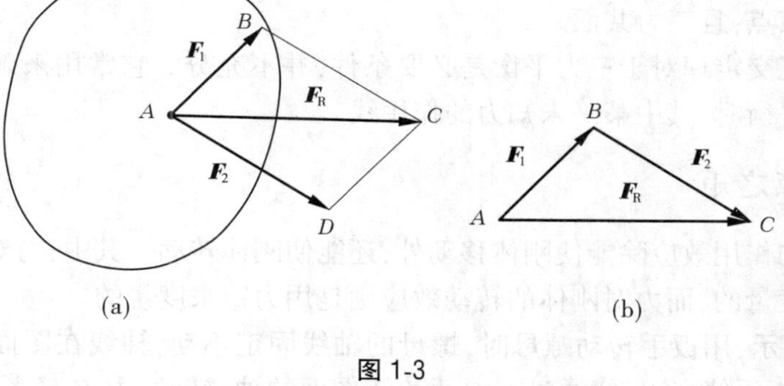

图 1-3

力的平行四边形法则还可简化为力的三角形法则，如图 1-3(b)所示。力三角形的两边由两分力首尾相接组成，第三边即为合力，它由第一个分力的起点指向第二个分力的终点，即合力的作用点仍在二分力交点处。

根据力的平行四边形法则也可将一力分解为作用在同一点的两个分力。因为由一条对角线可作出无穷多个平行四边形,因此当将一个力按此法则进行分解时,若无条件限制,则有无穷多个解,如图 1-4(a)所示。通常是将一个力分解为方向已知的两个分力,如图 1-4(b)所示;或沿直角坐标系进行分解,得到互相垂直的两个分力,如图 1-4(c)所示。

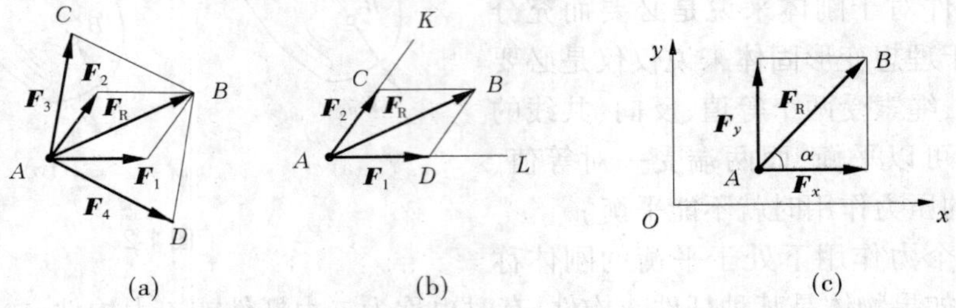

图 1-4

(四)作用与反作用定律

两个物体间相互作用的一对力,总是同时存在并且大小相等,方向相反,沿同一直线并分别作用在相互作用的两个物体上。

这个公理说明了两物体间相互作用力总是成对出现的,有作用力就必有反作用力,并且总是同时产生又同时消失的。

特别要注意的是,必须把作用和反作用定律与二力平衡公理严格区别开来。它们虽然都满足等值、反向、共线的条件,但作用与反作用定律是表明两个物体相互作用的力学性质,而二力平衡公理则说明一个刚体在两个力作用下处于平衡时两个力应满足的条件。

根据上述静力学公理可以导出下面两个重要推论:

推论 1 力的可传性原理。

作用在刚体上某点的力,可沿其作用线任意滑移至刚体上的任意一点,而不改变此力对刚体的作用效应。力的可传性原理只适用于刚体,不适用于理想变形固体。

推论 2 三力平衡汇交定理。

刚体在三个力作用下处于平衡时,若其中两个力的作用线汇交于一点,则第三个力的作用线必通过该点,且三力共面。

三力平衡汇交定理对于三力平衡是必要条件,并不充分。它常用来确定刚体在不平行三力作用下平衡时,其中某一未知力的作用线。

三、力对点之矩

力对刚体的作用效应除能使刚体移动外,还能使刚体转动。其中,力对刚体的移动效应是用力矢来度量的,而力对刚体的转动效应则是用力矩来度量的。

如图 1-5 所示,用扳手转动螺母时,螺母的轴线固定不动,轴线在图面上的投影为点 O,力 $\boldsymbol{F}$ 可以使扳手绕点 O(绕通过点 O 垂直于图面的轴)转动,力 $\boldsymbol{F}$ 越大,螺钉就拧得越紧;力 $\boldsymbol{F}$ 的作用线与螺钉中心 O 的距离越远,就越省力。显然,力 $\boldsymbol{F}$ 使扳手绕点 O 的转动效应,取决于力 $\boldsymbol{F}$ 的大小和力作用线到点 O 的垂直距离 d。

用力 $\boldsymbol{F}$ 的大小与 O 点到力 $\boldsymbol{F}$ 作用线的垂直距离 d 的乘积,再冠以正负号来表示力 $\boldsymbol{F}$

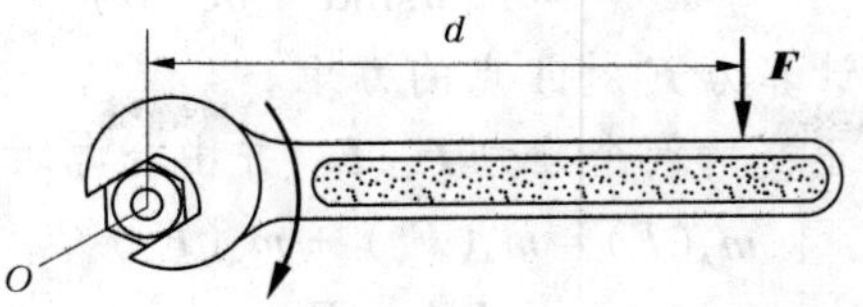

图 1-5

使物体绕 O 点转动的效应,称为力 $\boldsymbol{F}$ 对 O 点之矩,简称力矩。力对点的矩实际上是力对通过矩心且垂直于平面的轴的矩。

$$m_O(\boldsymbol{F}) = \pm Fd \tag{1-2}$$

式中,O 点称为力矩中心,简称矩心;矩心 O 到力的作用线的垂直距离 d 称为力臂;力 $\boldsymbol{F}$ 对矩心所确定的平面称为力矩平面。式中的正负号表示在力矩平面内力使物体绕矩心转动的方向,一般规定:使物体产生逆时针方向转动的力矩为正,反之为负。力矩是代数量。力矩的单位是 N · m 或 kN · m。

由力矩的定义可得如下结论:

(1)力对点之矩不但与力的大小和方向有关,还与矩心位置有关。

(2)当力的大小为零或力的作用线通过矩心(力臂 $d=0$)时,则力矩恒等于零。

(3)当力沿其作用线滑移时并不改变力对点之矩。

四、合力矩定理

平面力系的合力对平面内任一点之矩,等于其各分力对同一点之矩的代数和。

合力矩定理给出了合力及其各分力对同一点力矩的关系,可用来简化力矩的计算。例如,在计算力对某点的力矩时,有时力臂不易求出,可将此力分解为相互垂直的两个分力,若两个分力对该点的力臂已知,即可方便地求出两分力对该点的力矩代数和,从而求得此力对该点之矩。

【例 1-1】 试计算图 1-6 中力 $\boldsymbol{F}$ 对 A 点的力矩。

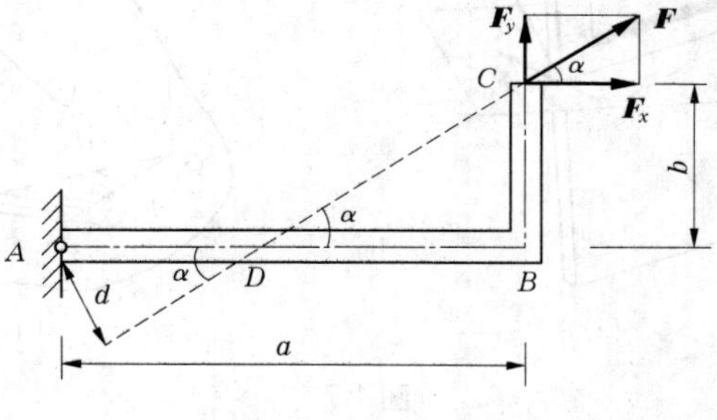

图 1-6

解法 1:由力矩的定义计算力 $\boldsymbol{F}$ 对 A 点的力矩:

$$\begin{aligned} m_A(\boldsymbol{F}) &= Fd = F \cdot AD\sin\alpha \\ &= F(AB - DB)\sin\alpha \\ &= F(a - b\cot\alpha)\sin\alpha \end{aligned}$$

$$= F(a\sin\alpha - b\cos\alpha)$$

解法 2:用合力矩定理计算力 $\boldsymbol{F}$ 对 A 点的力矩。

将力 $\boldsymbol{F}$ 在 C 点分解为正交的两个分力 $\boldsymbol{F}_x$、$\boldsymbol{F}_y$,并由合力矩定理得

$$\begin{aligned} m_A(F) &= m_A(\boldsymbol{F}_x) + m_A(\boldsymbol{F}_y) \\ &= -F_x b + F_y a \\ &= -(F\cos\alpha)b + (F\sin\alpha)a \\ &= F(a\sin\alpha - b\cos\alpha) \end{aligned}$$

由此可见,两种解法的结果是相同的,但在解法 1 中,由几何关系推求力臂较麻烦,而在解法 2 中,由合力矩定理计算则较为简便。

五、力对轴之矩

在水工建筑物中,存在着大量绕固定轴转动的构件,如发电机转子、齿轮、飞轮等。力对轴的矩是度量作用力对绕轴转动物体作用效果的物理量。如图 1-7(a)所示,设门绕固定轴 z 转动,其上 A 点受力 $\boldsymbol{F}$ 的作用。将力 $\boldsymbol{F}$ 沿 z 轴和垂直于 z 轴的 H 平面分解为 $\boldsymbol{F}_z$ 和 $\boldsymbol{F}_{xy}$ 两个分量。实践表明,分力 $\boldsymbol{F}_z$ 不能使刚体绕 z 轴转动,只有分力 $\boldsymbol{F}_{xy}$ 才能使刚体产生绕 z 轴的转动。所以,力 $\boldsymbol{F}$ 对 z 轴的转动效应取决于分力 $\boldsymbol{F}_{xy}$ 对 O 点的矩,称为力 $\boldsymbol{F}$ 对 z 轴的矩,以符号 $m_z(\boldsymbol{F})$ 表示。扩展到一般情形,如图 1-7(b)所示,定义:力 $\boldsymbol{F}$ 对任意轴 z 的矩,等于力 $\boldsymbol{F}$ 在垂直于 z 轴的 H 平面上的分力 $\boldsymbol{F}_{xy}$ 对 z 轴与平面 H 交点 O 的矩,即

$$m_z(\boldsymbol{F}) = m_O(\boldsymbol{F}_{xy}) = \pm F_{xy}d$$

式中,d 仍称为力臂,正负符号仍表示力矩的转向。从轴的正向看,逆时针转向的力矩取正号,顺时针转向的力矩取负号。也可以用右手螺旋法则确定:用右手的四指表示力矩的转向,当大拇指的指向与轴的正向相同时力矩为正,反之为负。

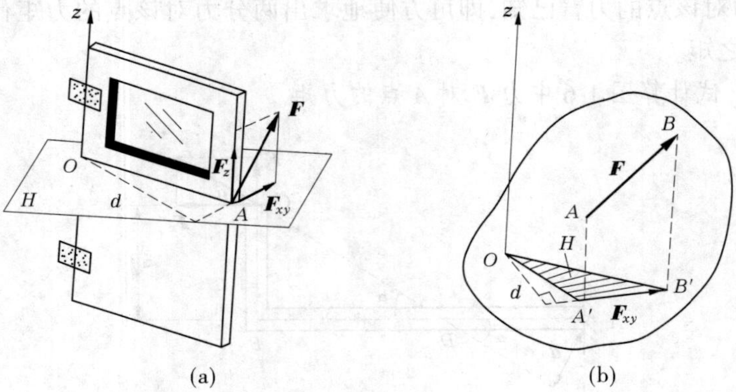

图 1-7

当力的作用线与轴共面时,力对轴之矩为零;当力不为零并且它的作用线与轴是异面直线时,力对轴之矩不等于零。力对轴之矩的单位是 N · m 或 kN · m。

任务二 力 偶

一、力偶的概念

在实践中,为了使物体发生转动,常在物体上施加大小相等、方向相反、作用力互相平行的两个力。例如:汽车司机转动方向盘时,双手加在方向盘上的两个力,如图 1-8(a)所示;钳工用丝锥攻螺纹时的两个力,如图 1-8(b)所示。工程力学中,把这些成对的力作为整体来考虑。

码 1-3 微课-力偶

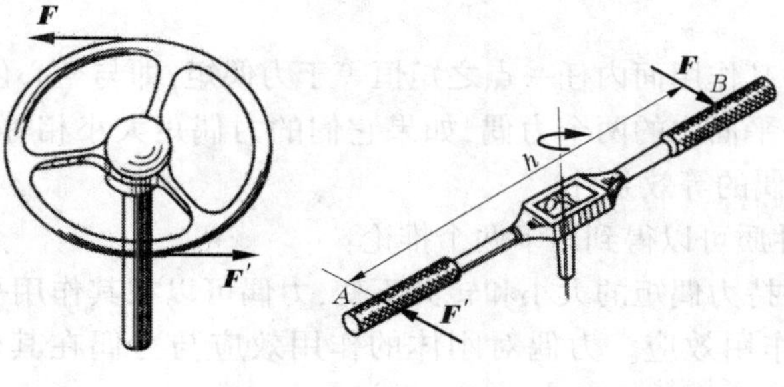

(a) (b)

图 1-8

力学中,把大小相等、方向相反、不共线的两个平行力组成的力系,称为力偶。一般用符号($\boldsymbol{F},\boldsymbol{F}'$)表示。力偶中两力作用线所确定的平面称为力偶作用面,两力之间的垂直距离称为力偶臂,如图 1-9 所示。

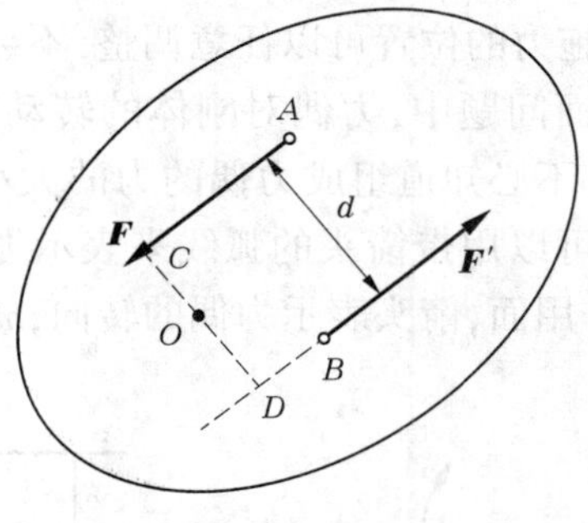

图 1-9

需要注意的是,力偶不能再简化为更简单的形式,所以力偶同力一样被看成组成力系的基本元素。组成力偶的两个力虽然等值、反向,但不在一条直线上,不满足平衡力系的要求,因此力偶不是平衡力系,且对刚体仅产生转动效应。

二、力偶矩

实践表明,组成力偶的力越大,或力偶臂越长,则力偶使物体的转动效应就越强;反之,就越弱。因此,可用力的大小 F 与力偶臂 d 的乘积,再冠以正负号来量度力偶对物体的转动效应,称为力偶矩,以符号 $m(\boldsymbol{F},\boldsymbol{F}')$ 表示,即

$$m(\boldsymbol{F},\boldsymbol{F}') = m = \pm Fd \tag{1-3}$$

在平面问题中,力偶矩的大小是 Fd;正负号表示力偶的转向,通常规定:力偶使物体逆时针转时取正,反之取负。力偶矩的单位为 N · m 或 kN · m。

大量实践证明,度量力偶对物体转动效应的三要素是:力偶矩的大小、力偶的转向、力偶的作用面。不同的力偶只要它们的三要素相同,对物体的转动效应就是一样的。

三、力偶的性质

性质 1 力偶没有合力,所以力偶不能用一个力来代替,也不能与一个力来平衡,力偶只能与力偶平衡。

性质 2 力偶对其作用面内任一点之矩恒等于力偶矩,即与矩心位置无关。

性质 3 在同一平面内的两个力偶,如果它们的力偶矩大小相等,转向相同,则这两个力偶等效,称为力偶的等效条件。

由力偶的等效性质可以得到以下两个推论:

推论 1 只要保持力偶矩的大小和转向不变,力偶可以在其作用平面内任意转移,而不改变它对刚体的作用效应。力偶对刚体的作用效应与力偶在其作用平面内的位置无关。

推论 2 只要保持力偶矩的大小和转向不变,可以同时改变组成力偶的力的大小和力偶臂的大小,而不改变力偶对刚体的作用效应。

此外,还可以证明:只要保持力偶矩的大小和转向不变,力偶可以从一个平面移至另一个与之平行的平面,而不会改变对刚体的效应。

关于力偶等效的性质和推论,可通过实践加以验证。比如司机转动方向盘,只要保持力偶矩大小和转向不变,双手施力的位置可以任意调整,不会改变效果。

由力偶的性质可知,在平面问题中,力偶对刚体的转动效应完全取决于力偶矩。因此,分析与力偶有关的问题时,不必知道组成力偶的力的大小和力偶臂的长度,只须知道力偶矩的大小和转向即可,故可以用带箭头的弧线来表示力偶,如图 1-10 所示。图 1-10 中弧线所在的平面代表力偶作用面,箭头表示力偶的转向,m 表示力偶矩的大小。

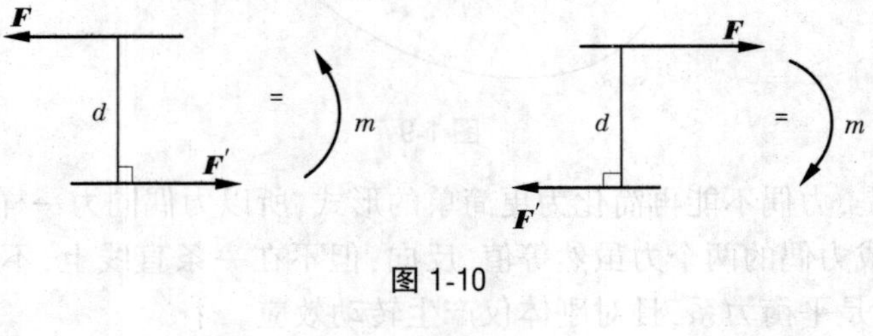

图 1-10

四、力的平移定理

由力的可传性可知,力可以沿着作用线滑移到刚体上的任意一点,不会改变力对刚体

的作用效应。但当力平行于原来的作用线移动到刚体上任意一点时,力对刚体的作用效应便会改变。为了将力等效地平行移动,有如下的定理:

作用在刚体上的力可以从原来的作用点平行移动到任一点,但为保持原有的作用效应,须附加一个力偶,附加力偶的力偶矩等于原来的力对新作用点(平移点)的矩。

力的平移定理表明:作用于刚体上的一个力可分解为作用在同一平面内的一个力和一个力偶,也可以将同一平面内一个力和一个力偶合成为作用在另一点上的力。力的平移定理可帮助解决工程中的一些力学问题,但要注意的是,该定理只适用于刚体,不适用于理想变形固体。

任务三　约束与约束反力

一、约束与约束反力的概念

码 1-4　微课-约束与约束反力

根据物体在空间的运动是否受到周围其他物体的限制,一般把物体分为两类:一类是不与其他物体接触且空间任何方向的运动都不受限制的物体,称为自由体,如在空中飞行的飞机、宇宙飞船等;另一类是在空间的运动受到与之相接触的其他物体限制的物体,称为非自由体,例如静止在桥墩上的桥梁、搁置在地面上的桌子等。

在实际工程中,一般物体都受到周围其他物体的限制而不能自由运动,则把这些周围物体称为该物体的约束。例如:桥梁受到桥墩的约束而静止不动,桥墩是桥梁的约束;轴在轴承上不动,轴承是轴的约束。由于约束限制了物体的运动,即限制了物体的运动状态,因此约束的作用是一种力的作用,即约束必然受到被约束物体的作用力。当物体沿着约束所能限制的方向有运动或有运动趋势时,约束对该物体必然有力的作用,这种力称为约束反力,简称反力。约束反力的方向总是与被约束物体运动方向或运动趋势相反,约束反力的作用点在约束与被约束物体的接触处。

作用在物体上的力除约束反力外,还有荷载作用,如重力、水压力等,它们的作用使物体运动状态发生变化或产生运动趋势,称为主动力。主动力一般是已知的,或可根据已有的资料确定。约束反力由主动力引起,随主动力的改变而改变,故又称为被动力。当物体在荷载和约束反力作用下处于平衡状态时,可用力系的平衡条件确定未知的约束反力。

二、常见约束类型及特点

工程中大量平衡问题是非自由体的平衡问题,约束形式也是多样的。为便于理论分析和计算,下面介绍几种常见的约束和约束反力。

(一)柔性约束

由不计自重的钢丝、绳索、链条、胶带等柔性体构成的约束称为柔性约束,如图 1-11 所示。柔性约束只能限制物体沿着柔性体中心线离开柔性体的运动,而不限制其他方向的运动。因此,它们只能对约束物体施加拉力,不能施加压力,作用点是物体与柔性体的连接点,方向沿柔性体的中心线背离被约束物体。常用符号 $\boldsymbol{T}$ 表示,如图 1-11 中的 $\boldsymbol{T}_A$ 、$\boldsymbol{T}_B$ 。

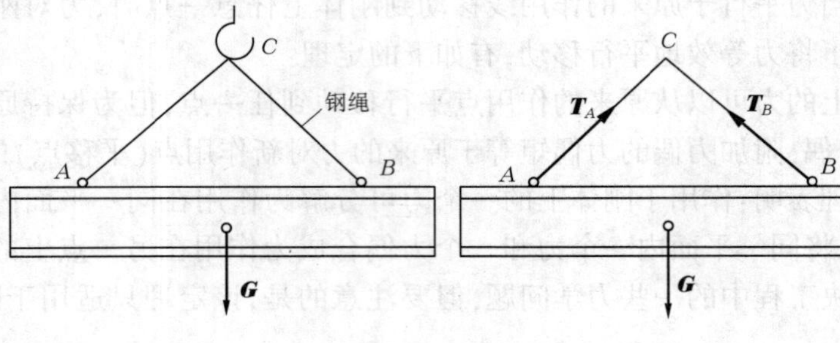

图 1-11

(二)光滑面约束

不计摩擦的光滑平面或曲面若构成对物体运动的限制,称为光滑面约束,如图 1-12 所示。

光滑面约束,不论接触面的形状如何,只能限制物体沿接触面公法线并指向接触面的运动。因此,光滑面约束的约束反力是通过接触点,沿着接触面的公法线并指向被约束物体,即光滑面约束反力是压力,常用字母 $\boldsymbol{N}$ 表示,如图 1-12 所示。与柔性约束类似,光滑面约束的反力方向是已知的,只有大小是未知的。

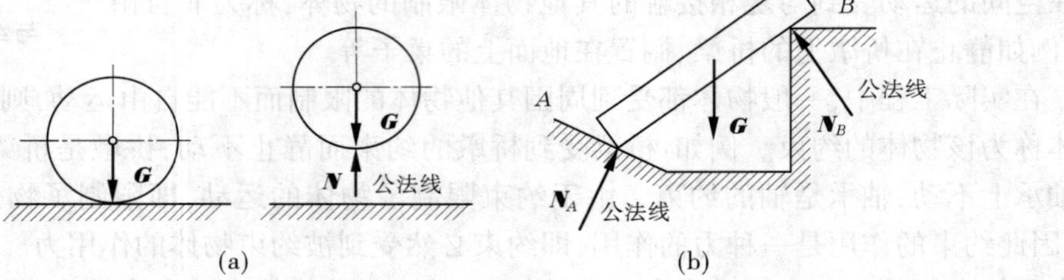

图 1-12

(三)光滑圆柱铰链约束

不计销钉与孔壁的摩擦,将一个圆柱形销钉插入两个物体的圆孔中,如图 1-13(a)所示。销钉对所连接的物体形成的约束称为光滑圆柱铰链约束,简称铰链约束或中间铰,其简图如图 1-13(b)所示。

码 1-5 动画-光滑圆柱铰链约束

圆柱铰链约束的特点是销钉不限制物体绕销钉轴线的相对转动和沿其轴线方向的相对滑动,只能限制物体在垂直于销钉轴线的平面内沿任意方向的相对移动。在主动力作用下,当销钉和销钉孔在某点 D 光滑接触时,销钉对物体的约束反力 $\boldsymbol{F}_C$ 作用在接触点 D,且沿接触面公法线方向。铰链的约束反力作用在垂直销钉轴线的平面内,并通过销钉中心,如图 1-13(c)所示。由于销钉与销钉孔壁接触点的位置与被约束物体所受的主动力有关,往往不能预先确定,故约束反力 $\boldsymbol{F}_C$ 的方向亦不能预先确定。因此,通常用通过铰链中心两个大小未知的正交分力 $\boldsymbol{F}_{Cx}$、$\boldsymbol{F}_{Cy}$ 来表示,如图 1-13(d)所示。分力 $\boldsymbol{F}_{Cx}$ 和 $\boldsymbol{F}_{Cy}$ 的指向可任意假定。

(四)固定铰支座

将结构物或构件连接在墙、柱、基础等支承物上的装置称为支座。用光滑圆柱铰链把

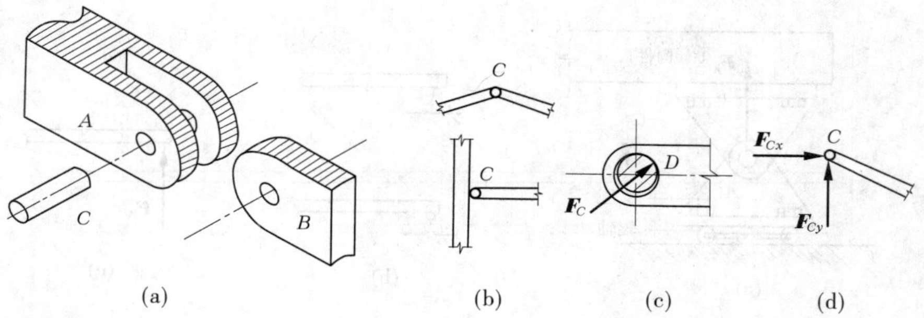

图 1-13

结构物或构件与支座连接，并将底板固定在支承物上而构成的支座，称为固定铰支座，如图 1-14(a)所示。其结构简图如图 1-14(b)所示。为避免在构件上穿孔而影响构件的强度，通常在构件上固结另一穿孔的物体，称为上摇座，而将底板称为下摇座。

固定铰支座的特点是不能限制物体绕销轴发生转动，只能限制构件沿垂直于销轴轴线平面内任意方向的移动。因此，固定铰支座的支座反力 $\boldsymbol{F}_A$ 作用于接触点，垂直于销轴，并通过销轴轴线，方向也是未知的，一般用其相互垂直的分力 $\boldsymbol{F}_{Ax}$、$\boldsymbol{F}_{Ay}$ 表示，如图 1-14(c)所示。

码 1-6 动画-固定铰支座

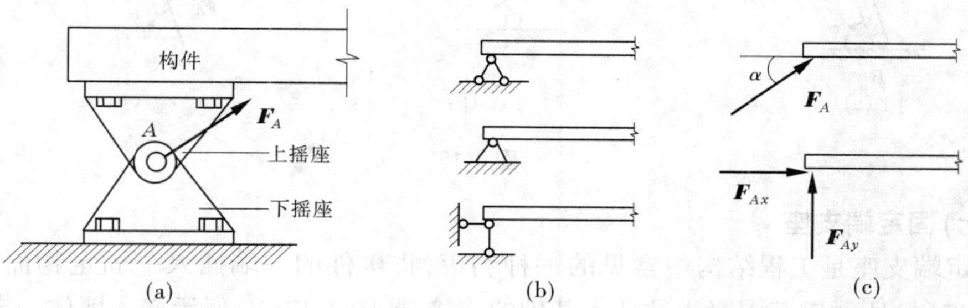

图 1-14

(五)可动铰支座

在固定铰支座底板与支承面之间安装若干个辊轴，就会构成可动铰支座，如图 1-15(a)所示。其结构简图如图 1-15(b)所示。

当支承面光滑时，这种支座只能限制物体沿支承面法线方向的移动，且使得构件不能离开或靠近支承面，不能限制物体沿支承面切线方向的移动和绕铰链中心转动。因此，可动铰支座的约束反力 $\boldsymbol{F}_A$ 垂直于支承面，且通过铰链中心，如图 1-15(c)所示。

码 1-7 动画-可动铰支座

在桥梁、屋架等结构中常采用可动铰支座，以保证在温度变化等因素作用下，结构可沿其跨度方向自由伸缩，不致引起结构的破坏。

(六)链杆约束

链杆约束指两端与其他物体用光滑铰链连接，杆中间不受力，且不计自重的杆件，如

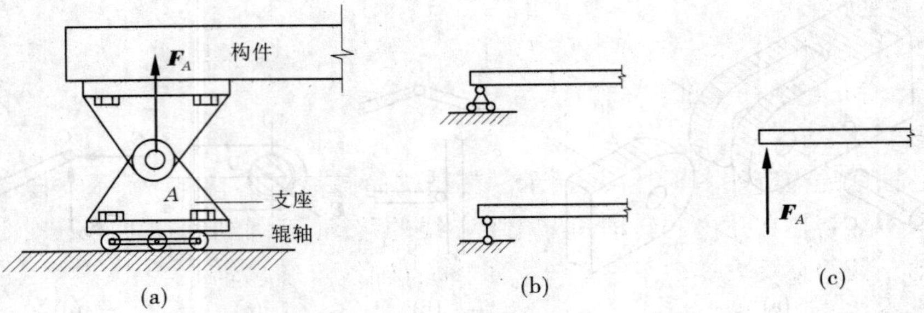

图 1-15

图 1-16(a)所示。图 1-16(b)为其结构简图。由于链杆只在两铰链处受力的作用,因此又称为二力杆。链杆约束只能限制物体沿链杆两端铰中心的连线方向运动,而不限制其他方向的运动。由二力平衡公理可知,处于平衡状态时,链杆所受的两个力必定大小相等、方向相反地作用在链杆两个铰链中心的连线上,但指向一般不能确定。因此,按作用与反作用定律,链杆对物体的约束反力为沿着链杆两端铰链中心连线方向的压力或拉力,如图 1-16(c)中的 $\boldsymbol{F}_A$。

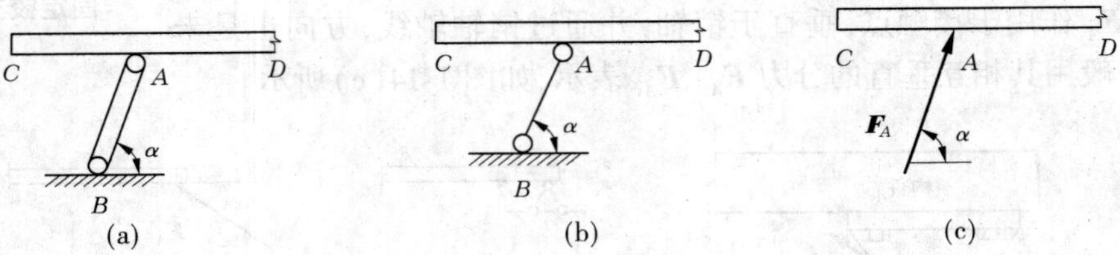

图 1-16

(七)固定端支座

固定端支座是工程结构中常见的一种约束,将构件的一端插入一固定物而构成的。如图 1-17(a)所示钢筋混凝土柱插入基础的连接端、图 1-17(b)所示嵌入墙体一定深度的悬臂梁的嵌入端都属于固定端支座,其简图如图 1-17(c)所示。

固定端支座的特点是在连接处具有较大的刚性,被约束的构件在该连接处被完全固定,也就是说固定端支座在连接处不允许被约束的构件发生任何相对移动和转动。根据其特点,可把其约束反力简化为阻止构件不能移动的两个分力 $\boldsymbol{F}_{Ax}$、$\boldsymbol{F}_{Ay}$ 以及阻止构件不能转动的约束反力偶 m_A,方向待定,如图 1-17(d)所示。

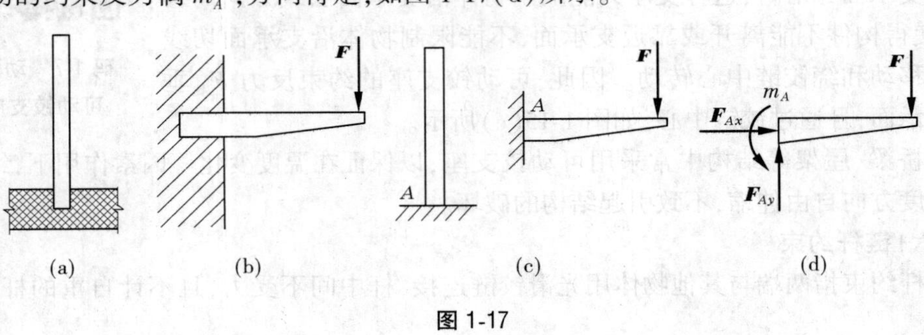

图 1-17

(八)轴承约束

轴承是机器中常见的一种约束,它的性质与铰链约束性质相同,根据其约束性质的不同,可分为向心轴承和止推轴承。

1. 向心轴承

向心轴承的构造如图 1-18(a)所示。其结构简图如图 1-18(b)所示。向心轴承的特点是轴承不限制轴在孔内的转动和沿孔中心线的移动,而限制轴在垂直于轴线平面内的径向运动。其约束反力类似于固定铰支座,垂直轴线且通过轴心,但方向待定。所以,采用两个正交分力 $\boldsymbol{F}_{Ax}$、$\boldsymbol{F}_{Ay}$ 表示,如图 1-18(c)所示。

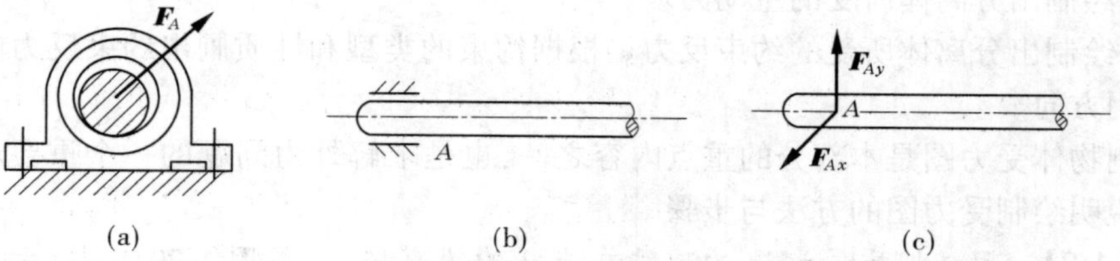

图 1-18

2. 止推轴承

止推轴承可视为作用一光滑面将向心轴承圆孔的一端封闭形成,如图 1-19(a)所示。图 1-19(b)为其结构简图。止推轴承的特点是既限制轴在垂直其轴线平面内的径向移动,又限制轴沿着轴线方向的运动。因此,止推轴承的约束反力一般有三个分量,如图 1-19(c)所示。

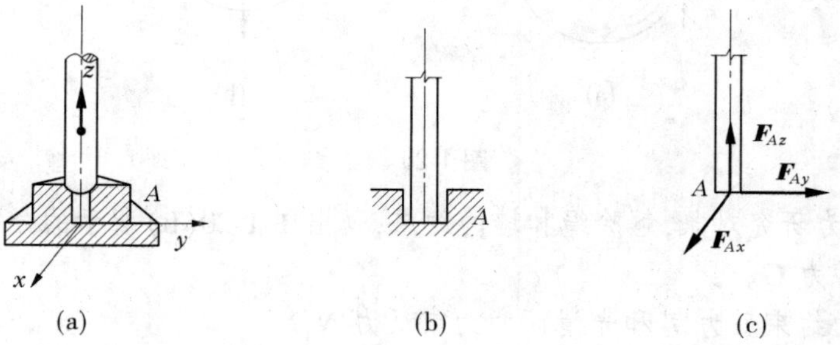

图 1-19

任务四 受力图的绘制

一、受力分析与受力图

在力学计算中,首先要对物体系统或其组成构件进行受力分析,即要确定物体受哪些力作用以及每个力的作用位置和方向;其次要分析哪些是已知力,哪些是未知力,以及未知力的数值,这个过程就是受力分析,受力分析时所研究的物体称为研究对象。物体的受力分析一般包含两个步骤:一是为表示物体的受力情况,必须把要研究的物体单独分离出来,单独画出其简图,这种解除了约束并被分离出来的研究对象称为分离体;二是在分离体图上画出研究对象所受的全部力(包括主动力以及约束反力),得到物体受力的简明图形,称为受力图。

码 1-8 微课-受力图(一)

二、绘制受力图的步骤

一般来说,绘制受力图的步骤如下:

(1)明确研究对象,绘制出分离体。根据题意,选择合适的物体作为研究对象,研究对象可以是一个物体,也可以是由几个物体组成的组合或者整个系统。

(2)绘制出分离体所受的主动力。

(3)绘制出分离体所受的约束反力。根据约束的类型和性质画出约束反力的作用位置和作用方向。

绘制物体受力图是本部分的重点内容之一,也是求解外力问题的一个重要步骤。下面举例说明绘制受力图的方法与步骤。

【例 1-2】 用绳把质量为 m 的球挂在光滑的铅直墙上,如图 1-20(a)所示。试绘出此球的受力图。

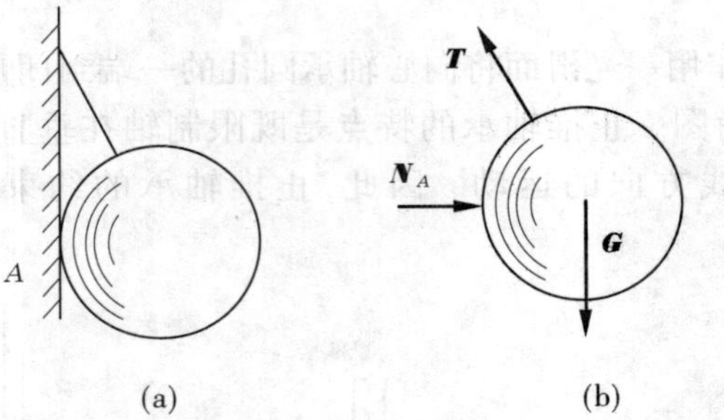

图 1-20

解:(1)以球为研究对象,解除绳和墙的约束,画出图 1-20(b)所示的分离体。

(2)绘出主动力 $\boldsymbol{G}$。

(3)绘出绳的约束反力 $\boldsymbol{T}$ 和光滑面的约束反力 $\boldsymbol{N}_A$。

【例 1-3】 如图 1-21(a)所示,简支梁 AB 上的 C 点作用一集中力 $\boldsymbol{F}$,若不计梁的自重,试绘出梁 AB 的受力图。

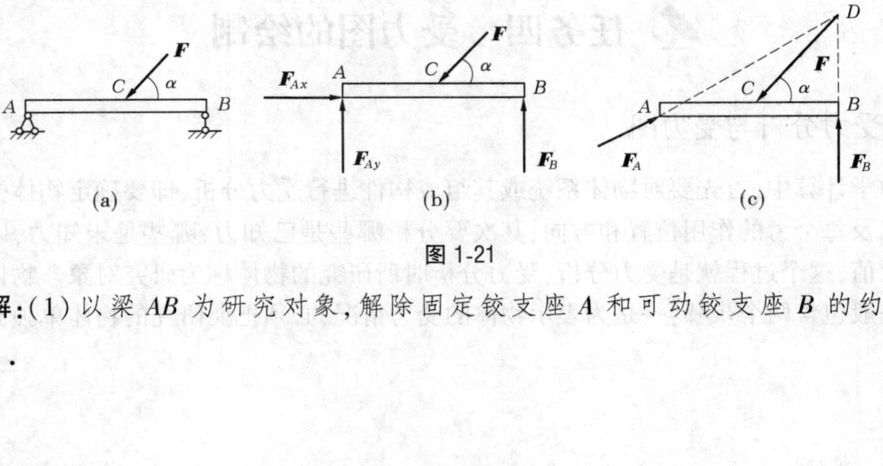

图 1-21

解:(1)以梁 AB 为研究对象,解除固定铰支座 A 和可动铰支座 B 的约束,画出

图 1-21(b)所示的分离体。

(2)绘出作用在梁上的主动力 $\boldsymbol{F}$。

(3)绘出固定铰支座 A 的约束反力,用过 A 点的两个正交分力 $\boldsymbol{F}_{Ax}$、$\boldsymbol{F}_{Ay}$ 表示;绘出可动铰支座 B 的约束反力 $\boldsymbol{F}_B$,如图 1-21(b)所示。

(4)由于该梁受三个力作用处于平衡,可利用三力平衡汇交定理确定 A 端支座反力 $\boldsymbol{F}_A$ 的方向,即主动力 $\boldsymbol{F}$ 与 B 端支座反力 $\boldsymbol{F}_B$ 两力作用线交于 D 点,而 F_A 的作用线必交于 D 点,所以梁 AB 的受力图如图 1-21(c)所示。

【例 1-4】 如图 1-22(a)所示,梁 AB 的 A 端以光滑圆柱铰链固定在墙上,B 端受到荷载 $\boldsymbol{P}$ 的作用,C 处受直杆支撑,C、D 均为光滑圆柱铰链,若不计梁 AB、直杆 CD 的自重,试绘出杆 CD 和梁 AB 的受力图。

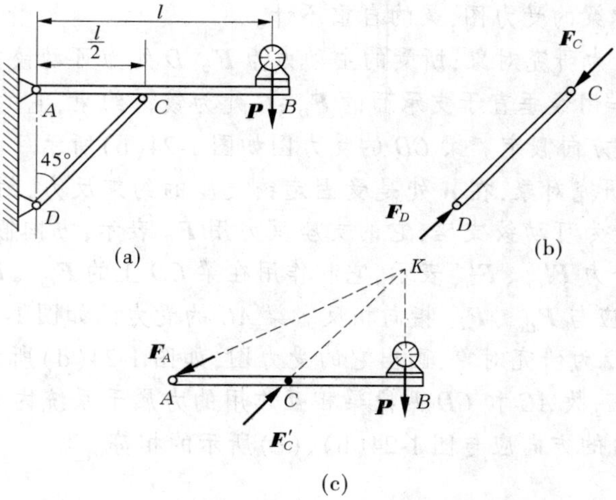

图 1-22

解:(1)以杆 CD 为研究对象,因不计杆重,杆 CD 处于平衡状态,CD 为二力杆件,所以受铰链 C、D 的约束反力作用,其作用线必过两铰链的中心连线方向,受力图如图 1-22(b)所示。

(2)取杆 AB 为研究对象,它所受的主动力为垂直向下的力 $\boldsymbol{P}$,杆 CD 通过铰链 C 对 AB 杆的作用力为 $\boldsymbol{F}'_C$,$\boldsymbol{F}'_C$ 为 $\boldsymbol{F}_C$ 的反作用力,方向为从 D 指向 C,$\boldsymbol{F}'_C$ 与力 $\boldsymbol{P}$ 的作用线相交于 K 点,由三力平衡汇交定理得到 $\boldsymbol{F}_A$ 必沿 AK 方向,如图 1-22(c)所示。

【例 1-5】 如图 1-23(a)所示的三铰拱桥,由左右两拱铰接而成。在 AC 拱上作用有竖直荷载 $\boldsymbol{P}$,试分别绘出拱 AC、CB 的受力图,各拱自重均不计。

解:(1)以 CB 拱为研究对象,因不计杆重,只在 C、B 两端用铰链与其他物体连接,故 CB 拱是二力构件,在铰 B、C 处所受到的约束反力分别用 $\boldsymbol{F}_B$、$\boldsymbol{F}_C$ 表示,则 $\boldsymbol{F}_B$、$\boldsymbol{F}_C$ 必沿 B、C 两铰链中心连线方向,且 $\boldsymbol{F}_B$、$\boldsymbol{F}_C$ 等值、反向、共线,如图 1-23(b)所示。

(2)以 AC 拱为研究对象,AC 所受的主动力为 $\boldsymbol{P}$。在铰链 C 处受有 CB 拱的约束反力 $\boldsymbol{F}'_C$,与 CB 拱在 C 处受到 AC 拱给它的约束反力 $\boldsymbol{F}_C$ 是作用力和反作用力的关系。在 A 处是受固定铰支座的约束反力,约束反力为 $\boldsymbol{F}_{Ax}$、$\boldsymbol{F}_{Ay}$,方向假定,受力图如图 1-23(c)所示。

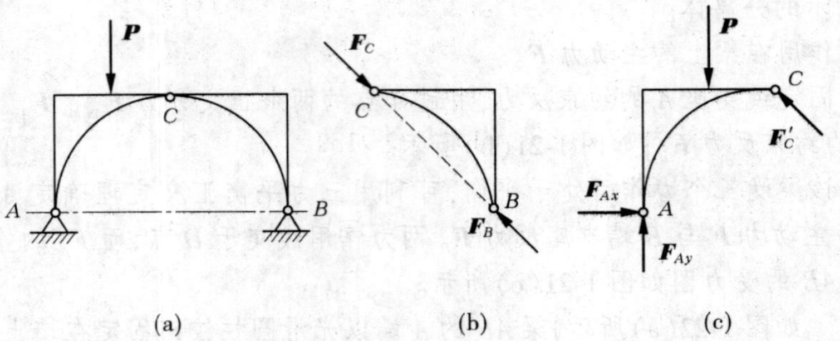

图 1-23

【例 1-6】 如图 1-24(a)所示的多跨梁受集中力 $\boldsymbol{F}$ 和均布线荷载 q 作用,试分别绘出 ABC 梁、CD 梁和整体梁的受力图,梁的自重不计。

解:(1)以梁 CD 为研究对象,所受的主动力为 $\boldsymbol{F}$。D 处为可动铰支座,绘出可动铰支座 D 的约束反力为作用线垂直于支承面的 $\boldsymbol{F}_D$;C 处为铰链约束,它的反力可用两个正交分力 $\boldsymbol{F}_{Cx}$、$\boldsymbol{F}_{Cy}$ 表示,方向假定。梁 CD 的受力图如图 1-24(b)所示。

(2)以梁 AC 为研究对象,在 A 处是受固定铰支座的约束反力,约束反力用 $\boldsymbol{F}_{Ax}$、$\boldsymbol{F}_{Ay}$ 表示,方向假定;B 处为可动铰支座,它的支座反力用 $\boldsymbol{F}_B$ 表示,方向假定;C 处为铰链,它的反力可用两正交分力 $\boldsymbol{F}'_{Cx}$、$\boldsymbol{F}'_{Cy}$ 表示,它和作用在梁 CD 上的 $\boldsymbol{F}_{Cx}$、$\boldsymbol{F}_{Cy}$ 是作用力与反作用力的关系,其方向应与 $\boldsymbol{F}_{Cx}$、$\boldsymbol{F}_{Cy}$ 指向相反。梁 AC 的受力图如图 1-24(c)所示。

(3)以整体梁 AD 为研究对象,画出它的受力图,如图 1-24(d)所示。但应注意,因没有解除铰链 C 的约束,故 AC 和 CD 两段梁相互作用的力属于系统内力,不需要绘出。A、B 和 D 处的支座反力的方向应与图 1-24(b)、(c)所示的相符。

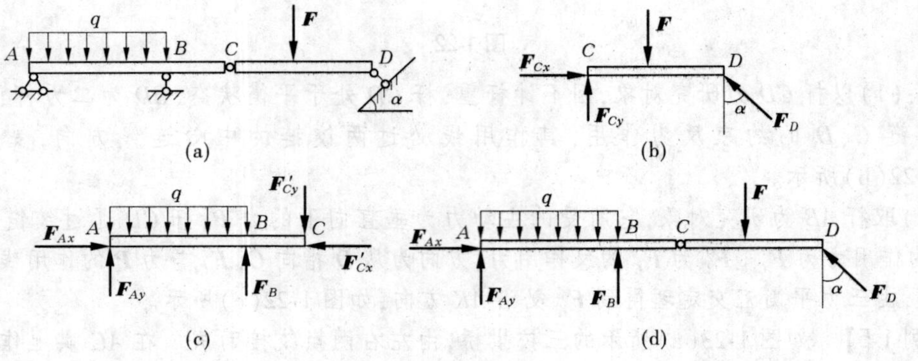

图 1-24

三、绘制受力图的注意点

由以上例题可以看出,在对整个系统进行受力分析时,存在着成对出现的作用力与反作用力,通常把这种系统内物体之间相互作用的力作为系统的内力。内力总是成对出现且等值、反向、共线,对整个系统的作用效果相互抵消,除去它们不会影响系统的平衡,因此系统的内力在受力图上不需要绘出。系统以外的物体对系统的作用力称为外力。需要注意的是，内力与外力之间可以相互转化，例如在例1-6中，在CD梁的受力分析时，$\boldsymbol{F}_{Cx}$、$\boldsymbol{F}_{Cy}$是外力；但对于整体受力分析时，$\boldsymbol{F}_{Cx}$、$\boldsymbol{F}_{Cy}$是内力。可见，内力与外力的区分，只有相对于某一确定的研究对象才有意义。

码1-9 微课-受力图(二)

正确地画出物体的受力图，是分析解决力学问题的基础。通过以上例题，现将绘制受力图的注意点总结如下：

(1)必须明确研究对象。根据解题的需要，可以取单个物体或整个系统为研究对象，也可以取由几个物体组成的系统为研究对象，取出分离体。

(2)正确确定研究对象受力的数目。力是物体之间相互的机械作用，因此受力图上每个力都要明确它是哪一个物体施加给研究对象的，既不能少画一个力，也不能多画一个力。凡是研究对象与周围物体相接触的地方，都一定存在约束反力。

(3)一定要按照约束的性质绘出约束反力。当一个物体同时受到几个约束的作用时，应分别根据每个约束单独作用情况，由该约束本身的性质来确定约束反力的位置和方向，绝不能按照自己的想象画约束反力。有时可利用二力杆或三力平衡汇交定理确定某些未知力的方向。

(4)在分析物体系统受力时要注意以下几点：①当研究对象为整体或其中某几个物体的组合时，只需绘出研究对象以外物体对研究对象的作用力(外力)，不需绘出内力；②当几个物体相互接触时，它们之间的相互作用关系要按照作用与反作用定律来分析，作用力方向一经确定，则反作用力方向必与之相反；③同一个力在不同的受力图上表示要完全一致。同时，注意在画受力图时不要运用力的等效变换或力的可传性改变力的作用位置。

小 结

(1)力是物体间的相互机械作用，这种作用使物体的机械运动状态发生变化，同时(或)使物体形状发生改变。力的三要素为力的大小、方向和作用点。力对刚体的移动效应是用力矢来度量的，而力对刚体的转动效应则是用力矩来度量的。

(2)静力学公理有：二力平衡公理、加减平衡力系公理、力的平行四边形法则、作用与反作用定律。静力学公理揭示了力的基本性质，是研究力系简化和力系平衡条件的依据。

(3)大小相等、方向相反且不共线的两个平行力组成的力系称为力偶。力和力偶是静力学的两个基本要素。在平面问题中，力偶对刚体的转动效应完全取决于力偶矩。力的平移定理只适用于刚体。

(4)常见的平面约束有柔性约束、光滑面约束、光滑圆柱铰链约束、固定铰支座、可动铰支座、链杆约束、固定端支座、轴承约束等。

(5)绘制受力图是进行力学分析的重要步骤。绘制受力图的步骤：①明确研究对象，绘制出分离体；②绘制出分离体所受的主动力；③根据约束的类型和性质，绘制出分离体所受的约束反力。

思考与练习

(一)思考题

1. 作用于刚体上大小相等、方向相同的两个力对刚体的作用是否等效?

2. 什么是二力杆?二力杆一定是直杆吗?凡是两端用铰链连接的直杆都是二力杆,对吗?

3. 在作用与反作用定律与二力平衡公理中,作用于物体上的两力都是等值、反向、共线,两者有什么不同?

4. 两个共面共点力的合力一定比其分力大吗?

5. 平面中的力矩和力偶矩有什么异同?

6. 作用在刚体上的三个力位于同一平面内,其作用线汇交于一点,此刚体一定处于平衡状态吗?

7. 图 1-25 中各物体的受力图是否正确?若有错误请改正。

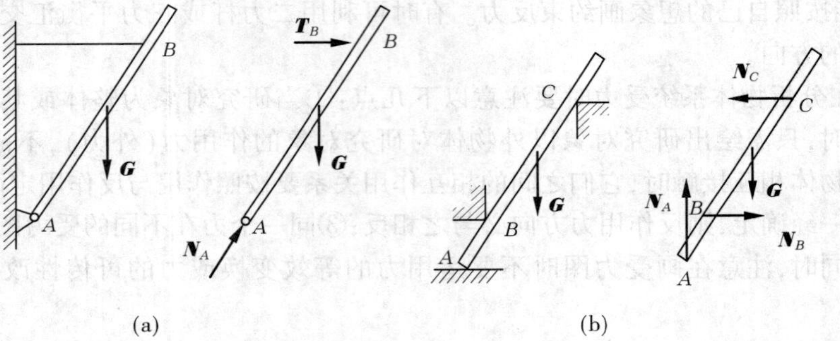

图 1-25

(二)一般练习题

1. 如图 1-26 所示,AD 杆 D 端受一力 $\boldsymbol{F}$,试分别画出 AD 杆和 BC 杆的受力图,杆重不计。

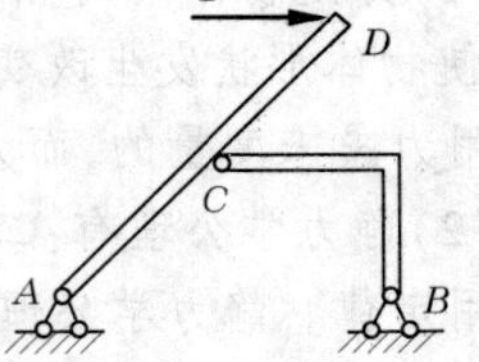

图 1-26

2. 试绘出图 1-27 中各物体的受力图。已知所有接触面均为光滑面,未画重力的物体的重量均不计。

3. 试绘出图 1-28 中各指定物体的受力图。所有接触处的摩擦均不计,未画重力的物体的重量均不计。

4. 图 1-29 为一排水孔闸门的计算简图。闸门重为 G,作用于其重心 C。$\boldsymbol{F}$ 为闸门所受的总水压力,$\boldsymbol{T}$ 为启门力。

试画出:

(1) $\boldsymbol{T}$ 不够大,未能启动闸门时,闸门的受力图。

(2) 力 $\boldsymbol{T}$ 刚好将闸门启动时,闸门的受力图。

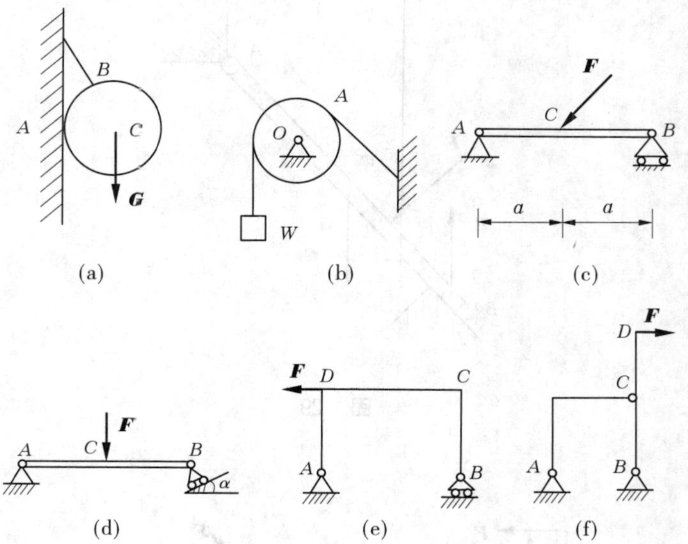

图 1-27

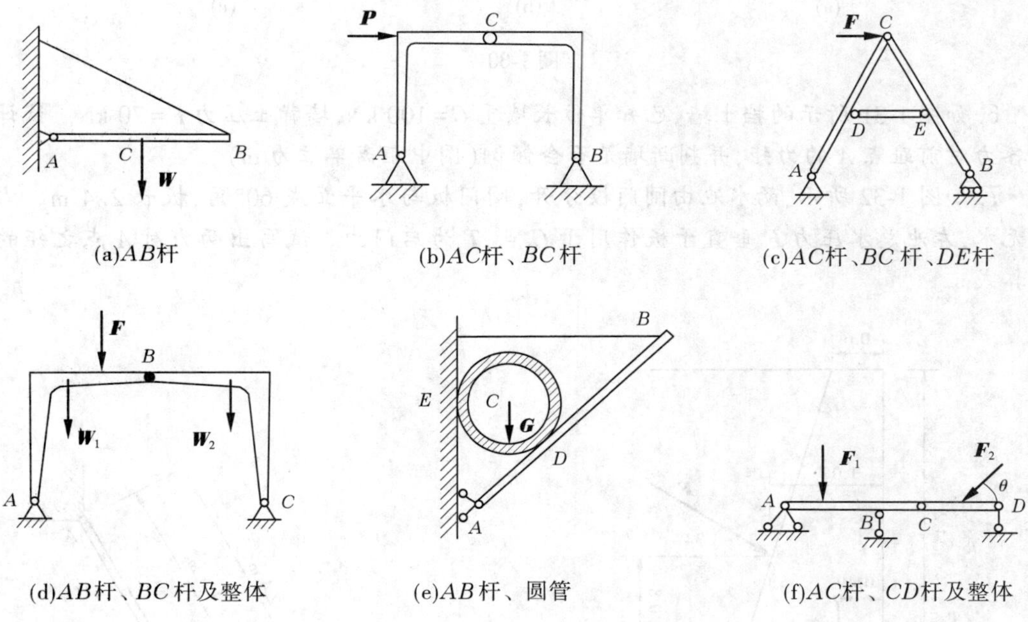

图 1-28

5. 试计算图 1-30 中力 $\boldsymbol{F}$ 对 O 点之矩。

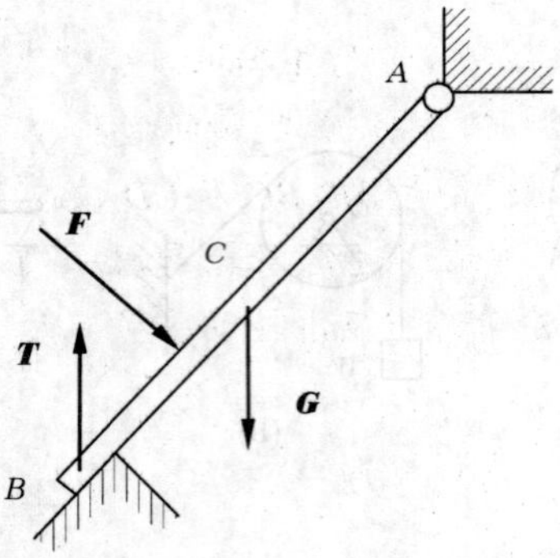

图 1-29

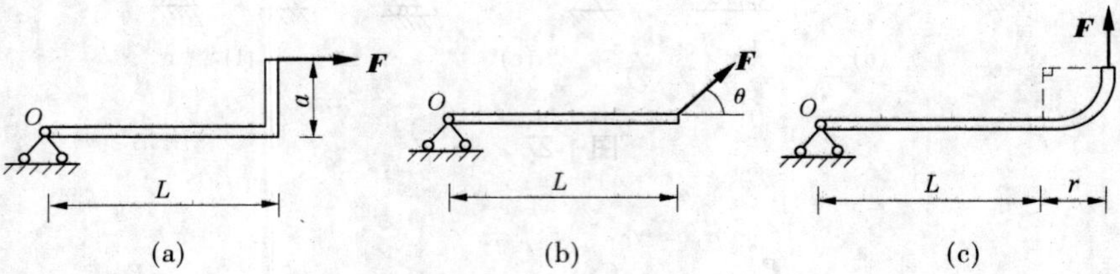

图 1-30

6. 如图 1-31 所示的挡土墙，已知单位长墙重 $G=100$ kN，墙背土压力 $F=70$ kN。试计算各力对前趾点 A 的力矩，并判断墙是否会倾倒（图中距离单位为 m）。

7. 如图 1-32 所示，两水池由闸门板分开，闸门板与水平面成 60°角，板长 2.4 m。右池无水，左池总水压力 $\boldsymbol{F}$ 垂直于板作用于 C 点，$\boldsymbol{T}$ 为启门力。试写出两力对 A 点之矩的计算式。

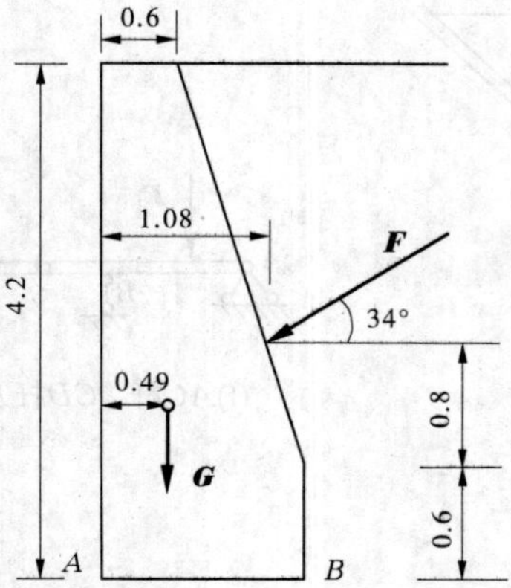

图 1-31

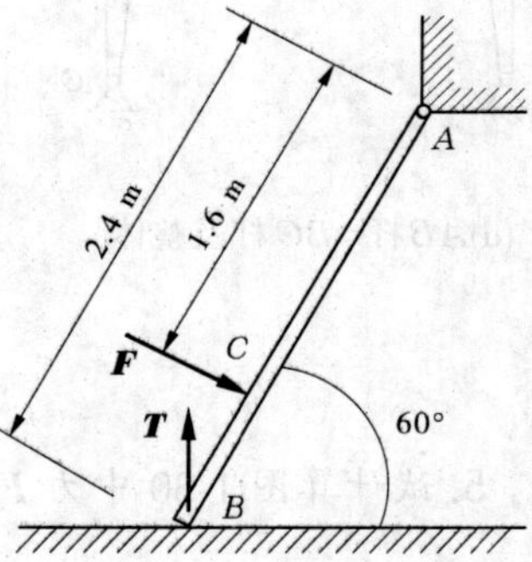

图 1-32

（三）较难练习题

1. 如图 1-33 所示，刚性构件 ABC 由销钉 A 和拉杆 D 所悬挂，在构件的 C 点作用有一水平力 $\boldsymbol{F}$。如果将力 $\boldsymbol{F}$ 沿其作用线移至 D 点或 E 点，请问是否会改变销钉 A 和拉杆 D 的受力？

2. 如图 1-34 所示的平面构架，由杆 AB、BC 和 CD 铰接而成。A 为固定铰支座，B 为链杆支座，绳索一端拴在 K 处，另一端绕过定滑轮悬挂一重为 G 的重物。试分别绘出杆 AB、CD、滑轮及整体的受力图，图中各杆及滑轮的重量不计。

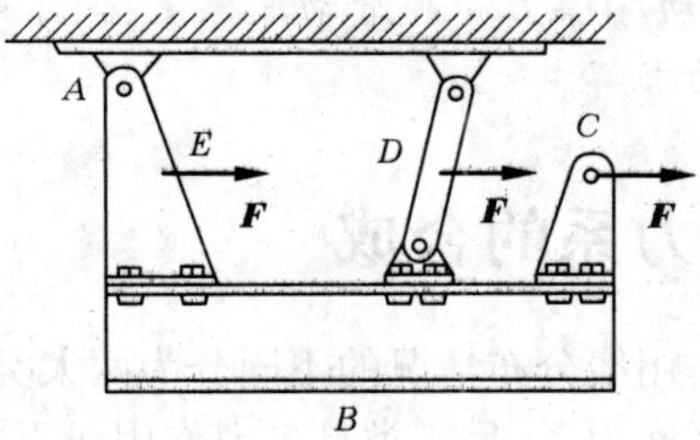

图 1-33

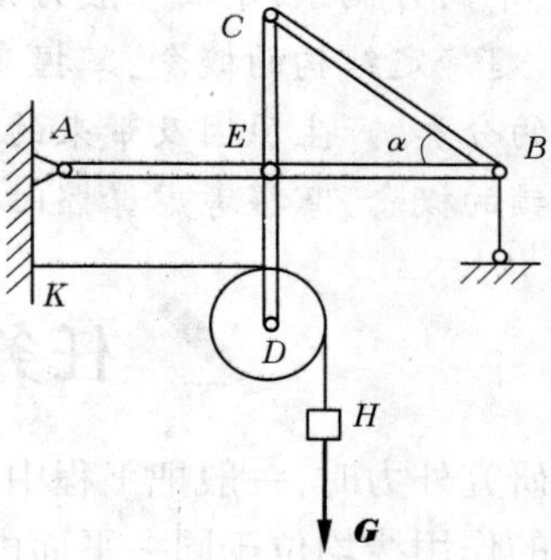

图 1-34

项目二　平面力系的合成与平衡

【学习目标】　理解力在平面直角坐标轴上的投影，掌握合力投影定理，掌握平面汇交力系、平面力偶系、平面一般力系合成的计算；掌握平面力系的平衡条件及应用；掌握静定结构、超静定结构的概念，掌握多跨静定梁、三角拱、静定平面刚架约束反力的计算；了解摩擦的分类、产生原因及带来的利弊，理解静滑动摩擦力和静滑动摩擦定律，了解摩擦角和自锁的概念，掌握考虑摩擦时物体平衡问题的求解。

任务一　平面力系的合成

在研究外力时，一般把工程中的力系按照力作用线分布情况的不同分为两大类：一类是各力的作用线均位于同一平面内的力系，称为平面力系；另一类是各力作用线不在同一平面内的力系，称为空间力系。本任务研究各种平面力系的合成与平衡问题。

在平面力系中，如果各力的作用线汇交于一点，则把此力系称为平面汇交力系，如图 2-1(a)所示；若各力的作用线均相互平行，则称为平面平行力系，如图 2-1(b)所示；若力系由多个力偶组成，则称为平面力偶系，如图 2-1(c)所示；如果各力的作用线既不汇交于一点又不相互平行，则把此力系称为平面一般力系，又称为平面任意力系，如图 2-1(d)所示。

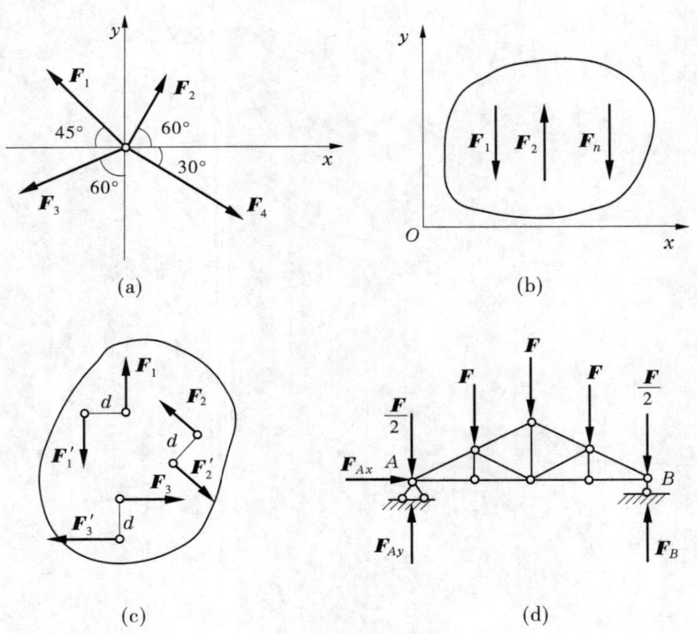

码 2-1　微课-平面力系的合成(一)

码 2-2　微课-平面力系的合成(二)

图 2-1

一、力在平面直角坐标轴上的投影

在求解平面力系问题时，常用的方法是解析法。本任务只讨论以力在坐标轴上的投影为基础的解析法。

如图 2-2 所示，设在刚体上 A 点作用一力 $\boldsymbol{F}$，通过力 $\boldsymbol{F}$ 所在的平面内任意点 O 作平面直角坐标系 xOy。从力 $\boldsymbol{F}$ 的起点 A 和终点 B 分别向 x 轴、y 轴作垂线，在 x 轴上的线段 ab，记为 F_x，再冠以适当的正负号称为力 $\boldsymbol{F}$ 在 x 轴上的投影；同理得在 y 轴上的投影，记为 F_y。投影为代数量，一般对其正负号规定如下：从起点到终点的方向与坐标轴正方向一致，则取正号；反之，取负号。

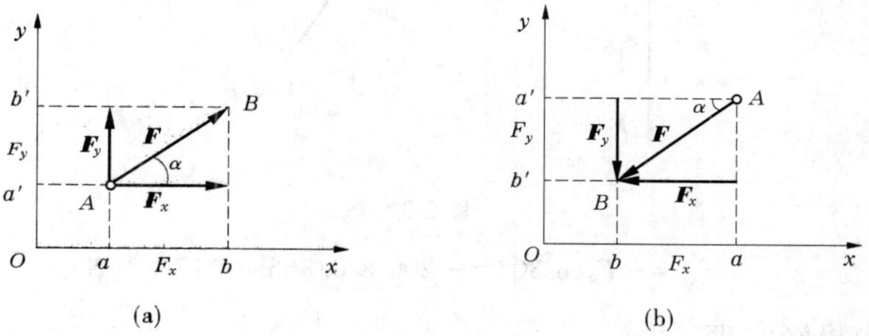

图 2-2

从图 2-2 中的几何关系得出投影的计算公式：

$$\left.\begin{aligned} F_x &= \pm F\cos\alpha \\ F_y &= \pm F\sin\alpha \end{aligned}\right\} \tag{2-1}$$

式中：α 为力 $\boldsymbol{F}$ 与 x 轴正向所夹的锐角，正负号可根据上述规则直观判断确定。

图 2-2 中还画出了力 $\boldsymbol{F}$ 沿直角坐标轴方向的分力 $\boldsymbol{F}_x$ 和 $\boldsymbol{F}_y$。应当注意的是，力的投影只有大小和正负，它是标量；而力的分力是矢量，有大小，有方向。

由式(2-1)可知：当力与坐标轴垂直时，力在该轴上的投影为零；当力与坐标轴平行时，力在该轴上投影的绝对值与该力的大小相等。如果已知力 $\boldsymbol{F}$ 的大小及方向，就可以用式(2-1)方便地计算出投影 F_x 和 F_y。

【例 2-1】　已知 $F_1 = 80$ N，$F_2 = 100$ N，$F_3 = F_4 = 200$ N，各力方向如图 2-3 所示，试求出各力在 x 轴和 y 轴上的投影。

解：由式(2-1)可得出各力在 x 轴、y 轴上的投影：

$$F_{1x} = F_1\cos45° = 80 \times 0.707 = 56.56(\text{N})$$
$$F_{1y} = F_1\sin45° = 80 \times 0.707 = 56.56(\text{N})$$
$$F_{2x} = -F_2\sin60° = -100 \times 0.866 = -86.6(\text{N})$$
$$F_{2y} = -F_2\cos60° = -100 \times 0.5 = -50(\text{N})$$
$$F_{3x} = F_3\cos90° = 0$$
$$F_{3y} = -F_3\sin90° = -200 \times 1 = -200(\text{N})$$
$$F_{4x} = F_4\sin30° = 200 \times 0.5 = 100(\text{N})$$

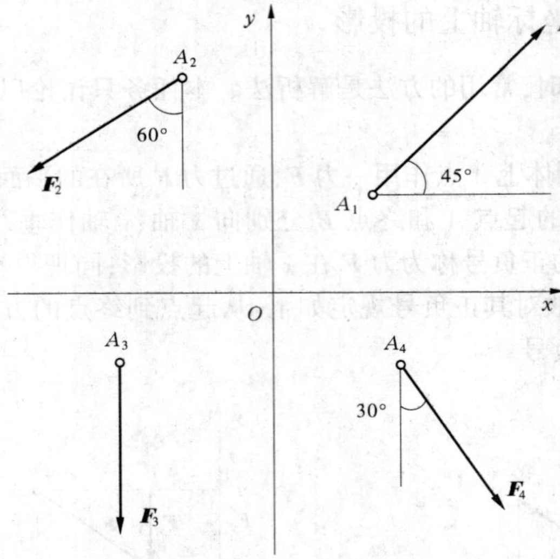

图 2-3

$$F_{4y}=-F_4\cos30°=-200\times0.866=-173.2(\text{N})$$

二、合力投影定理

平面力系内的合力在任一轴上的投影等于各分力在同一轴上投影的代数和，这就是合力投影定理，即

$$\left.\begin{aligned}F_{Rx}&=F_{1x}+F_{2x}+\cdots+F_{nx}=\sum F_{ix}\\F_{Ry}&=F_{1y}+F_{2y}+\cdots+F_{ny}=\sum F_{iy}\end{aligned}\right\}\tag{2-2}$$

合力投影定理建立了合力在轴上的投影与各分力在同一轴上投影之间的关系。

三、平面汇交力系的合成

由力的多边形法则可知，平面汇交力系可以合成为通过汇交点的合力，可应用合力投影定理将平面汇交力系进行简化合成。

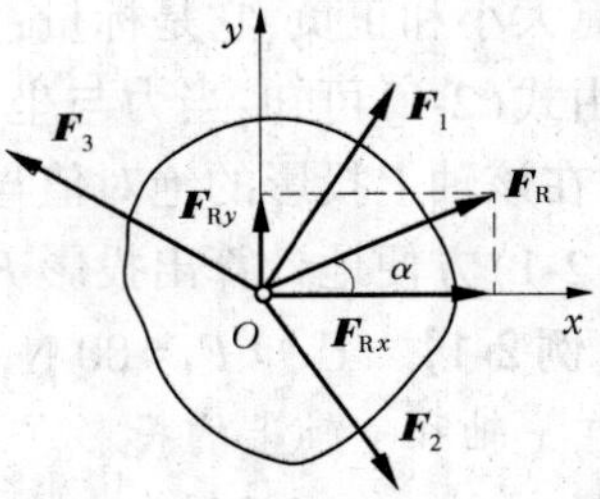

图 2-4

设一平面汇交力系 $\boldsymbol{F}_1$、$\boldsymbol{F}_2$、$\boldsymbol{F}_3$、…、$\boldsymbol{F}_n$ 作用于刚体上，如图 2-4 所示。在此力系所在平面内取一直角坐标系 xOy，为了简便，现取力系的汇交点为坐标原点，根据合力投影定理，可求出合力在正交坐标轴上的投影 F_{Rx} 和 F_{Ry}。求得合力 $\boldsymbol{F}_R$ 的大小和方向：

$$\left.\begin{aligned}F_R&=\sqrt{F_{Rx}^2+F_{Ry}^2}=\sqrt{\left(\sum F_x\right)^2+\left(\sum F_y\right)^2}\\\tan\alpha&=\left|\frac{F_{Ry}}{F_{Rx}}\right|=\left|\frac{\sum F_y}{\sum F_x}\right|\end{aligned}\right\}\tag{2-3}$$

式中：α 为合力 $\boldsymbol{F}_R$ 与 x 轴所夹的锐角。合力的作用线通过力系的汇交点，具体指向或所在象限由 $\sum F_x$ 及 $\sum F_y$ 的正负号确定。

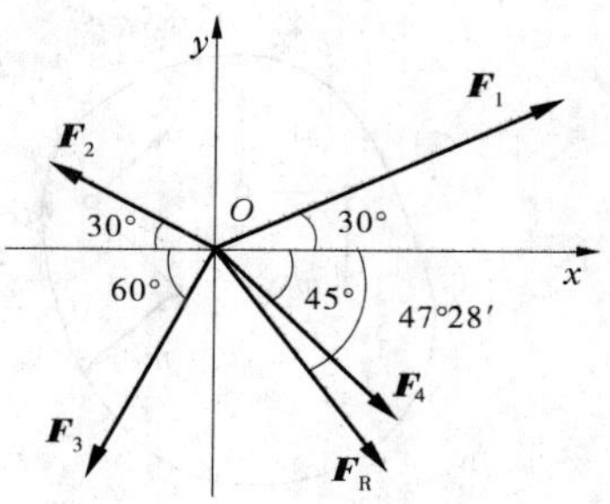

图 2-5

【例 2-2】 求图 2-5 所示平面汇交力系的合力。其中，$F_1 = 20$ kN，$F_2 = 10$ kN，$F_3 = 18$ kN，$F_4 = 15$ kN。试求该力系的合力。

解：(1) 建立直角坐标系 xOy，如图 2-5 所示，计算合力在坐标轴上的投影。

$$F_{Rx} = \sum F_x = F_1\cos30° - F_2\cos30° - F_3\cos60° + F_4\cos45°$$
$$= 20 \times 0.866 - 10 \times 0.866 - 18 \times 0.5 + 15 \times 0.707 = 10.265(\text{kN})$$
$$F_{Ry} = \sum F_y = F_1\sin30° + F_2\sin30° - F_3\sin60° - F_4\sin45°$$
$$= 20 \times 0.5 + 10 \times 0.5 - 18 \times 0.866 - 15 \times 0.707 = -11.193(\text{kN})$$

(2) 求合力的大小。

$$F_R = \sqrt{F_{Rx}^2 + F_{Ry}^2} = \sqrt{(10.265)^2 + (-11.193)^2} = 15.2(\text{kN})$$

(3) 求合力的方向。

$$\tan\alpha = \left|\frac{F_{Ry}}{F_{Rx}}\right| = \frac{11.193}{10.265} = 1.09$$

即

$$\alpha = 47°28'$$

合力 $\boldsymbol{F}_R$ 作用在力系的汇交点，因 F_{Rx} 为正值，F_{Ry} 为负值，所以 $\boldsymbol{F}_R$ 在第四象限，指向右下方，如图 2-5 所示。

四、平面力偶系的合成

由在同一个平面内的多个力偶构成的力系称为平面力偶系。如图 2-6(a)所示，设在物体同一平面内的两个力偶 m_1 和 m_2，根据平面力偶等效的性质和推论，将上述力偶进行等效变换，使它们的力偶臂都等于 d，作为公共力偶臂，并得到两个新力偶 $(\boldsymbol{F}_1, \boldsymbol{F}'_1)$、$(\boldsymbol{F}_2, \boldsymbol{F}'_2)$，如图 2-6(b)所示。等效变换后的力偶中各力的大小分别为

$$F_1 = F'_1 = \frac{|m_1|}{d}, F_2 = F'_2 = \frac{|m_2|}{d}$$

再分别将作用于 A、B 两点的共线力系合成，得

$$\boldsymbol{F}'_R = \boldsymbol{F}'_1 + \boldsymbol{F}'_2, \boldsymbol{F}_R = \boldsymbol{F}_1 + \boldsymbol{F}_2$$

此力偶与原力偶系等效，组成新一力偶$(\boldsymbol{F}_R, \boldsymbol{F}'_R)$，如图 2-6(c)所示。此力偶称为原力偶系的合力偶，其力偶矩为

$$M = F_R d = (F_1 + F_2)d = F_1 d + F_2 d = m_1 + m_2$$

将上述关系推广到 n 个力偶(其力偶矩为 $m_1, m_2, m_3, \cdots, m_n$)组成的平面力偶系，则有

$$m = m_1 + m_2 + m_3 + \cdots + m_n = \sum_{i=1}^{n} m_i \quad (2\text{-}4)$$

平面力偶系合成的结果是一个合力偶，合力偶的力偶矩等于原力偶系中各分力偶矩

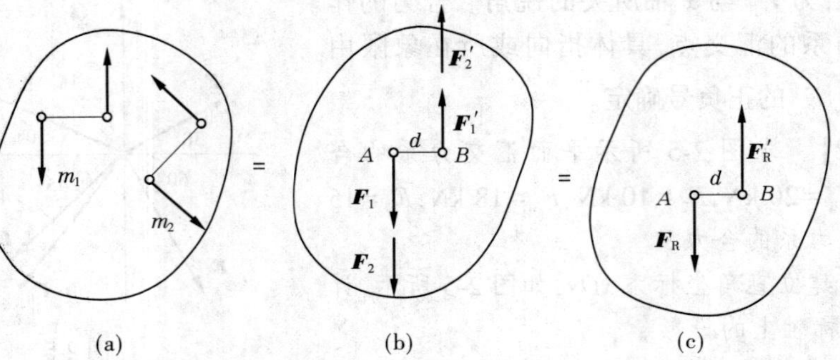

图 2-6

的代数和。

五、平面一般力系的合成

如图 2-7 所示的简支刚架受到荷载及支座反力的作用,这个力系就是一个平面一般力系。其特点是各力的作用线在同一平面内但既不汇交于一点又不相互平行。

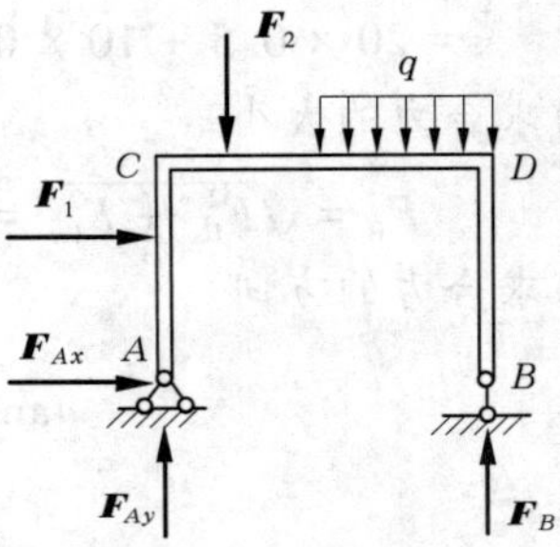

图 2-7

又如图 2-8(a)所示的水坝,通常沿纵向截取单位长度的坝段来进行受力分析,并将该坝段上受到的重力、水压力和地基反力简化为作用于坝段对称平面内的平面一般力系,如图 2-8(b)所示。

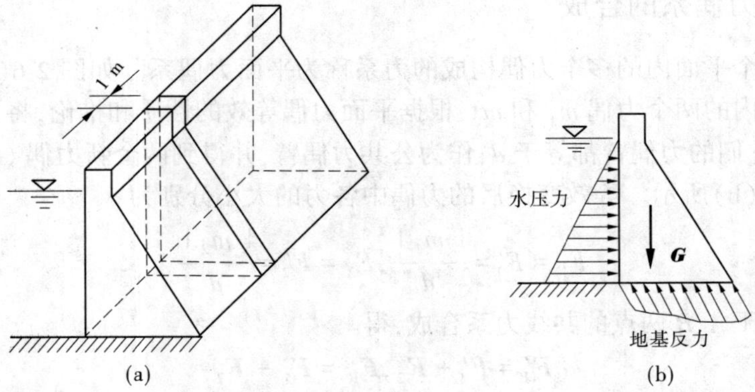

图 2-8

(一)平面一般力系的简化

设在某刚体上作用一平面一般力系($F_1,F_2,\cdots,F_n$),如图 2-9(a)所示。在力系所在平面内任选一点 O 作为简化中心。利用力的平移定理,将力系中各力平行移动到 O 点,并附加相应的附加平面力偶系($m_1,m_2,\cdots,m_n$),原力系便等效地变换为作用于 O 点(简化中心)的平面汇交力系($F'_1,F'_2,\cdots,F'_n$)和相应的附加平面力偶系,如图 2-9(b)所示。

其中，$F_1 = F'_1, F_2 = F'_2, \cdots, F_n = F'_n$；$m_1 = m_O(\boldsymbol{F}_1), m_2 = m_O(\boldsymbol{F}_2), \cdots, m_n = m_O(\boldsymbol{F}_n)$。分别将这两个力系进一步合成，如图 2-9(c)所示。

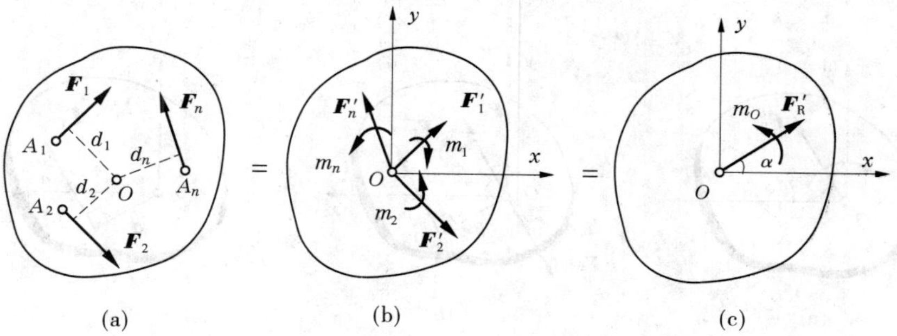

图 2-9

1. 主矢

作用在简化中心的新的平面汇交力系可合成为一个合力 $\boldsymbol{F}'_R$，它等于 $\boldsymbol{F}'_1, \boldsymbol{F}'_2, \cdots, \boldsymbol{F}'_n$ 的矢量和，即

$$\boldsymbol{F}'_R = \boldsymbol{F}'_1 + \boldsymbol{F}'_2 + \cdots + \boldsymbol{F}'_n = \boldsymbol{F}_1 + \boldsymbol{F}_2 + \cdots + \boldsymbol{F}_n$$

矢量 $\boldsymbol{F}'_R$ 称为原力系的主矢，其大小和方向可用解析法计算，通过 O 点作直角坐标系 xOy，由合力投影定理得

$$\left.\begin{aligned} F'_{Rx} &= \sum F'_x = \sum F_x \\ F'_{Ry} &= \sum F'_y = \sum F_y \end{aligned}\right\}$$

则

$$\left.\begin{aligned} F'_R &= \sqrt{(F'_{Rx})^2 + (F'_{Ry})^2} = \sqrt{\left(\sum F_x\right)^2 + \left(\sum F_y\right)^2} \\ \tan\alpha &= \left|\frac{F'_{Ry}}{F'_{Rx}}\right| = \left|\frac{\sum F_y}{\sum F_x}\right| \end{aligned}\right\} \tag{2-5}$$

2. 主矩

附加的平面力偶系可以合成为一个合力偶，合力偶矩为

$$m_O = m_1 + m_2 + \cdots + m_n = m_O(\boldsymbol{F}_1) + m_O(\boldsymbol{F}_2) + \cdots + m_O(\boldsymbol{F}_n) = \sum m_O(\boldsymbol{F}_i) \tag{2-6}$$

即合力偶矩等于原力系各力对简化中心 O 力矩的代数和。m_O 称为原力系对简化中心的主矩，如图 2-9(c)所示。显然，主矩的大小和转向与简化中心位置有关。

(二)平面一般力系的简化结果讨论

平面一般力系向一点简化，一般可得到一个力和一个力偶，但这并不是最后的简化结果。平面一般力系简化的结果，可能出现下列四种情况：

(1) $F'_R \neq 0$，$m_O = 0$，原力系只与一个力等效，即作用于简化中心的主矢 $\boldsymbol{F}'_R$ 就是原力系的合力，作用线通过简化中心。

(2) $F'_R = 0$，$m_O \neq 0$，原力系与一个力偶等效，此时主矩可单独代表原力系作用而称为原力系的合力偶，此时主矩与简化中心的位置无关。

(3) $F'_R \neq 0$, $m_O \neq 0$,此时简化不是最后结果,根据力的平移定理的逆过程,可将它们进一步简化为一个合力,合力 $F_R = F'_R$,合力至简化中心的距离 $d = \left|\frac{m_O}{F'_R}\right|$,如图 2-10 所示。

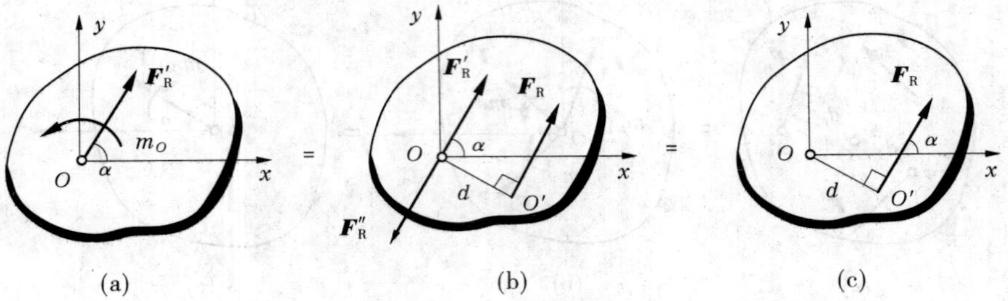

图 2-10

(4) $F'_R = 0$, $m_O = 0$,原力系就是平衡力系。

综上所述,平面一般力系简化的最后结果可归纳为三种情况:可能是一个力偶,或者是一个合力,或者是力系平衡。

【例 2-3】 一挡土墙自重 $G = 400$ kN,水压力 $N_1 = 180$ kN,土压力 $N_2 = 300$ kN,各力的方向及作用线位置如图 2-11(a)所示。试求这些力向底面中心 O 点简化的最后结果。

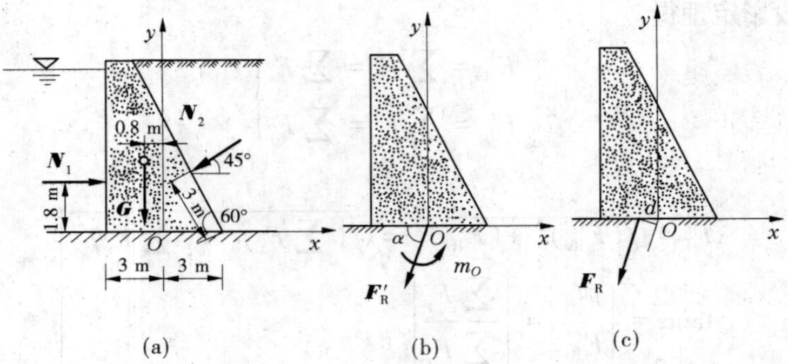

图 2-11

解:(1)计算主矢。

以底面中心 O 为简化中心,取直角坐标系如图 2-11(a)所示,主矢 $\boldsymbol{F}'_R$ 的大小和方向计算如下:

$$\sum F_x = N_1 - N_2\cos45° = 180 - 300 \times 0.707 = -32.1(\text{kN})$$

$$\sum F_y = -N_2\sin45° - G = -300 \times 0.707 - 400 = -612.1(\text{kN})$$

$$F'_R = \sqrt{(\sum F_x)^2 + (\sum F_y)^2} = \sqrt{(-32.1)^2 + (-612.1)^2} = 612.9(\text{kN})$$

$$\tan\alpha = \frac{\left|\sum F_y\right|}{\left|\sum F_x\right|} = \frac{612.1}{32.1} = 19.1, \alpha = 87°$$

因为 $\sum F_x$ 和 $\sum F_y$ 都是负值,故 $\boldsymbol{F}'_R$ 在第三象限,与 x 轴的夹角 $\alpha = 87°$。

(2)计算主矩。

力系对 O 的主矩为

$$
\begin{aligned}
m_O &= \sum m_O(\boldsymbol{F}) \\
&= -N_1 \times 1.8 + N_2\cos45^\circ \times 3 \times \sin60^\circ - N_2\sin45^\circ \times (3 - 3\cos60^\circ) + G \times 0.8 \\
&= 228.9(\mathrm{kN \cdot m})
\end{aligned}
$$

计算结果为正值,表示 m_0 是逆时针转向。

(3)计算力系向底面中心 O 点简化的最后结果。

因 $F'_R \neq 0$, $m_O \neq 0$,如图 2-11 (b)所示。所以,此力系简化的最后结果为一个合力 $\boldsymbol{F}_R$。$\boldsymbol{F}_R$ 的大小、方向与 $\boldsymbol{F}'_R$ 相同。它的作用线与 O 点的距离为

$$
d = \frac{|m_O|}{|F'_R|} = \frac{228.9}{612.9} = 0.373(\mathrm{m})
$$

因 m_O 为正值,故合力 $\boldsymbol{F}_R$ 应在简化中心 O 点左侧,如图 2-11 (c)所示。

任务二　平面力系的平衡

一、平面力系的平衡条件、平衡方程

码 2-3　微课-平面力系的平衡

习近平总书记在党的二十大报告中指出:“中华优秀传统文化源远流长、博大精深,是中华文明的智慧结晶”“坚持和发展马克思主义,必须同中华优秀传统文化相结合”。保护、传承、弘扬优秀传统文化对于坚定“四个自信”十分重要。中华优秀传统文化灿若繁星,《墨经》就是其中的精品,它是我国古代最早的一部科学专著,记述了丰富的力学知识。“衡,加重于其一旁,必捶,权、重相若也。相衡,则本短标长。两加焉,重相若,则标必下,标得权也。”这是《墨经》中关于杠杆平衡的论述,表明中国人在 2 600 多年前就已经认识到杠杆的平衡条件,是了不起的科学成就。

那在工程力学中,把平面一般力系向任一点简化,若主矢、主矩同时等于零,则该力系才为平衡力系。主矢、主矩同时等于零,是平面一般力系平衡的充分条件。反之,若力系处于平衡状态,则主矢、主矩也必同时等于零,所以主矢、主矩同时等于零,又是平面一般力系平衡的必要条件。

因此,平面一般力系平衡的充分和必要条件为:力系的主矢与力系对于任一点的主矩都等于零,即 $F'_R = 0$, $m_O = 0$。

于是,平面一般力系的平衡方程为

$$
\left.\begin{aligned}
\sum F_x &= 0 \\
\sum F_y &= 0 \\
\sum m_O(\boldsymbol{F}) &= 0
\end{aligned}\right\} \tag{2-7}
$$

式(2-7)为平面一般力系平衡方程的基本形式。它表明,平面一般力系平衡的充分与

必要条件是:力系所有各力在两个任选的坐标轴上投影的代数和等于零,以及力系的各力对其作用平面内任一点力矩的代数和也等于零。

平面一般力系的平衡方程还有二力矩式和三力矩式。

平面一般力系二力矩式平衡方程为

$$\left.\begin{aligned}\sum F_x = 0\\ \sum m_A(\boldsymbol{F}) = 0\\ \sum m_B(\boldsymbol{F}) = 0\end{aligned}\right\} \tag{2-8}$$

附加条件:A、B 的连线不能与投影轴垂直。

平面一般力系三力矩式平衡方程为

$$\left.\begin{aligned}\sum m_A(\boldsymbol{F}) = 0\\ \sum m_B(\boldsymbol{F}) = 0\\ \sum m_C(\boldsymbol{F}) = 0\end{aligned}\right\} \tag{2-9}$$

附加条件:A、B、C 三点不能共线。

上述平衡方程式一方面可以用来判别平面一般力系是否平衡,另一方面可以用来对处于平衡状态的物体求解未知力。三个平衡方程式,最多可以用来求三个未知量。

【例 2-4】 如图 2-12(a)所示的一悬臂式起重机,梁 AB 的自重 $G=1$ kN,作用在梁的中点,电动葫芦连同起吊重物的共重 $W=8$ kN,图中 A、B、C 处都是铰链连接,杆 BC 自重不计,求支座 A 的支座反力和杆 BC 所受的力。

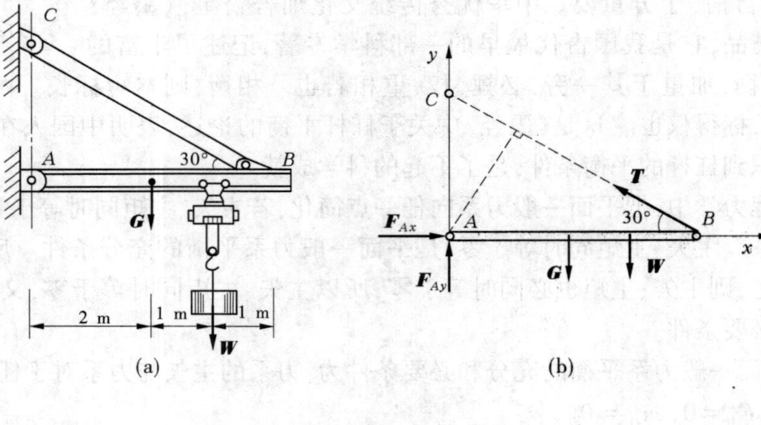

图 2-12

解:(1)以梁 AB 为研究对象,绘出其受力图,如图 2-12(b)所示。因支座 A 为固定铰支座,其支座反力用两正交反力 $\boldsymbol{F}_{Ax}$、$\boldsymbol{F}_{Ay}$ 表示;杆 BC 为二力杆,它的约束反力假设为拉力。

(2)列平衡方程,求解未知力。

$$\sum F_x = 0 \qquad F_{Ax} - T\cos30° = 0$$

$$\sum F_y = 0 \qquad F_{Ay} + T\sin30° - G - W = 0$$

$$\sum m_A = 0 \quad T\sin30° \times 4 - G \times 2 - W \times 3 = 0$$

解得

$$T = \frac{2G + 3W}{4\sin30°} = \frac{2 \times 1 + 3 \times 8}{4 \times 0.5} = 13(\text{kN})$$

$$F_{Ax} = T\cos30° = 13 \times 0.866 = 11.258(\text{kN})$$

$$F_{Ay} = G + W - T\sin30° = 1 + 8 - 13 \times 0.5 = 2.5(\text{kN})$$

二、三种特殊平面力系的平衡方程

平面汇交力系、平面平行力系和平面力偶系可以看作是特殊的平面力系，它们的平衡方程基于公式(2-7)导出。

(一)平面汇交力系

平面汇交力系的合成结果是一个合力，若取汇交点为矩心，则式(2-7)中的力矩式方程自动满足，故其平衡方程为

$$\left.\begin{aligned}\sum F_x = 0\\ \sum F_y = 0\end{aligned}\right\} \tag{2-10}$$

应用此平衡方程最多可求解两个未知量。

【例 2-5】　如图 2-13 所示，钢丝绳与水平线夹角 α 为 45°，现起吊一个重 20 kN 的构件，求构件匀速上升时，钢丝绳的拉力是多少？

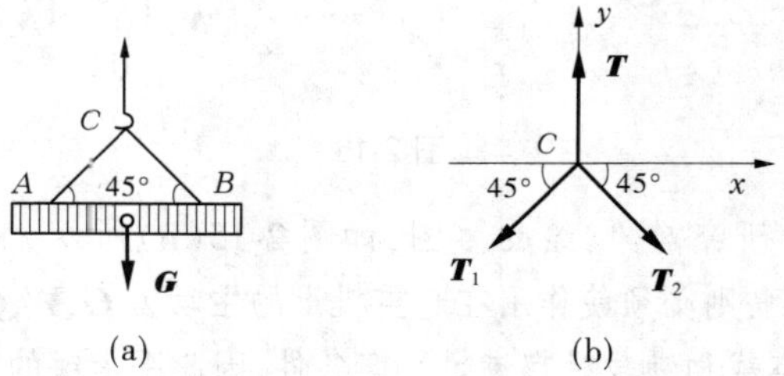

图 2-13

解：(1)取吊钩 C 为研究对象，绘受力图，如图 2-13(b)所示。

因构件匀速上升时，整个系统在重力 $\boldsymbol{G}$ 和吊车拉力 $\boldsymbol{T}$ 的作用下物体处于平衡状态，即

$$T = G = 20\ \text{kN}$$

(2)列平衡方程，求解钢丝绳的拉力。

吊钩受竖直方向吊车的拉力 $\boldsymbol{T}$ 及倾斜钢丝绳 CA 和 CB 的拉力 $\boldsymbol{T}_1$ 和 $\boldsymbol{T}_2$，构成一平面汇交力系且平衡，则

$$\sum F_x = 0 \qquad -T_1\cos45° + T_2\cos45° = 0$$

$$\sum F_y = 0 \quad T - T_1\sin45° - T_2\sin45° = 0$$

求解得

$$T_1 = T_2 = \frac{T}{2\sin45°} = \frac{20}{2 \times 0.707} = 14.14(\text{kN})$$

(二)平面平行力系

在图 2-14 所示的平面平行力系中,取 y 轴与力系中各力的作用线平行,x 轴与力系中各力的作用线垂直。各力在 x 轴上的投影恒等于零,即 $\sum F_x = 0$ 自然满足。因此,导出平面平行力系的平衡方程基本形式:

$$\left.\begin{aligned}\sum F_y = 0\\ \sum m_O = 0\end{aligned}\right\} \qquad (2\text{-}11)$$

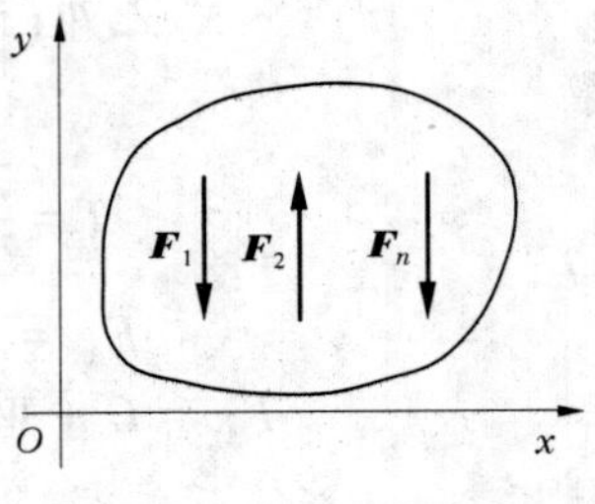

图 2-14

【例 2-6】 如图 2-15(a)所示的塔式起重机,已知机身重 G=250 kN,其作用线通过塔架中心,最大起吊重量 W=100 kN,起重悬臂长 12 m,两轨间距 4 m,平衡锤重 $\boldsymbol{Q}$ 至机身中心线的距离为 6 m。为使起重机在空载和满载时都不致倾倒,试确定平衡锤的重量。

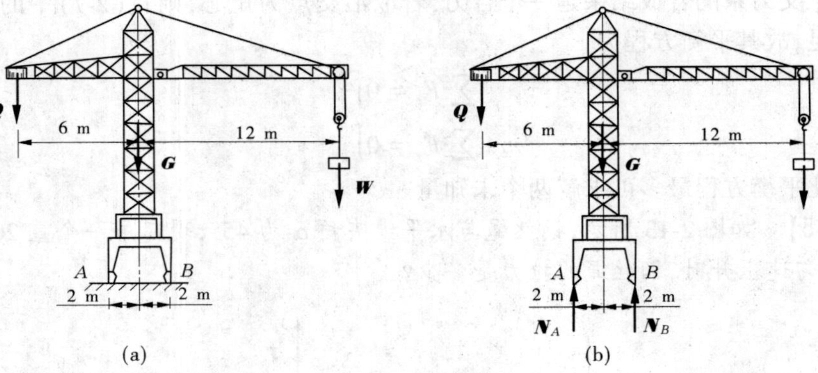

图 2-15

解:(1)取起重机为研究对象,绘受力图,如图 2-15(b)所示。

为确保起重机不倾倒,则必须使作用在起重机上的主动力 $\boldsymbol{G}$、$\boldsymbol{W}$、$\boldsymbol{Q}$ 和约束反力 $\boldsymbol{N}_A$、$\boldsymbol{N}_B$ 所组成的平面平行力系在空载和满载时都满足平衡条件,因此平衡锤的重量应有一定的范围。

(2)满载(W=100 kN)时,若平衡锤重量太小,起重机可能绕 B 点向右倾倒。开始倾倒的瞬间,左轮与轨道脱离接触,这种情形称为临界状态。这时,$N_A = 0$,满足临界状态平衡条件的平衡锤重为所需的最小平衡锤重 $Q_{\min}$。于是,

$$\sum m_B = 0 \quad Q_{\min} \times (6 + 2) + G \times 2 - W \times (12 - 2) = 0$$

解得

$$Q_{\min} = \frac{1}{8} \times (W \times 10 - G \times 2) = \frac{1}{8} \times (100 \times 10 - 250 \times 2) = 62.5(\text{kN})$$

(3)空载($W = 0$)时,若平衡锤重量太重,起重机可能绕 A 点向左倾倒。在空载临界状态下,$N_B = 0$,满足临界状态平衡条件的平衡锤重为所需的最大平衡锤重 $Q_{\max}$。于是,

$$\sum m_A = 0 \quad Q_{\max} \times (6 - 2) - G \times 2 = 0$$

解得

$$Q_{\max} = \frac{1}{4} \times (G \times 2) = \frac{1}{4} \times (250 \times 2) = 125(\text{kN})$$

综上所述,为保证起重机在空载和满载时都不致倾倒,则平衡锤的重量 Q 应满足

$$62.5\ \text{kN} \leqslant Q \leqslant 125\ \text{kN}$$

(三)平面力偶系

因平面力偶系的合成为一个合力偶,若合力偶矩等于零,则原力偶系必定平衡;反之,若原力偶系平衡,则合力偶矩必定为零。因此,平面力偶系平衡的充分和必要条件是:平面力偶系中所有各力偶矩的代数和等于零,即

$$\sum m = 0 \tag{2-12}$$

应用该方程只能求解一个未知量。

任务三　工程结构的平衡

一、静定结构与超静定结构

工程结构通常是由几个构件通过一定的约束联系在一起的系统,这种系统称为物体系统。工程中的结构,如多跨梁、三铰拱等都可看作物体系统。

码 2-4　微课-工程结构的平衡

研究物体系统的平衡问题时,不仅要研究外界物体对整个系统所作用的外力,往往还要求出系统内部各物体之间相互作用的力,即内力。对整个物体系统来说,内力总是成对出现的,且等值、反向、共线,其作用自行抵消,因此在整个物体系统的受力图和平衡方程中,内力不需绘出。但内力和外力的概念是相对的,取决于所选择的研究对象。

当物体系统平衡时,组成系统的每个物体也都是平衡的。因此,可选取整个系统作为研究对象,也可将系统中某个物体或系统局部单独取出来作为研究对象。对于由 n 个物体组成的平衡系统,受平面一般力系作用的每个物体都可列出 3 个独立的平衡方程。一般来说,当未知量的数目等于或小于独立平衡方程式数目时,可由所列的平衡方程求解出全部未知力,这类问题称为静定问题,此时工程结构为静定结构;当未知量的数目大于平衡方程式数目时,仅由目前所列的平衡方程无法解出全部未知力,这类问题称为超静定问题,此时的工程结构为超静定结构。

二、多跨静定梁的约束反力

【例 2-7】 如图 2-16(a)所示,多跨静定梁由梁 AB 和梁 BC 用铰 B 连接而成。已知 $F = 30$ kN,$q = 5$ kN/m,$\alpha = 45°$。求支座 A、C 的约束反力及铰 B 处的约束反力。

解:若取整个组合梁为研究对象,则有 4 个未知量,不具备可解条件。若取梁 BC 为

研究对象,未知量仅有3个,都可以求出。因此,解题的顺序为:先取梁 BC 为研究对象,再取梁 AB 或整个系统为研究对象,则可求得全部未知量。

(1)取梁 BC 为研究对象,绘受力图并取坐标系如图2-16(b)所示,列平衡方程求解。

$$\sum F_x = 0 \quad F_{Bx} - F\cos45° = 0$$

$$\sum F_y = 0 \quad F_{By} + F_C - F\sin45° = 0$$

$$\sum m_B = 0 \quad F_C \times 2 - F\cos45° \times 1 = 0$$

解得

$$F_{Bx} = F\cos45° = 30 \times 0.707 = 21.21(\text{kN})$$

$$F_C = 0.5 \times F \times \cos45° \times 1 = 0.5 \times 30 \times 0.707 \times 1 = 10.605(\text{kN})$$

$$F_{By} = F\sin45° - F_C = 30 \times 0.707 - 10.605 = 10.605(\text{kN})$$

(2)取梁 AB 为研究对象,绘受力图并取坐标系如图2-16(c)所示,列平衡方程求解。

$$\sum F_x = 0 \quad F_{Ax} - F'_{Bx} = 0$$

$$\sum F_y = 0 \quad F_{Ay} - F'_{By} - 2q = 0$$

$$\sum m_A = 0 \quad m_A - F'_{By} \times 2 - 2q \times 1 = 0$$

解得

$$F_{Ax} = F'_{Bx} = F_{Bx} = 21.21(\text{kN})$$

$$F_{Ay} = F'_{By} + 2q = F_{By} + 2q = 10.605 + 2 \times 5 = 20.605(\text{kN})$$

$$m_A = F'_{By} \times 2 + 2q \times 1 = 10.605 \times 2 + 2 \times 5 \times 1 = 31.21(\text{kN})$$

(3)校核。取整个梁为研究对象,绘受力图并取坐标系如图2-16(d)所示。分析以上计算结果是否满足物体系统平衡。

$$\sum m_A = m_A + F_C \times 4 - F\sin45° \times 3 - 2q \times 1$$
$$= 31.21 + 10.605 \times 4 - 30 \times 0.707 \times 3 - 2 \times 5 \times 1 = 0$$

计算无误。

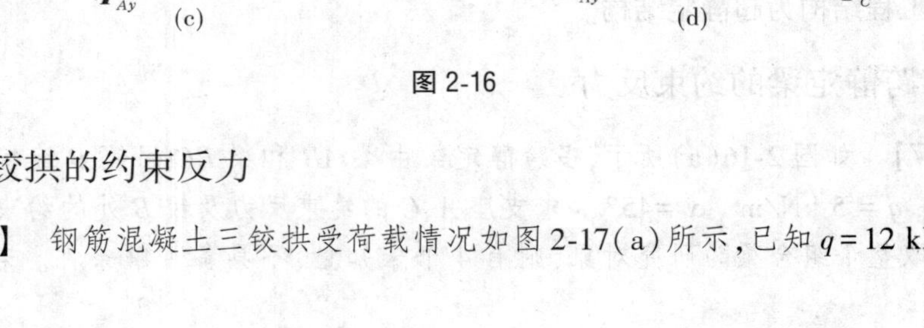

图2-16

三、三铰拱的约束反力

【例2-8】 钢筋混凝土三铰拱受荷载情况如图2-17(a)所示,已知 $q = 12$ kN/m,$F = 24$

kN。求支座 A、B 和铰 C 的约束反力。

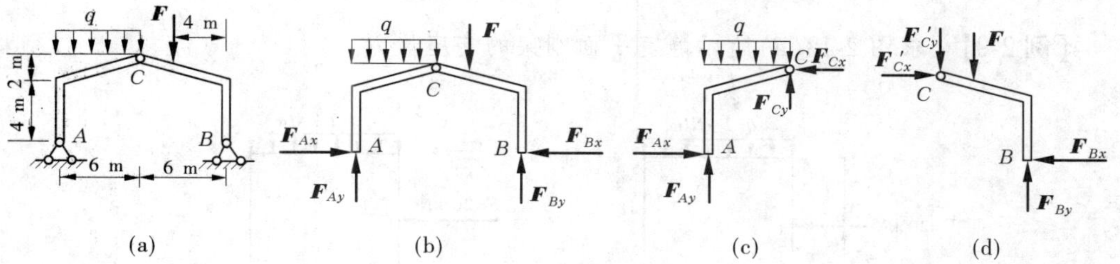

图 2-17

解:(1)取整个三铰拱为研究对象,绘受力图并取坐标系如图 2-17(b)所示,列平衡方程求解。

$$\sum m_A = 0 \quad -q \times 6 \times 3 - F \times 8 + F_{By} \times 12 = 0$$

$$\sum m_B = 0 \quad q \times 6 \times 9 + F \times 4 - F_{Ay} \times 12 = 0$$

$$\sum F_x = 0 \quad F_{Ax} - F_{Bx} = 0$$

解得

$$F_{By} = \frac{1}{12} \times (q \times 6 \times 3 + F \times 8) = \frac{1}{12} \times (12 \times 6 \times 3 + 24 \times 8) = 34(\text{kN})$$

$$F_{Ay} = \frac{1}{12} \times (q \times 6 \times 9 + F \times 4) = \frac{1}{12} \times (12 \times 6 \times 9 + 24 \times 4) = 62(\text{kN})$$

$$F_{Ax} = F_{Bx}$$

(2)取左半拱为研究对象,绘受力图并取坐标系如图 2-17(c)所示,列平衡方程求解。

$$\sum F_x = 0 \quad F_{Ax} - F_{Cx} = 0$$

$$\sum F_y = 0 \quad F_{Ay} + F_{Cy} - q \times 6 = 0$$

$$\sum m_C = 0 \quad F_{Ax} \times 6 + q \times 6 \times 3 - F_{Ay} \times 6 = 0$$

解得

$$F_{Ax} = \frac{1}{6} \times (F_{Ay} \times 6 - q \times 6 \times 3) = \frac{1}{6} \times (62 \times 6 - 12 \times 6 \times 3) = 26(\text{kN})$$

$$F_{Cy} = q \times 6 - F_{Ay} = 12 \times 6 - 62 = 10(\text{kN})$$

$$F_{Cx} = F_{Ax} = 26 \text{ kN}$$

由上面第(1)步的计算可知:$F_{Bx} = F_{Ax} = 26$ kN。

(3)校核。取右半拱为研究对象,绘受力图并取坐标系如图 2-17(d)所示。

$$\sum F_x = F'_{Cx} - F_{Bx} = 26 - 26 = 0$$

$$\sum m_C = - F \times 2 + F_{By} \times 6 - F_{Bx} \times 6 = - 24 \times 2 + 34 \times 6 - 26 \times 6 = 0$$

计算无误。

四、静定平面刚架的约束反力

【例 2-9】 求图 2-18(a)所示静定平面刚架的支座反力。

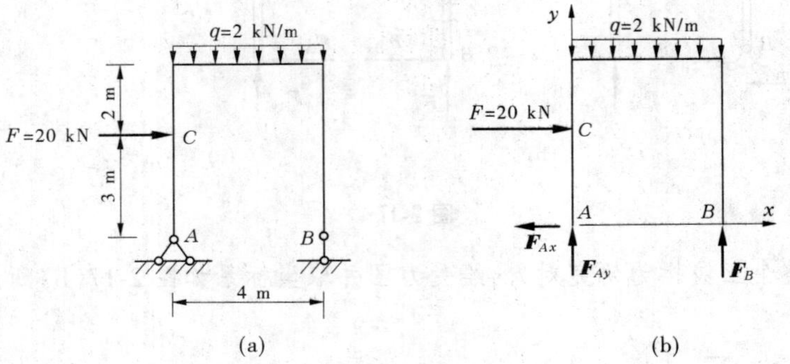

图 2-18

解:(1)取整体为研究对象,绘出受力图并取坐标系如图 2-18(b)所示,列平衡方程求解。

$$\sum m_A = 0 \quad 4F_B - 3F - 4q \times 2 = 0$$

$$\sum m_B = 0 \quad -4F_{Ay} - 3F + 4q \times 2 = 0$$

$$\sum m_C = 0 \quad -3F_{Ax} - 4q \times 2 + 4F_B = 0$$

$$F_B = \frac{1}{4}(3F + 8q) = \frac{3 \times 20 + 8 \times 2}{4} = 19(\text{kN})$$

$$F_{Ax} = \frac{4F_B - 8q}{3} = \frac{4 \times 19 - 8 \times 2}{3} = 20(\text{kN})$$

$$F_{Ay} = \frac{8q - 3F}{4} = \frac{8 \times 2 - 3 \times 20}{4} = -11(\text{kN})(\downarrow)$$

(2)校核:

$\sum F_y = F_{Ay} + F_B - 4q = -11 + 19 - 4 \times 2 = 0$,说明计算无误。

任务四 考虑摩擦时物体的平衡

一、摩擦的概念、分类

在前面的内容中,我们把物体间的接触表面看作绝对光滑,事实上,接触面间绝对光滑是不可能的,在接触面间多少有摩擦存在。一个物体沿另一个物体接触表面有相对运动或相对运动趋势而受到阻碍的现象,称为摩擦现象,简称摩擦。

码 2-5 微课-考虑摩擦时物体的平衡

当相对运动的两个物体接触面比较光滑或有良好的润滑条

件,这时摩擦不是主要因素,可忽略它的影响。但在另一些问题中,摩擦对所研究的问题有重要的影响,是主要因素而不能忽略,如重力坝的抗滑稳定、闸门的启闭、摩擦轮或皮带轮传动等。

按照接触物体之间相对运动的形式,摩擦可分为两种:一种是滑动摩擦,即接触表面发生相对滑动的摩擦;另一种是滚动摩擦,即物体沿接触表面滚动的摩擦。摩擦会引起运转机械发热、零件磨损,使机器精度降低的同时缩短使用寿命,还会阻碍机械运动,消耗能量,降低机械效率。另外,摩擦也有其有利的一面,如利用摩擦原理制成了摩擦离合器、摩擦传动装置及回程自锁的汽车千斤顶等。因此,我们研究摩擦是为了掌握其基本规律,发挥其有利的一面,减少其不利的一面。

二、静滑动摩擦力和静滑动摩擦定律

两个相互接触的物体,当它们之间有相对滑动的趋势但仍保持相对静止时,沿接触点公切面彼此作用着阻碍相对滑动的力,称为静滑动摩擦力,简称静摩擦力,常用 $\boldsymbol{F}$ 表示。

设粗糙的水平地面上放置一重为 $\boldsymbol{G}$ 的物体,该物体在重力 $\boldsymbol{G}$ 和地面法向约束反力 $\boldsymbol{N}$ 的作用下处于静止状态,如图 2-19(a)所示。今在该物体上作用一大小可以变化的水平拉力 $\boldsymbol{T}$,受力如图 2-19(b)所示。当物体处于相对静止时,静摩擦力 $\boldsymbol{F}$ 由平衡方程确定,它的方向与物体相对滑动趋势的方向相反,其大小随主动力 $\boldsymbol{T}$ 的变化而变化,并且在如下范围之内:

$$0 \leqslant F \leqslant F_{max} \tag{2-13}$$

其中,F_{max} 是指当物体处于临界平衡状态时,摩擦力达到的最大值,称为最大静(滑动)摩擦力。

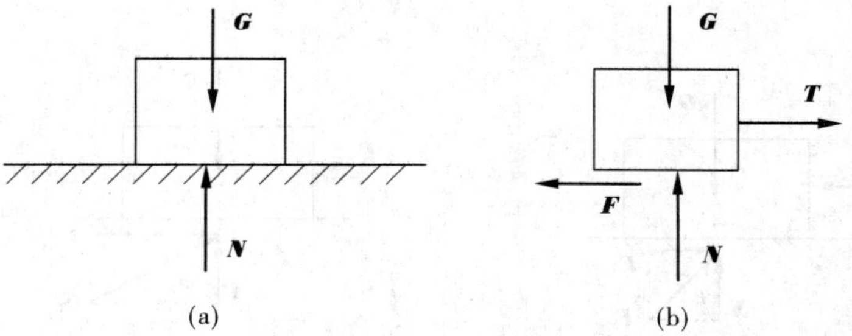

图 2-19

实验研究的结果表明:临界状态下接触面间的最大静滑动摩擦力与法向反力的大小成正比,即

$$F_{max} = f_s N \tag{2-14}$$

式(2-14)称为静滑动摩擦定律。式(2-14)中:比例系数 f_s 称为静摩擦系数,它与两物体接触面间的材料、接触面的粗糙程度、温度和湿度等因素有关,其值由实验测定。表 2-1 中列出了部分常用材料的静摩擦系数的参考值。$\boldsymbol{N}$ 是接触面间的法向反力,可由平衡条件确定。

表 2-1 常用材料的摩擦系数

材料名称	静摩擦系数 f_s		动摩擦系数 f	
	无润滑	有润滑	无润滑	有润滑
钢-钢	0.15	0.1~0.12	0.15	0.05~0.1
钢-软钢			0.2	0.1~0.2
钢-铸铁	0.3		0.18	0.05~0.15
钢-青铜	0.15	0.1~0.15	0.15	0.1~0.15
铸铁-铸铁		0.18	0.15	0.07~0.12
皮革-铸铁	0.3~0.5	0.15	0.6	0.15
木材-木材	0.4~0.6	0.1	0.2~0.5	0.07~0.15

三、摩擦角和自锁

当有摩擦时,支承面对平衡物体的约束力包含法向约束力 $\boldsymbol{N}$ 和切向约束力 $\boldsymbol{F}$(静摩擦力),这两个力的合力 $\boldsymbol{F}_R$ 称为支承面的全约束反力,它的作用线与接触面的公法线成一偏角 φ,如图 2-20(a)所示。当物体处于平衡的临界状态时,静摩擦力为最大静摩擦力 F_{max},偏角 φ 也达到最大值 φ_m,如图 2-20(b)所示。全约束力与接触面法线间夹角的最大值 φ_m 称为摩擦角。由图 2-20 可知

$$\tan\varphi_m = \frac{F_{max}}{N} = f_s \tag{2-15}$$

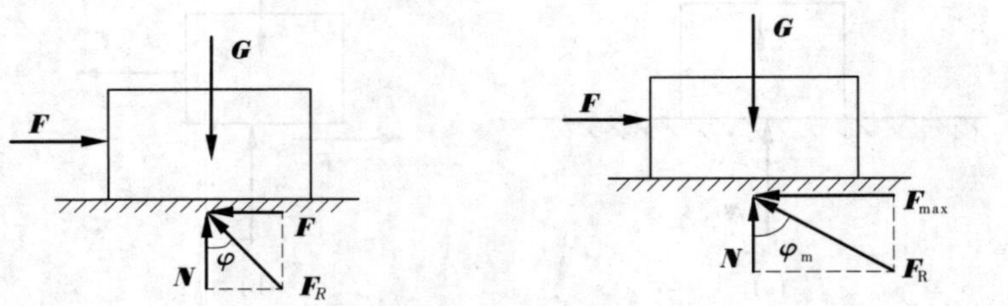

(a) (b)

图 2-20

物块平衡时,静摩擦力与切向合外力平衡,即 $0 \leqslant F \leqslant F_{max}$,所以全约束反力与法线间的夹角 φ 也在 0 与摩擦角 φ_m 之间变化,即

$$0 \leqslant \varphi \leqslant \varphi_m \tag{2-16}$$

由于静摩擦力不可能超过最大值,因此全约束反力的作用线也不可能超出摩擦角 φ_m 以外。如图 2-21 所示,当作用在物块上的全部主动力的合力 $\boldsymbol{Q}$ 的作用线在摩擦角 φ_m(或摩擦锥)之内,则无论这个力有多大,总可以与全反力平衡,物块必处于静止状态。这种现象称为自锁。产生自锁现象需满足的条件称为自锁条件。显然,自锁条件为:$\theta \leqslant \varphi_m$。

工程实际中，常应用自锁原理设计一些机构和夹具，如千斤顶、圆锥销等。但在另一些情况下，又要防止自锁现象产生，如水闸闸门启闭时，应保持规范、严谨的工作态度，务必按照技术要求进行操作，这样才能避免自锁，防止闸门卡住，进而避免水利工程事故的发生。

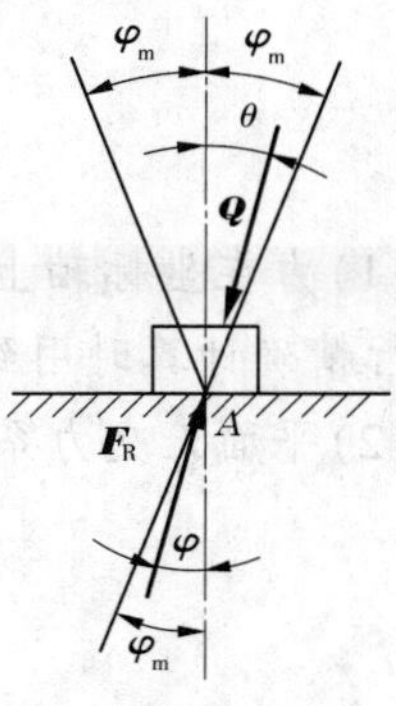

图 2-21

四、考虑摩擦时物体的平衡

考虑摩擦时求解物体的平衡问题的方法和步骤，与不考虑摩擦时基本相同，但是也有其特点。首先，在绘受力图及分析计算时必须考虑摩擦力，其方向与物体相对滑动的趋势方向始终是相反的；其次，静滑动摩擦力的大小有一个范围，即 $0 \leqslant F \leqslant F_{max}$；再次，一般情况下，摩擦力的大小由平衡条件确定，当物体处于临界的平衡状态，摩擦力达到最大值，即 $F_{max}=f_sN$；最后，在求解考虑摩擦时物体的平衡问题时，有时为了方便，会先在临界平衡状态下计算，求得结果后再进一步讨论解的范围。

【例 2-10】 如图 2-22 所示某一混凝土重力坝的断面。该坝在 1 m 长度坝段上的自重为 22 680 kN，该断面受到的水压力、扬压力，如图 2-22 所示，若坝底与河床岩面间的静摩擦系数 $f_s=0.6$。试校核此坝是否可能滑动。

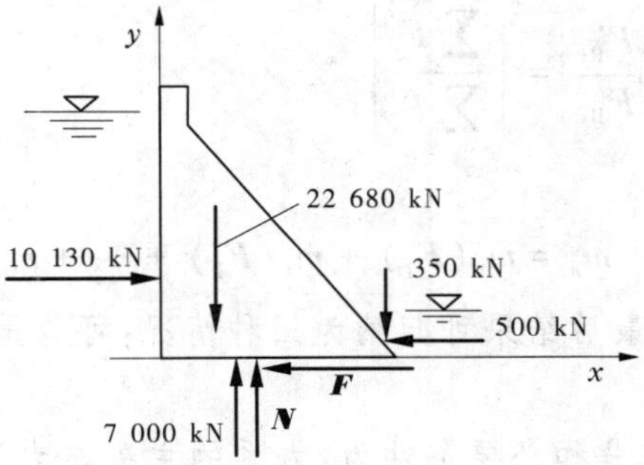

图 2-22

解：(1) 以 1 m 长坝段为研究对象，绘受力图，如图 2-22 所示。

(2) 假设坝体处于平衡状态，列平衡方程求解。

$$\sum F_x = 0 \qquad 10\,130 - 500 - F = 0$$

$$\sum F_y = 0 \quad N + 7\,000 - 22\,680 - 350 = 0$$

求得 $F = 9\,630$ kN，$N = 16\,030$ kN。

(3) 计算此时坝底与岩面之间可能产生的最大静摩擦力。

$$F_{max} = f_s N = 0.6 \times 16\,030 = 9\,618(\text{kN})$$

(4) 判断此坝是否可能滑动。

要使坝体不产生岩面的滑动，则使坝体不发生相对岩面滑动的静摩擦力 F 必须满足 $F \leqslant F_{max}$，而 $F = 9\,630\ \text{kN} > F_{max} = 9\,618\ \text{kN}$，所以坝体会沿河床岩面滑动，这在工程上是绝对不允许的，必须改变设计或采取其他措施增大最大静摩擦力，以保证坝体的抗滑稳定。

小结

(1)力在坐标轴上的投影计算,是进行平面汇交力系合成常用的一种解析法,也是对力进行精确计算时用到的基本量。

(2)平面汇交力系中合力的大小和方向为

$$\left.\begin{aligned} F_{\mathrm{R}} &= \sqrt{F_{\mathrm{R}x}^2 + F_{\mathrm{R}y}^2} = \sqrt{\left(\sum F_x\right)^2 + \left(\sum F_y\right)^2} \\ \tan\alpha &= \left|\frac{F_{\mathrm{R}y}}{F_{\mathrm{R}x}}\right| = \left|\frac{\sum F_y}{\sum F_x}\right| \end{aligned}\right\}$$

(3)平面力偶系中合力偶矩为

$$m = m_1 + m_2 + m_3 + \cdots + m_n = \sum_{i=1}^{n} m_i$$

(4)平面一般力系的简化结果如下:

①主矢。

$$\left.\begin{aligned} F'_{\mathrm{R}} &= \sqrt{(F'_{\mathrm{R}x})^2 + (F'_{\mathrm{R}y})^2} = \sqrt{\left(\sum F_x\right)^2 + \left(\sum F_y\right)^2} \\ \tan\alpha &= \left|\frac{F'_{\mathrm{R}y}}{F'_{\mathrm{R}x}}\right| = \left|\frac{\sum F_y}{\sum F_x}\right| \end{aligned}\right\}$$

②主矩。

$$m_O = m_1 + m_2 + \cdots + m_n = m_O(\boldsymbol{F}_1) + m_O(\boldsymbol{F}_2) + \cdots + m_O(\boldsymbol{F}_n) = \sum m_O(\boldsymbol{F}_i)$$

平面一般力系简化的最后结果可归纳为三种情况:可能是一个力偶,或者是一个合力,或者是力系平衡。

(5)平面力系平衡的充分和必要条件为:力系的主矢与力系对于任一点的主矩都等于零。平面一般力系的平衡方程为

$$\left.\begin{aligned} \sum F_x &= 0 \\ \sum F_y &= 0 \\ \sum m_O(\boldsymbol{F}) &= 0 \end{aligned}\right\}$$

(6)当未知量的数目等于或小于独立的平衡方程式数目时,可由所列的平衡方程求解出全部未知力,这类问题称为静定问题,此时工程结构为静定结构;当未知量的数目大于平衡方程式数目时,仅由目前所列的平衡方程无法解出全部未知力,这类问题被称为超静定问题,此时的工程结构为超静定结构。

(7)当物体接触面间有相对滑动的趋势但仍保持相对静止时,沿接触点公切面彼此作用着阻碍相对滑动的力,称为静滑动摩擦力,静滑动摩擦定律为:$F_{\max}=f_sN$。

思考与练习

(一)思考题

1. 一个平面力系是否总可用一个力平衡？是否总可用适当的两个力平衡？为什么？

2. 某平面汇交力系满足条件 $\sum F_x = 0$,试问此力系合成后可能是什么结果？

3. 平面一般力系向作用面内任意点简化后,一般可得一个主矢和一个主矩,为什么主矢与简化中心无关,而主矩与简化中心有关？

4. 平面一般力系向其作用面内一点简化所得的主矢和主矩各有何物理意义？

5. 如图 2-23 所示的三铰刚架的 D 处作用一水平力 $\boldsymbol{F}$,求 A、B 支座反力时,水平力 $\boldsymbol{F}$ 是否可沿作用线移至 E 点？简要说明理由。

6. 如图 2-24 所示,绳索 ACB 的两端 A、B 分别固定在水平面上,在它的中点 C 处用铅垂力 $\boldsymbol{F}$ 向下拉,A、B 两点相距越远,绳索越容易被拉断,请说出理由。

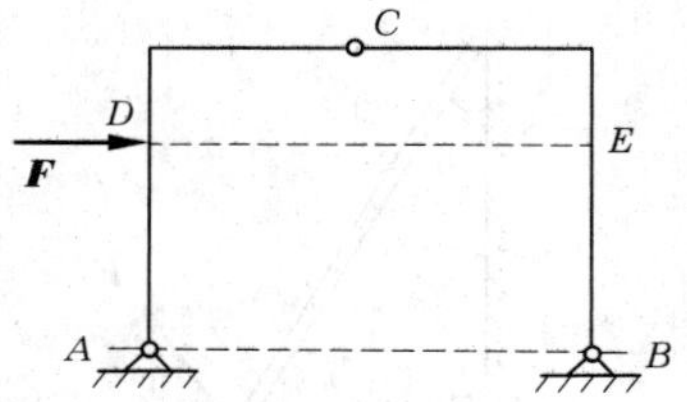

图 2-23

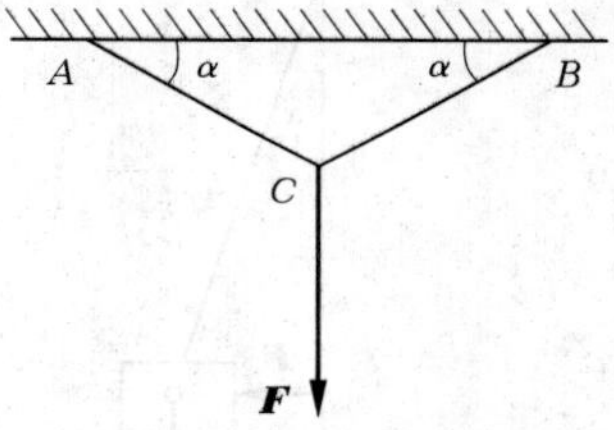

图 2-24

7. 如图 2-25 所示,结构中的折杆 AB 均处于平衡状态,假设作用在折杆 AB 上的力偶的位置和方向均相同,力偶矩数值均为 m,问 A、B 两处支座反力是否相同？

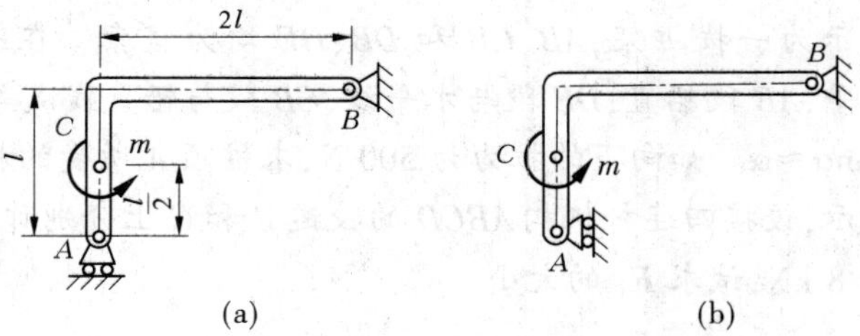

图 2-25

(二)一般练习题

1. 如图 2-26 所示,已知 $F_1 = 120$ N,$F_2 = 150$ N,$F_3 = F_4 = 200$ N,试分别求出各力在 x 轴和 y 轴上的投影。

2. 如图 2-27 所示,长为 l 的吊索上悬挂一重 $\boldsymbol{G}$ 的物块,以水平力 $\boldsymbol{F}$ 将物块向右推到水平距离 x 处,试求所需水平力 $\boldsymbol{F}$ 的大小。已知 G=1.2 kN, l =13 m,x=5 m。

3. 如图 2-28 所示,杆 AC、BC 在 C 处铰接,另一端均与墙面铰接,$\boldsymbol{F}_1$ 和 $\boldsymbol{F}_2$ 作用在销钉 C 上。已知 F_1=500 N,F_2=600 N,试求两杆所受的力(杆重均不计)。

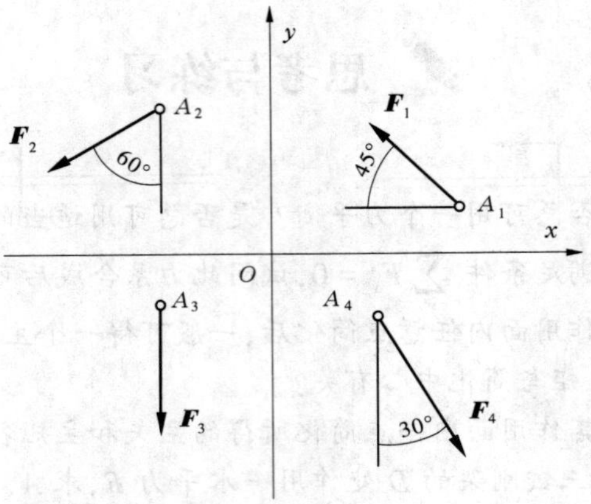

图 2-26

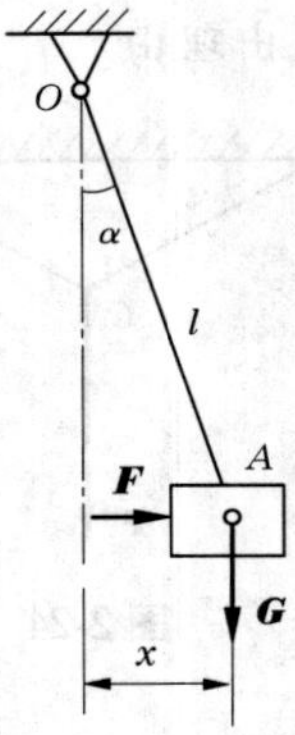

图 2-27

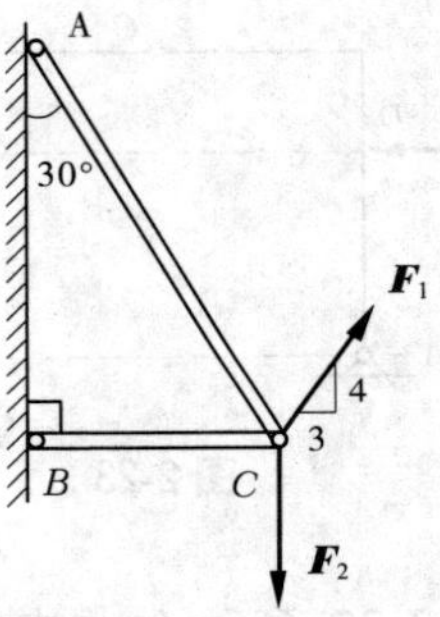

图 2-28

4. 如图 2-29 所示为一拔桩架，AB、CB 和 DB、DE 均为绳索。在绳的 D 点用力往下拉，并使绳 BD 段水平，AB 段铅直；DE 段与水平线、CB 段与铅直线成等角，$\alpha=0.1$ rad（弧度），当 α 很小时，$\tan\alpha\approx\alpha$。如向下的拉力为 500 N，求桩顶 A 所受的拉力。

5. 如图 2-30 所示，铰接四连杆机构 $ABCD$ 的铰链 B 和 C 上分别作用有力 $\boldsymbol{F}_1$ 和 $\boldsymbol{F}_2$，并处于平衡，已知 $F_2=8$ kN，试求 $\boldsymbol{F}_1$ 的大小。

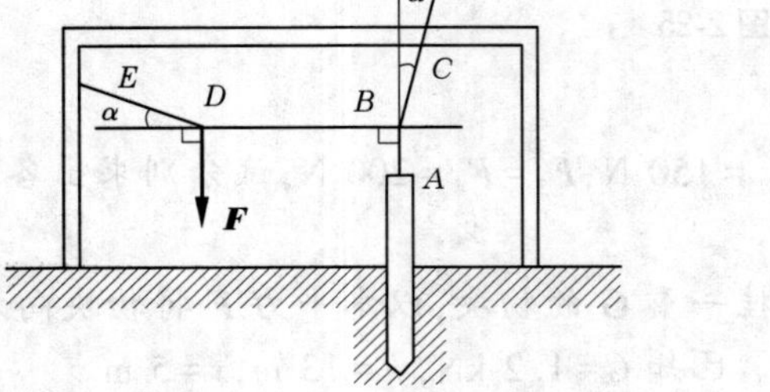

图 2-29

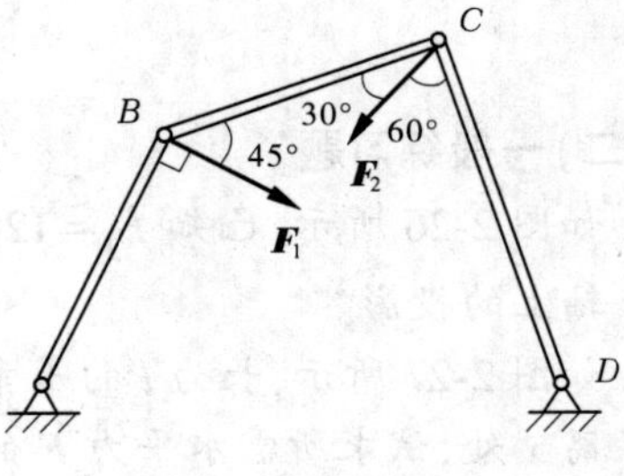

图 2-30

6. 求图 2-31 各梁的支座反力，梁重忽略不计。

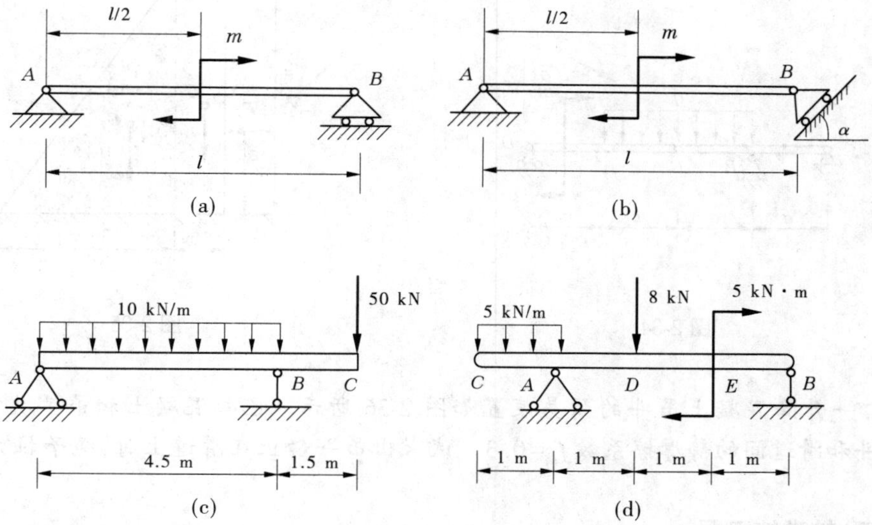

图 2-31

7. 如图 2-32 所示，三铰拱结构的两半拱上，作用数值相等、方向相反的两力偶 m，试求 A、B 处的约束力。

8. 如图 2-33 所示，结构由两弯杆 ABC 和 DE 组成，已知 $F=300$ N，试求 A 和 E 的约束反力。其中，构件重量均不计，图中长度单位为 cm。

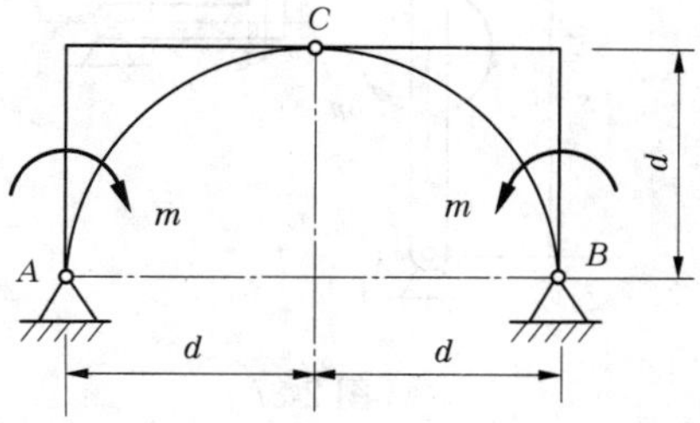

图 2-32

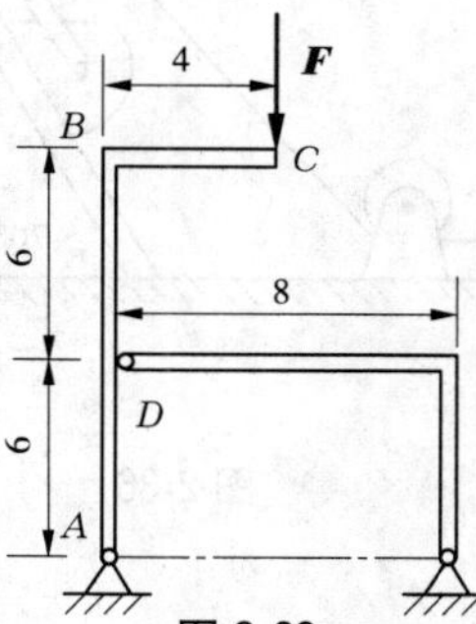

图 2-33

9. 多跨梁由 AC 和 CD 用铰链 C 连接而成，支承、跨度及荷载如图 2-34 所示。已知 $q=10$ kN/m，$m=40$ kN · m，$a=2$ m，不计梁的自重，求支座 A、B、D 及铰链 C 的约束反力。

10. 混凝土坝的横断面如图 2-35 所示。设 1 m 长的坝受到水压力 $F=3\ 390$ kN，作用位置如图 2-35 所示。混凝土的容重 $\gamma=22$ kN/m^3，坝与地面的静摩擦系数 $f_s=0.60$。

试问：(1) 此坝是否会滑动？

(2) 此坝是否会绕 B 点而倾倒？

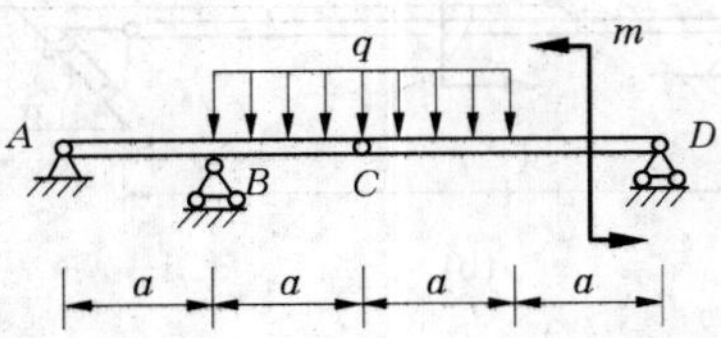

图 2-34

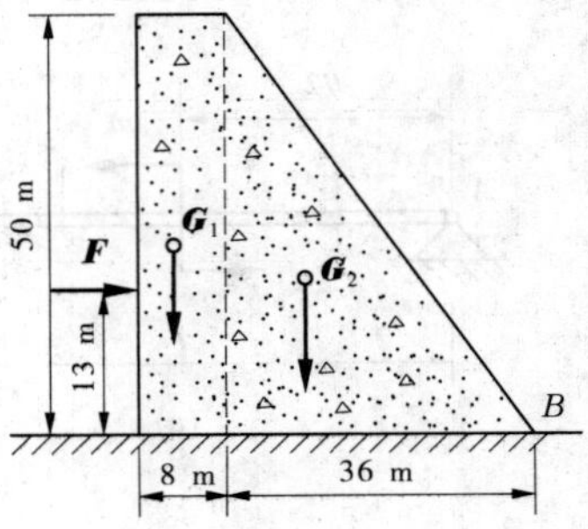

图 2-35

11. 一升降混凝土吊斗的简易装置如图 2-36 所示。已知混凝土和吊斗共重 $G=25$ kN,吊斗和滑道间的静摩擦系数 $f_s=0.3$。试求出吊斗静止在滑道上时,绳子拉力 $\boldsymbol{T}$ 的大小范围。

(三)较难练习题

1. 如图 2-37 所示的结构中,在构件 AB 上作用一力偶,其力偶矩数值 $m=1\ 000$ N·m,试求 A 和 C 处的约束力。其中,各构件的自重都忽略不计,图中尺寸单位为 mm。

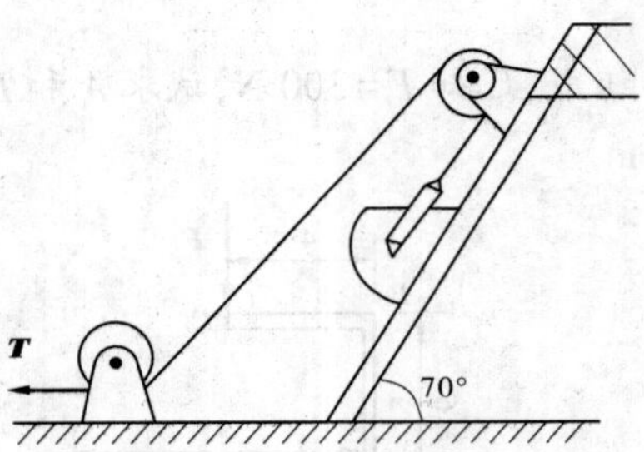

图 2-36

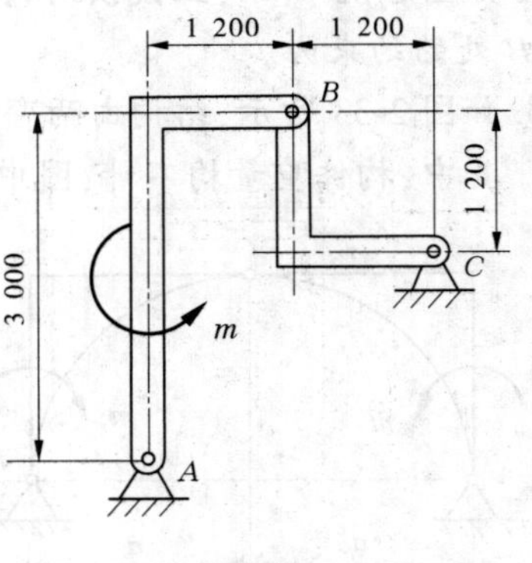

图 2-37

2. 在构件 BC 上作用一力偶矩为 m 的力偶,各尺寸如图 2-38 所示,自重均忽略不计,求支座 A 的约束反力。

3. 水平梁 AB 由铰链 A 和杆 BC 支承,现在梁上 D 处用销钉安装半径 $r=0.1$ m 的滑轮,用一跨过滑轮的绳子,其一端水平地系在墙上,另一端悬挂一重 $G=1\ 800$ N 的重物,图 2-39 中 $AD=0.2$ m,$BD=0.4$ m,BC 与 AB 的夹角为 45°,各杆件重量均忽略不计。求铰链 A 和杆 BC 对梁的约束反力。

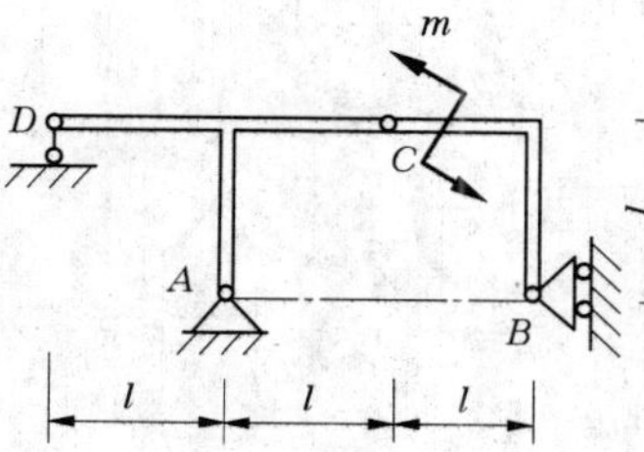

图 2-38

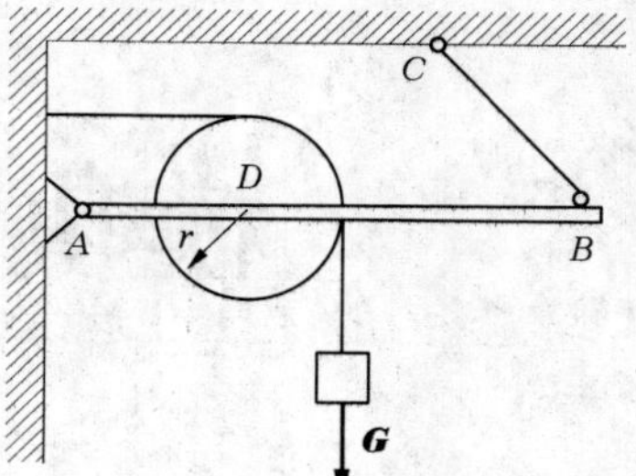

图 2-39

4. 如图 2-40 所示，厂房构架为三铰拱架，桥式吊车沿着垂直于纸面方向的轨道行驶，吊车梁的重量 $G=20$ kN，其重心在梁的中点。梁上的小车和起吊重物的重量 $G_1=60$ kN。两个拱架的重量 G_2 均为 60 kN，两者的中心分别在 D、E 两点，正好与吊车梁的轨道在同一铅垂线上，风的合力为 10 kN，方向水平。试求当小车位于离左边轨道的距离为 2 m 时，支座 A、B 两处的约束力。

5. 如图 2-41 所示，刚架 ABC 和刚架 CD 通过铰链 C 连接，并与地面通过铰链 A、B、D 连接，试求刚架的支座反力，图中长度单位为 m，力的单位为 kN，荷载集度单位为 kN/m。

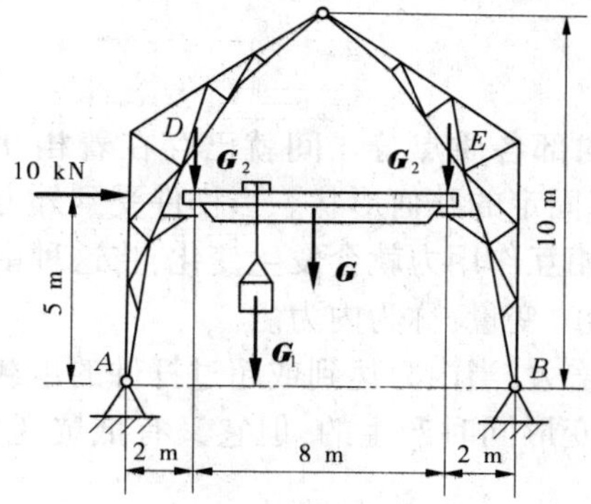

图 2-40

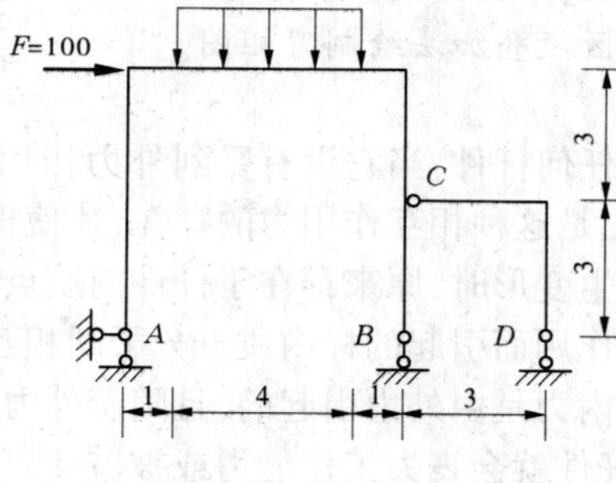

图 2-41

模块二　内　力

项目三　杆件的内力分析

【学习目标】　了解轴向拉伸和压缩变形；掌握轴向拉伸和压缩的内力——轴力的计算；掌握轴力图的画法。了解剪切（连接件）变形；掌握连接件受剪面的内力——剪力的计算。理解扭转变形；掌握功率、转速与外力偶矩之间的关系；掌握扭转轴的内力——扭矩的计算；掌握扭矩图的画法。了解平面弯曲变形，掌握梁的内力——剪力和弯矩的计算；理解方程式法绘剪力图和弯矩图的方法；理解剪力、弯矩和荷载集度间微分关系的几何意义，掌握简捷法绘剪力图和弯矩图的方法；理解叠加原理，了解叠加法绘梁的内力图，掌握区段叠加法绘制弯矩图。

任何杆件，当它没有受到外力作用时，杆件内部各质点分子间就已存在着相互作用力，正是这种相互作用力的存在，才使得杆件具有固定的几何形状。当杆件受到外力作用而发生变形时，原来存在于杆件内质点分子间的相互作用力就会发生变化，将这种由于外力的作用而引起的杆内质点分子间相互作用力的改变量，称为内力。

内力是由外力引起的，且随着外力的增大而增大，当内力达到或超过杆件的承载能力时，杆件就会丧失工作能力或被破坏。内力是与变形同时产生的，但它又有抵抗变形、保持杆件形状的特性。

杆件和杆件结构的强度、刚度和稳定性都与杆件的内力密切相关。计算杆件的内力并画出杆件的内力图是工程力学的重点之一，内力计算是结构设计的基础。本项目研究杆件的内力计算问题。

任务一　轴向拉（压）杆件的内力分析

码 3-1　微课-轴向拉（压）杆件的内力分析

一、轴向拉伸和压缩变形

轴向拉（压）杆是指只受轴向拉力或轴向压力作用的直杆。轴向拉（压）杆的纵向变形是沿轴线方向的伸长或缩短，而横向只会产生收缩或膨胀，如图 3-1 所示。

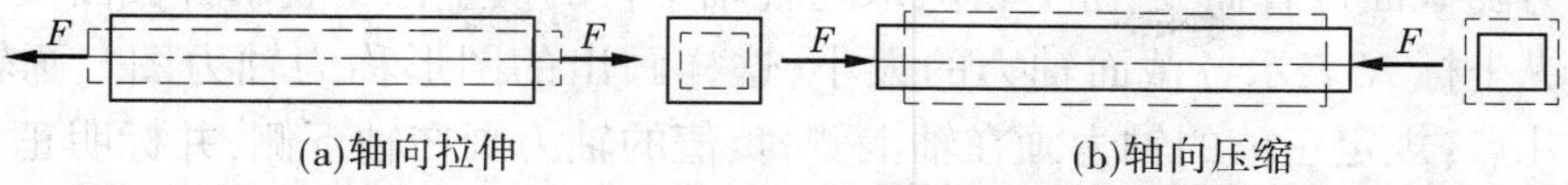

图 3-1

二、轴力和轴力图

(一)轴向拉(压)杆横截面上的内力

如图 3-2(a)所示,在截面 A、B、C 处分别受到轴向外力 F_1、F_2、F_3 作用并处于平衡状态的等截面直杆,为了揭示和计算杆段 AB 各横截面上的内力,在 AB 段取任意截面 1—1,并取截面 1—1 左侧的杆件部分为脱离体,作受力图如图 3-2(b)所示。

由于截面 1—1 以左的杆段上只有与杆轴线重合的外力 F_1,因此该截面上与此外力构成平衡力系的内力必然是与横截面法线重合的轴向力 N_1,由受力图中力系(属于共线力系)的平衡条件计算 N_1 的大小:

由
$$\sum F_x = 0, N_1 - F_1 = 0$$
得到
$$N_1 = F_1$$

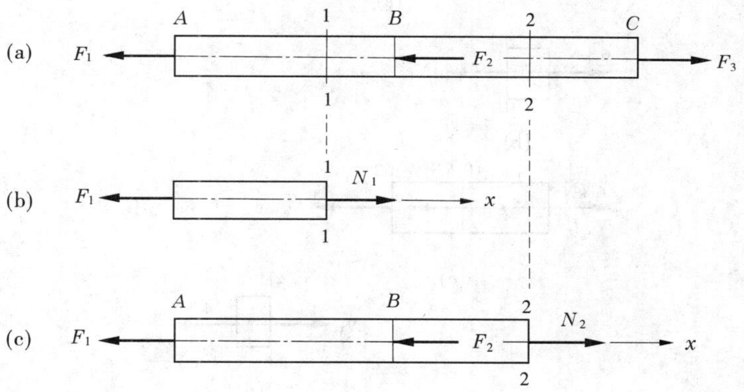

图 3-2

并且,不管截面 1—1 取自 AB 段内的何处,其轴力值均不会改变。此结果表明,AB 杆段各横截面上的轴力的大小都等于 F_1。

同理,也可以求得如图 3-2(c)所示 2—2 截面上的轴力 N_2 的大小,且 $N_2 = F_1 + F_2$。

由于轴向拉(压)力引起的内力与杆的轴线一致,故称为轴向内力,简称轴力。习惯上规定:轴向拉伸引起的轴力为正值,背离横截面;轴向压缩引起的轴力为负值,指向横截面。按这种符号规定,无论取杆件左段或右段研究,同一截面两侧上的内力不但数值相等,而且符号也相同。

(二)轴力图

当杆件上有多个轴向外力作用时,拉(压)杆横截面上的轴力一般不相同。为了直观地表示轴力随截面位置而变化的规律,取与杆轴平行的横坐标 x 表示各截面位置,取与杆轴垂直的纵坐标 N 表示各截面轴力的大小,这样画出的图形称为轴力图。画轴力图时,注意以下几点:规定正值的轴力画在轴上侧,负值的轴力画在轴下侧,并标明正负符号。

(1)坐标轴的建立:在荷载图的正下方或正右方,以 x 轴与杆件的轴线平行表示横截面位置;以 N 轴垂直于 x 轴,坐标 N 按选定的比例尺表示对应横截面轴力的大小。杆件水平放置时,习惯将正的轴力画在上侧,负的轴力画在下侧。杆件竖向放置时,将正的轴力画在任一侧,负的轴力画在另一侧。

(2)以荷载变化处为界,将杆件分段,利用直接法计算各段轴力,即任一截面上轴力的大小等于截面一侧杆上所有轴向外力的代数和,由外力直接判断为:背离截面的外力(拉力)产生正轴力;指向截面的外力(压力)产生负轴力。

(3)四个标注:轴力图上应标注截面位置、轴力大小、正负、单位及图名。

【例 3-1】 直杆在 A、B、C、D 面中心处受到外力 6 kN、10 kN、8 kN、4 kN 的作用,方向如图 3-3(a)所示,求此杆各段的轴力,并作轴力图。

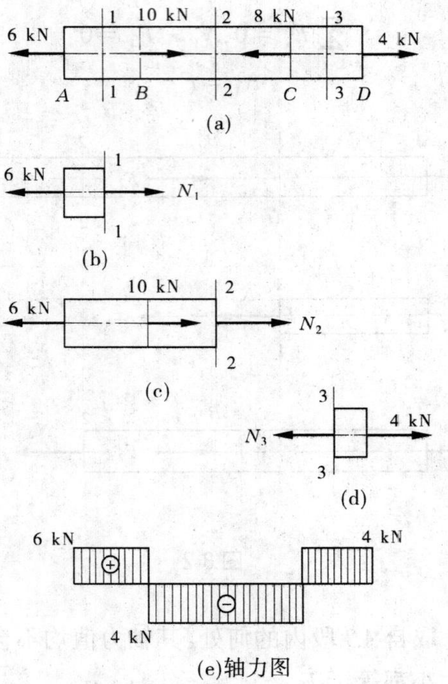

图 3-3

解:(1)计算各段内轴力。

以荷载变化处为界,将杆件分为 AB 段、BC 段、CD 段,用直接法计算各段轴力。

AB 段:受力图如图 3-3(b)所示,$N_1=6$ kN(拉力)

BC 段:受力图如图 3-3(c)所示,$N_2=6-10=-4$(kN)(压力)。所得结果为负值,表示所设 N_2 的方向与实际方向相反,即 N_2 为压力。

CD 段：受力图如图 3-3(d)所示，$N_3=4$ kN(拉力)

(2)绘轴力图。

由以上结果，可绘出轴力图，如图 3-3(e)所示。

还可根据轴力图的特点，快速绘制轴力图。轴力图的特点如下：

(1)每两个外力之间为一段与杆轴线平行的直线段。

(2)外力作用对应处有突然变化，变化数值大小等于该外力的大小。

(3)无荷载段，轴力图为平行于杆轴线的直线。

(4)均布荷载段，轴力图为斜直线，斜直线倾斜方向同均布荷载指向，斜直线起止点的变化值等于均布荷载合力值。

(5)集中力作用处，轴力图发生突变。左上(向“左”的集中力处轴力图向“上”突变)，右下(向“右”的集中力处轴力图向“下”突变)，突变值等于荷载值。

(6)终归零。

【例 3-2】　如图 3-4(a)所示直杆在 A、B、E、F 四截面受到轴向集中外力，CD 段受到均布轴力，试根据轴力图特点快速作轴力图。

解：利用荷载与轴力之间的关系绘制轴力图，如图 3-4(b)所示。

A 点向上发生突变 20 kN，AB 段无荷载所以为水平。B 点向上发生突变 10 kN，其值变为 30 kN，BC 段无荷载所以为水平。CD 段为均布荷载，所以为斜直线，直线变化值为均布荷载合力 20 kN，D 点值变为 10 kN。DE 段无荷载所以为水平，E 点向下发生突变 20 kN，其值变为−10 kN。F 点向上突变 10 kN，最终其值归零。

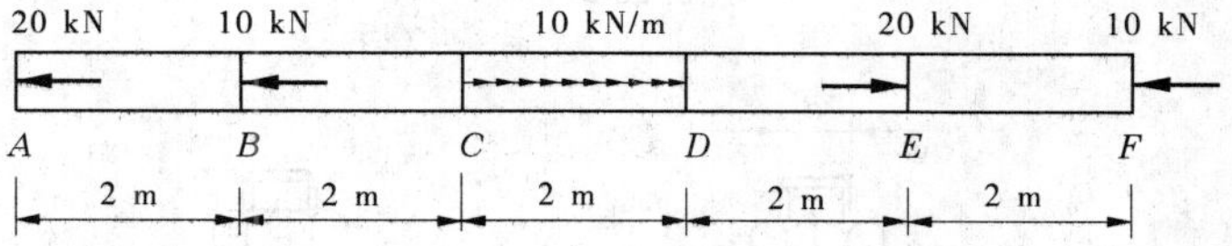

(a)

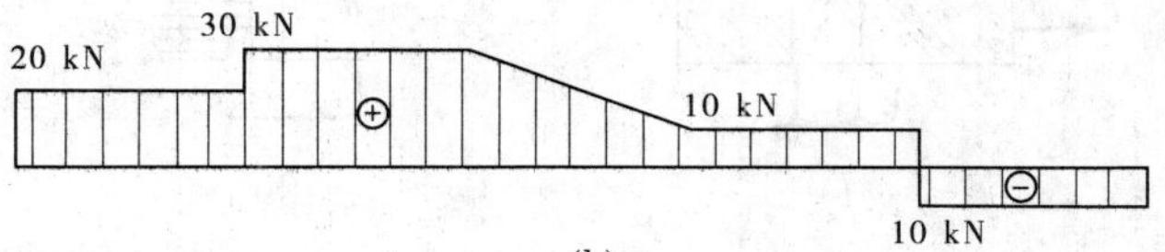

(b)

图 3-4

任务二　剪切(连接件)的内力分析

一、剪切(连接件)变形

如图 3-5(a)所示，剪床剪钢板时剪床的上下两个刀刃以大小相等、方向相反、作用线相距很近的两个力 F 作用于钢板上，迫使钢板在 $m—n$ 截面的两侧部分沿 $m—n$ 截面发生相对错动[见图 3-5(b)]，当 F 增加到某一极限值时，钢板将沿截面 $m—n$ 被剪断。构件在这样一对大小相等、方向相反、作用线相隔很近的外力作用下，截面沿着力的方向发生相对错动的变形，称为剪切变形。在变形过程中，产生相对错动的截面(如 $m—n$)称为剪切面。它位于方向相反的两个外力之间，且与外力的作用线平行。

码 3-2　微课-剪切(连接件)的内力分析

在工程实际中，经常要把若干杆件连接起来组成结构，其连接形式是各种各样的，有螺栓连接、铆钉连接、销轴连接、键连接、榫连接等。这些在受力构件相互连接时，起连接作用的部件，简称连接件，均产生剪切变形。例如，连接两钢板的螺栓(见图 3-6)、连接齿轮与轴的键(见图 3-7)等，在外力作用下，将沿着 $m—n$ 截面发生剪切变形。

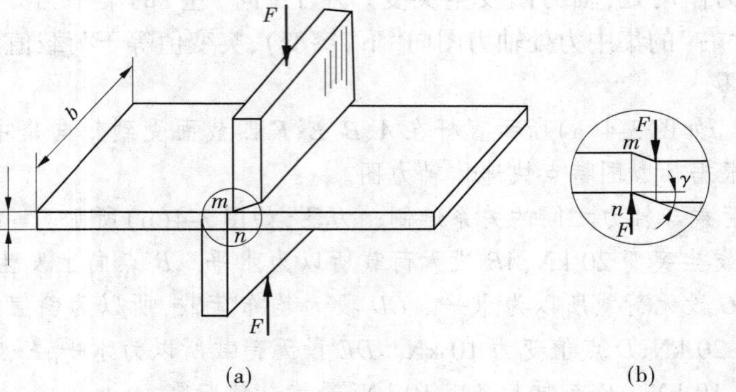

图 3-5

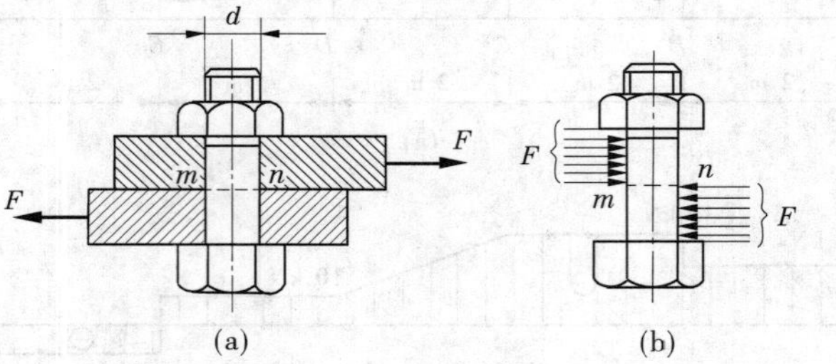

图 3-6

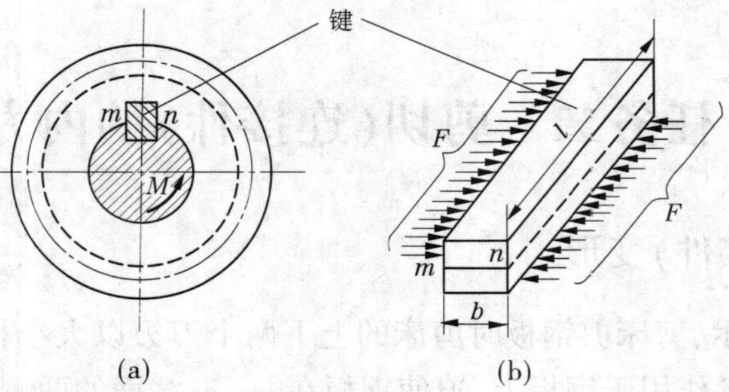

图 3-7

图 3-5 中的钢板、图 3-6 中的螺栓、图 3-7 中的键各有一个剪切面，而有些连接件，如图 3-8(a)中的销钉、图 3-8(b)中的焊缝则均有两个剪切面 $m—m$ 和 $n—n$。

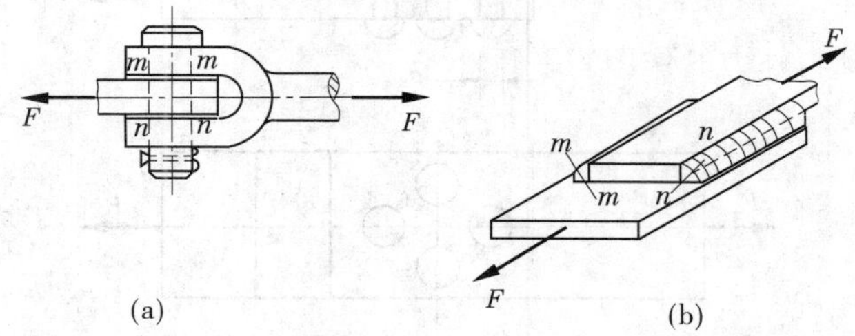

(a) (b)

图 3-8

二、连接件受剪面的内力

一般情况下，为了保证机器、结构正常工作，连接件必须具有足够的抵抗剪切的能力；但有时，例如机器超载越过允许范围，安全销要自动被剪断。为此，需要对连接件进行剪切的实用计算，则首先要确定剪切面的内力。

设两块钢板用铆钉连接[见图 3-9(a)]。钢板受拉时，铆钉在两钢板之间的截面处受剪切[见图 3-9(b)]，任取上部分或下部分为研究对象，由平衡条件可知，剪切面上必存在沿着剪切面且平行于外力的内力 Q，且 $Q=F$。这种平行于剪切面的内力 Q，称为剪力。

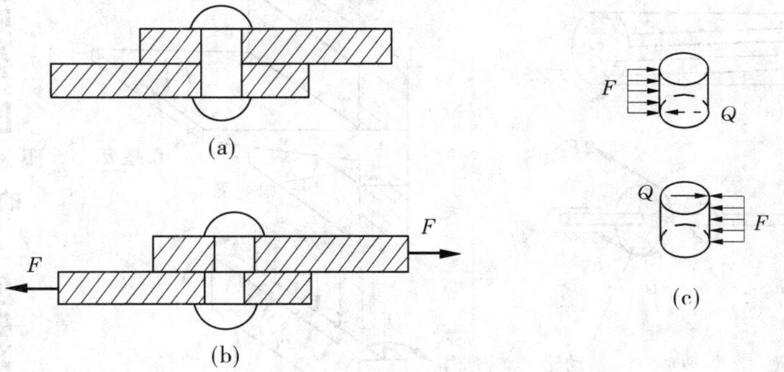

(a) (b) (c)

图 3-9

需要说明的是，连接件在受到剪切作用的同时，往往还伴随着挤压作用，图 3-9 中，作用在钢板上的拉力，通过钢板与铆钉的接触面传递给铆钉，这种由两个构件相互传递压力时接触面相互压紧而产生的局部压缩变形称为挤压变形。连接件与被连接件之间相互接触面上的压力 F_c，称为挤压力。由平衡条件可知，$F_c=F$。挤压力的作用面称为挤压面。

【例 3-3】 一铆接头如图 3-10 所示，受力 $F=110$ kN，假定每个铆钉受力相等，请计算铆钉剪切面上的剪力。

解： 由题意可知，每个铆钉受力为：$F/4=110/4=27.5$(kN)。由平衡条件可知，每个铆钉剪切面上的剪力为：$Q=27.5$ kN。

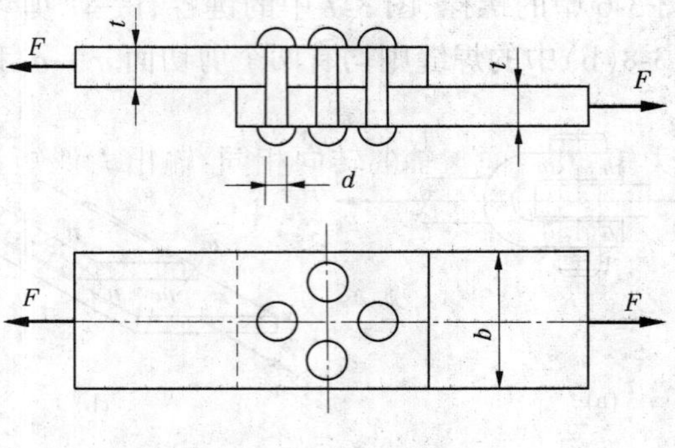

图 3-10

任务三　扭转轴的内力分析

一、扭转变形

杆件受到垂直杆轴平面内的力偶作用，相邻横截面绕杆轴产生相对旋转变形，称为扭转变形。产生扭转变形的杆件多为传动轴，房屋的雨篷梁等也有扭转变形，如图 3-11 所示。

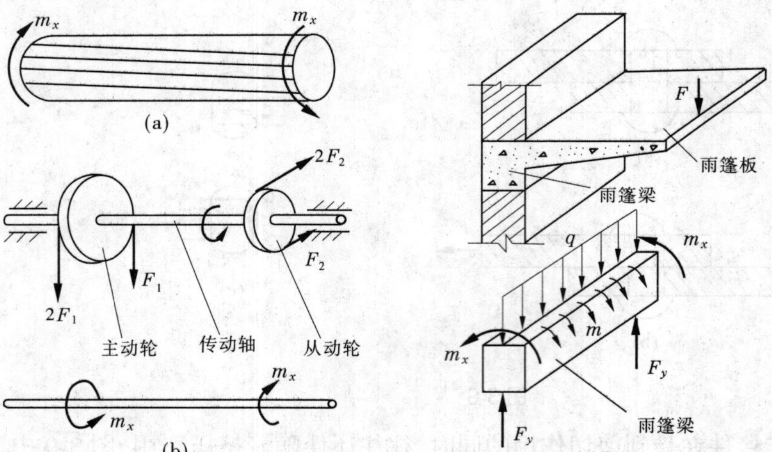

图 3-11

码 3-3　微课-扭转轴的内力分析(一)

码 3-4　微课-扭转轴的内力分析(二)

二、功率、转速与外力偶矩之间的关系

工程实际中作用于轴上的外力偶矩并不是直接给出的，往往是通过给出转轴的转速及其所传递的功率来计算的。外力偶矩的计算公式为

$$m_x = 9.55\frac{P}{n} \tag{3-1}$$

式中：m_x 为外力偶矩，kN · m；P 为轴传递的功率，kW；n 为轴的转速，r/min。

输入力偶矩为主动力矩，其方向与轴的转向相同；输出力偶矩为阻力矩，其方向与轴的转向相反。

三、扭矩和扭矩图

设圆轴在外力偶矩 m_{x1}、m_{x2}、m_{x3} 作用下产生扭转变形，如图 3-12(a)所示。若将圆轴用假想的截面 Ⅰ—Ⅰ 截开，一分为二，取左段为研究对象。由平衡条件可知，横截面上与外力偶平衡的内力必为一力偶，该内力偶矩称为扭矩，用 M_x 表示，单位为 kN · m。Ⅰ—Ⅰ 截面上的扭矩，可由平衡条件

$$\sum m_x = 0 \quad m_{x1} - M_x = 0$$

得

$$M_x = m_{x1}$$

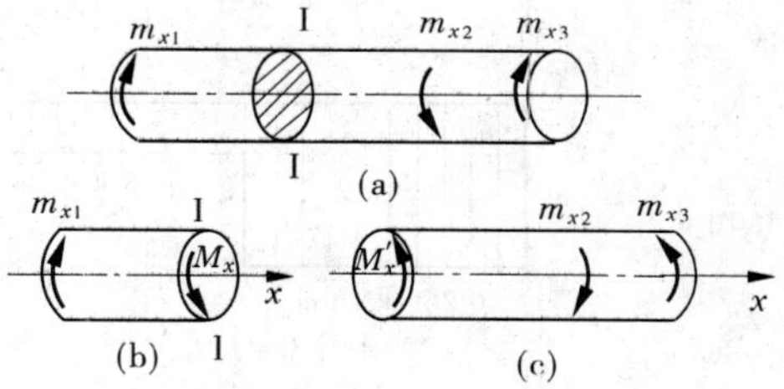

图 3-12

扭矩的符号规定为：按右手螺旋法则，以右手四指顺着扭矩的转向，若拇指指向与截面外法线方向一致，扭矩为正[见图 3-13(a)]；反之，为负[见图 3-13(b)]。

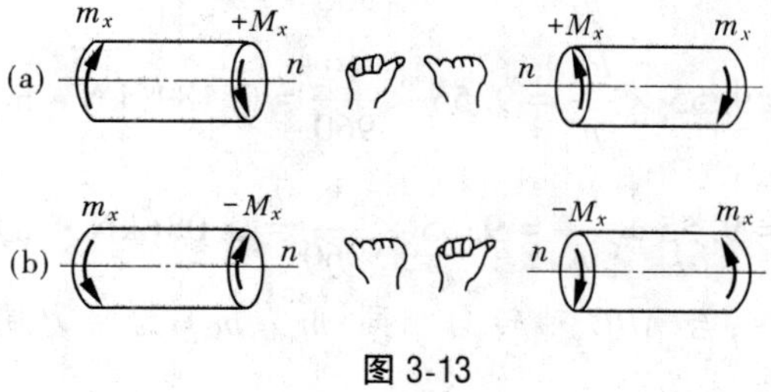

图 3-13

截面扭矩还可采用直接法来计算，即任一截面上的扭矩，等于该截面一侧轴上的所有外力偶矩的代数和，$M_x = \sum m_{xi}$。扭矩的符号仍用右手螺旋法则判断：凡拇指离开截面的外力偶矩在截面上产生正扭矩；反之，产生负扭矩。

显然，不同轴段的扭矩不相同。为了直观地反映扭矩随截面位置变化的规律，以便确定危险截面，与轴力图相仿可绘出扭矩图。绘制扭矩图的要求是：选择合适比例将正值的

扭矩纵标画在轴线上侧,负值的扭矩画在轴线下侧;图中标明截面位置、截面的扭矩值、单位、正负号和图名。

【例 3-4】 如图 3-14(a)所示,一传动系统的主轴 ABC,其转速 $n=960$ r/min,输入功率 $P_A=27$ kW,输出功率 $P_B=19$ kW、$P_C=8$ kW,不计轴承摩擦等功率消耗。试画出 ABC 轴的扭矩图。

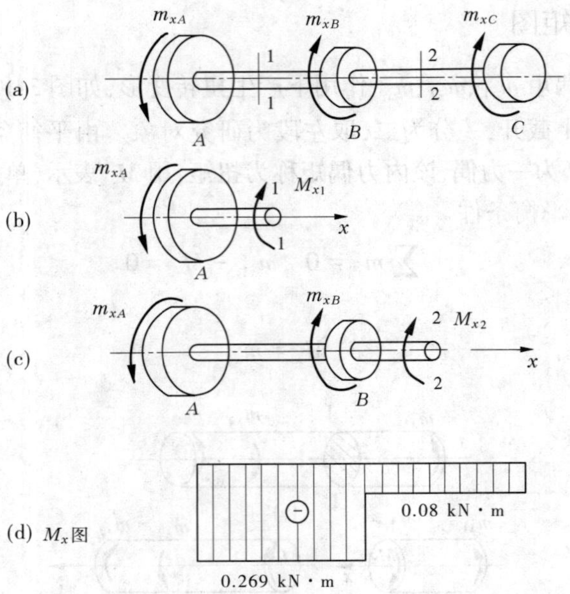

图 3-14

解:(1)计算外力偶矩。由式(3-1)得

$$m_{xA}=9.55\times\frac{P_A}{n}=9.55\times\frac{27}{960}=0.269(\text{kN}\cdot\text{m})$$

$$m_{xB}=9.55\times\frac{P_B}{n}=9.55\times\frac{19}{960}=0.189(\text{kN}\cdot\text{m})$$

$$m_{xC}=9.55\times\frac{P_C}{n}=9.55\times\frac{8}{960}=0.08(\text{kN}\cdot\text{m})$$

上式中,m_{xA} 为主动力偶矩,与 ABC 轴转向相同;m_{xB}、m_{xC} 为阻力偶矩,其转向与轴转向相反。

(2)分段计算扭矩。将轴分为两段,由直接法逐段计算扭矩。

对 AB 段 1—1 截面[见图 3-14(b)],$M_{x1}=-0.269$ kN · m。

对 BC 段 2—2 截面[见图 3-14(c)],$M_{x2}=-0.269+0.189=-0.08$(kN · m)。

(3)绘扭矩图。根据以上计算结果,画出扭矩图,如图 3-14(d)所示。由图 3-14(d)看出,在集中外力偶作用面处,扭矩值发生突变,其突变值等于该集中外力偶矩的大小。最大扭矩在 AB 段内。

任务四 梁的内力分析

一、平面弯曲变形

当杆件受到垂直于杆轴线的外力(横向力)作用,或受到位于杆轴平面内的外力偶作用时,杆的轴线将由直线弯成曲线。这种变形形式称为弯曲变形。以弯曲为主要变形的杆件,通常称为梁。

工程中常见的梁,其横截面往往具有对称轴(见图 3-15),整个梁具有通过梁轴线和截面对称轴的纵向对称面,并且所有外力都作用在该对称面内。这种情况下,梁的轴线将弯成位于同一纵向对称面内的一条平面曲线,这种弯曲变形称为平面弯曲变形。平面弯曲变形是最简单也是最常见的弯曲变形。

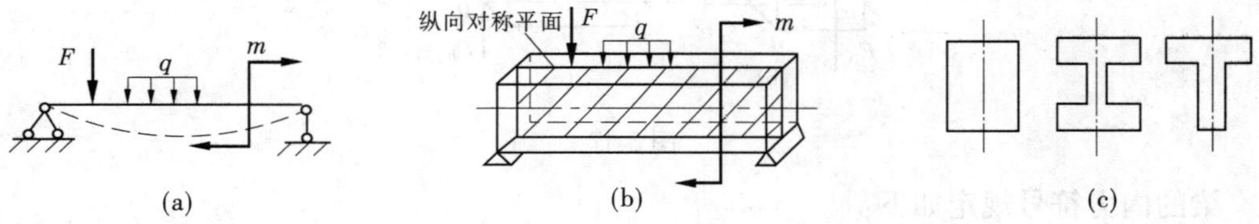

图 3-15

在平面弯曲变形情况下,作用在梁上的外力(包括荷载和支座反力)是一个平面力系。当梁上只有三个支座反力时,可由平面力系的三个静力平衡方程将它们求出,这种梁称为静定梁。根据支承情况的不同,常见的静定梁有下述三种类型:

(1)悬臂梁。梁的一端为固定,另一端自由,见图 3-16(a)。

(2)简支梁。梁的一端为固定铰支座,另一端为活动铰支座,见图 3-16(b)。

(3)外伸梁。梁用一个活动铰支座和一个固定铰支座支承,梁的一端或两端伸出支座之外,见图 3-16(c)。

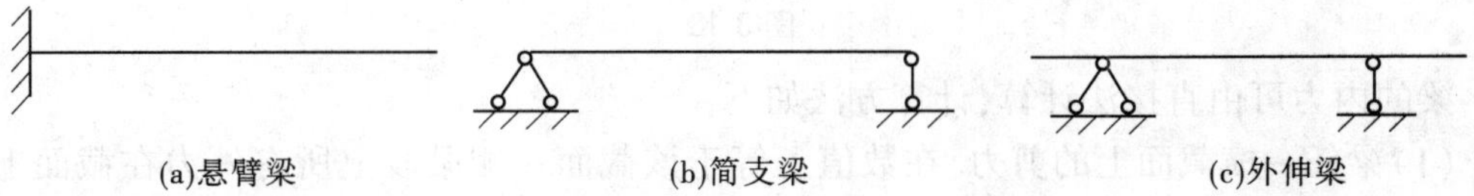

图 3-16

二、梁的内力

作用在梁上的所有外力(荷载与支座反力)确定后,为了进行梁的强度和刚度计算,首先要计算梁的各截面上所受的力(梁的内力)。

码 3-5 微课-梁的内力分析

如图 3-17(a)所示,简支梁 AB 在荷载 F 和支座反力 F_A、F_B 的共同作用下处于平衡状态。假想用 $n—n$ 截面将梁分为两段,取左段为研究对象[图 3-17(b)],显然,F_A 有使左梁段上下移动和绕截面形心 O 转动的作用,因而 $n—n$ 截面上相应有与之平衡的两种内力,其一是剪力,限制梁段沿截面方向移动的内力,用 Q 表示,单位为 N 或 kN;其二是弯矩,限制梁段绕截面形心 O 转动的内力矩,用 M 表示,单位为 N · m 或 kN · m。

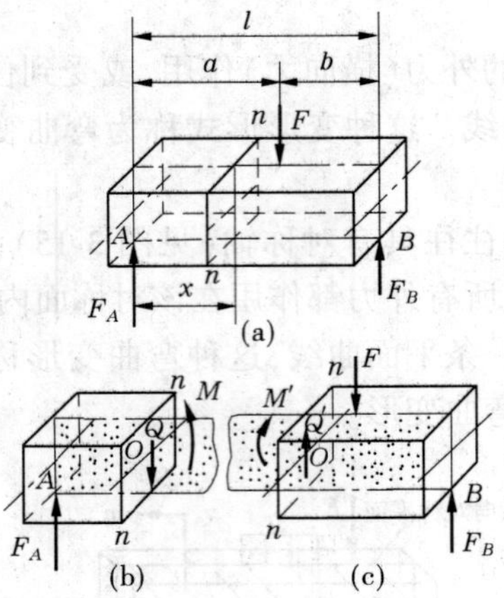

图 3-17

梁的内力符号规定如下:

(1)剪力 Q。使截面邻近的微梁段有顺时针转动趋势的剪力为正值;反之,为负值[见图 3-18(a)]。

(2)弯矩 M。使截面邻近的微梁段产生下边凸出、上边凹进变形的弯矩为正值;反之,为负值[见图 3-18(b)]。

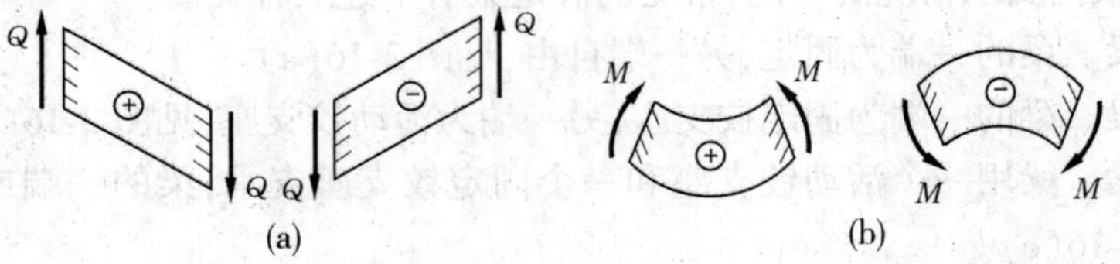

图 3-18

梁的内力可由直接法计算,计算方法如下:

(1)梁任一横截面上的剪力,在数值上等于该截面一侧梁段上所有外力在截面上投影的代数和。对截面产生顺时针转动趋势的外力(截面左侧梁上所有向上的外力或截面右侧梁上所有向下的外力)在截面上产生正剪力;反之,产生负剪力。

(2)梁任一横截面上的弯矩,在数值上等于该截面一侧梁段上所有外力对截面形心力矩的代数和。使梁段产生下边凸出、上边凹进变形的外力(截面两侧梁上均为向上的外力,使梁产生左侧截面顺时针、右侧截面逆时针的外力矩)在截面上产生正弯矩;反之,产生负弯矩。

直接法计算截面内力时,先看截面一侧有几个外力,再由各外力方向判断产生内力的符号,最后计算各项代数和确定截面内力。

【例 3-5】　简支梁如图 3-19(a)所示。求横截面 1—1、2—2 、3—3 上的剪力和弯矩。

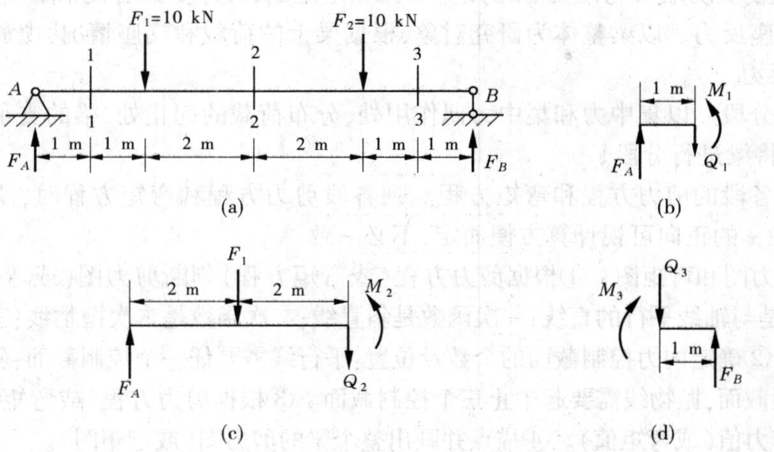

图 3-19

解:(1)计算支座反力。由梁的平衡方程求得支座 A、B 处的反力为

$$F_A = F_B = 10\ \text{kN}(\uparrow)$$

(2)用直接法计算横截面 1—1、2—2 、3—3 上的剪力和弯矩。

截面 1—1[见图 3-19(b)]:$Q_1 = 10$ kN;$M_1 = 10\times1 = 10$(kN·m)

截面 2—2[见图 3-19(c)]:$Q_2 = 10-10 = 0$;$M_2 = 10\times4-10\times2 = 20$(kN·m)

截面 3—3[见图 3-19(d)]:$Q_3 = -10$(kN);$M_3 = 10\times1 = 10$(kN·m)

三、方程式法绘剪力图和弯矩图

码 3-6　微课-方程式法绘剪力图和弯矩图

对于梁的强度和刚度计算问题,除要会计算指定截面的剪力和弯矩外,还必须知道剪力和弯矩沿梁轴线的变化规律,并确定最大剪力和最大弯矩的数值及它们所在的截面位置。

从上面的计算可以看出,在一般情况下,梁横截面上的剪力和弯矩随横截面的位置不同而变化。若以横坐标 x 表示横截面在梁轴线上的位置,纵坐标表示内力,则梁的截面上的内力均为 x 坐标的函数:

$$Q = Q(x) \tag{3-2}$$

$$M = M(x) \tag{3-3}$$

以上两函数表达了剪力和弯矩沿梁轴线的变化规律,分别称为梁的剪力方程和弯矩方程。

为了形象地表示剪力和弯矩沿梁轴的变化规律,把剪力方程和弯矩方程用其图像表示,称为剪力图和弯矩图。

工程中,习惯上将正剪力画在梁轴线(x 轴)的上方,负剪力画在梁轴线的下方;正值的弯矩画在轴线下方,负值的弯矩画在轴线上方,即弯矩图画在受拉侧,一般可不标正、负号。

一般通过剪力方程和弯矩方程绘制剪力图和弯矩图,具体步骤可概括如下:

(1)求支座反力。以梁整体为研究对象,根据梁上的荷载和支座情况,由静力平衡方程求出支座反力。

(2)将梁分段。以集中力和集中力偶作用处、分布荷载的起止处、梁的支承处及梁的端面为界点,将梁进行分段。

(3)列出各段的剪力方程和弯矩方程。列各段剪力方程和弯矩方程时,所取的坐标原点与坐标轴 x 的正向可视计算方便而定,不必一致。

(4)画剪力图和弯矩图。①根据剪力方程(或弯矩方程)判断剪力图(或弯矩图)的形状:零次函数是与轴线平行的直线;一次函数是斜直线;二次函数是二次抛物线;三次函数是三次抛物线。②确定内力控制截面的个数及位置:平行线需要任一个控制截面;斜直线需要起止两个控制截面;抛物线需要起中止三个控制截面。③根据剪力方程(或弯矩方程)计算控制截面的剪力值(或弯矩值)。④描点并画出整个梁的剪力图(或弯矩图)。

【例 3-6】 简支梁如图 3-20(a)所示,受均布荷载 q 作用,试画出梁的剪力图和弯矩图。

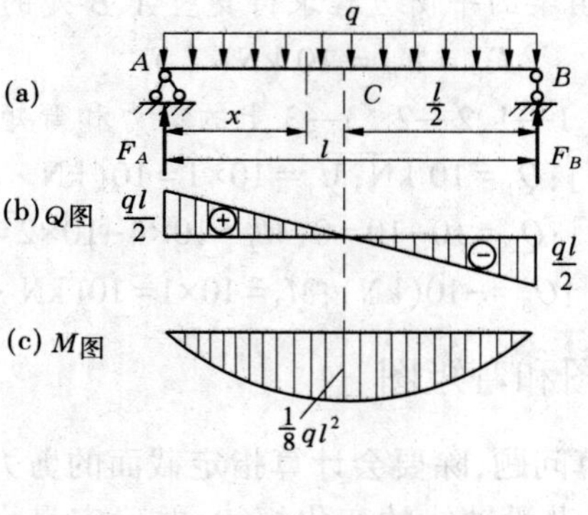

图 3-20

解:(1)求支座反力。由于荷载对称,支座反力也对称,有

$$F_A = F_B = \frac{ql}{2}$$

(2)列剪力方程和弯矩方程。坐标原点取在左端 A 点处,距原点 A 为 x 处的任意截面,其剪力方程和弯矩方程为

$$Q(x) = F_A - qx = \frac{ql}{2} - qx \quad (0 < x < l) \tag{a}$$

$$M(x) = F_A x - \frac{qx^2}{2} = \frac{ql}{2}x - \frac{qx^2}{2} \quad (0 \leqslant x \leqslant l) \tag{b}$$

(3)绘剪力图和弯矩图。

由式(a)可知,$Q(x)$ 是 x 的一次函数,所以剪力图是一条斜直线。由式(a)计算出

$$x=0,\quad Q_{A右}=\frac{ql}{2}$$

$$x=l,\quad Q_{B左}=-\frac{ql}{2}$$

剪力图如图 3-20(b)所示。

由式(b)可见,$M(x)$是x的二次函数,所以弯矩图是一条二次抛物线,至少需要确定三个控制截面的弯矩值,才能描出曲线大致形状。由式(b)计算出

$$x=0,\quad M_A=0$$

$$x=\frac{l}{2},\quad M_C=\frac{ql^2}{8}$$

$$x=l,\quad M_B=0$$

弯矩图如图 3-20(c)所示。

从所作的内力图可知,最大剪力发生在梁端,其值 $|Q|_{max}=\frac{ql}{2}$;最大弯矩发生在剪力为零的跨中截面,其值为 $|M|_{max}=\frac{ql^2}{8}$。

【例 3-7】　简支梁受集中力 F 作用如图 3-21(a)所示,试画出梁的剪力图和弯矩图。

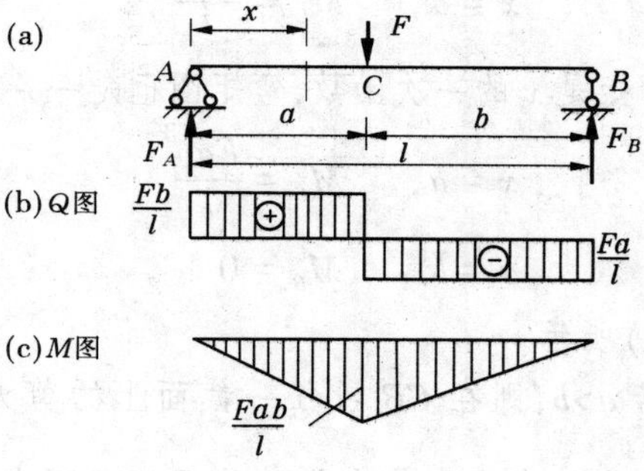

图 3-21

解:(1)求支座反力。以整梁为研究对象,由平衡方程求支座反力。

由　$\sum m_B(F)=0\qquad -F_Al+Fb=0$

得　$F_A=\frac{Fb}{l}$

由　$\sum F_y=0\qquad F_A+F_B-F=0$

得　$F_B=\frac{Fa}{l}$

(2)列剪力方程和弯矩方程。梁在 C 截面处有集中力 F 作用,AC 段和 CB 段所受的外力不同,其剪力方程和弯矩方程也不相同,需分段列出。取梁左端 A 为坐标原点。

AC 段:

$$Q(x) = F_A = \frac{Fb}{l} \qquad (0 < x < a) \tag{a}$$

$$M(x) = F_A \cdot x = \frac{Fb}{l}x \qquad (0 \leq x \leq a) \tag{b}$$

CB 段:

$$Q(x) = F_A - F = -\frac{Fa}{l} \qquad (a < x < l) \tag{c}$$

$$M(x) = F_A \cdot x - F(x - a) = Fa - \frac{Fa}{l}x \qquad (a \leq x \leq l) \tag{d}$$

(3)绘剪力图。从式(a)可知,AC 段的剪力为常数 $\frac{Fb}{l}$,剪力图是一条在 x 轴线上侧与 x 平行的直线。从式(c)可知,CB 段的剪力为常数 $-\frac{Fa}{l}$,剪力图是一条在 x 轴线下侧与 x 轴平行的直线。绘出剪力图如图 3-21(b)所示。

(4)画弯矩图。从式(b)可知,AC 段的弯矩是 x 的一次函数,弯矩图是一条斜直线,只需确定该段始末两个控制截面的弯矩值,就能画出该段的弯矩图。由式(b)计算出

$$x = 0, \quad M_A = 0$$

$$x = a, \quad M_C = \frac{Fab}{l}$$

从式(d)可知,CB 段的弯矩是 x 的一次函数,弯矩图也是一条斜直线,由式(d)计算出

$$x = a, \quad M_C = \frac{Fab}{l}$$

$$x = l, \quad M_B = 0$$

绘出弯矩图如图 3-21(c)所示。

从所作的内力图可知,若 $a>b$,则在 CB 段任一截面上的剪力值都相等且比 AC 段的要大,其值 $|Q|_{max} = \frac{Fa}{l}$;最大弯矩发生在集中力 F 作用的截面上,其值 $|M|_{max} = \frac{Fab}{l}$。如果集中力 F 作用在梁的跨中,即 $a = b = \frac{l}{2}$,则 $|M|_{max} = \frac{Fl}{4}$,在跨中截面。

【例 3-8】 简支梁受集中力偶 m 作用如图 3-22(a)所示,试画出梁的剪力图和弯矩图。

解:(1)求支座反力。以整梁为研究对象,由平衡方程求支座反力。

由 $\qquad \sum m_B(F) = 0 \qquad -F_A l - m = 0$

得 $\qquad F_A = -\frac{m}{l}$

由 $\qquad \sum m_A(F) = 0 \qquad -m + F_B l = 0$

得 $\qquad F_B = \frac{m}{l}$

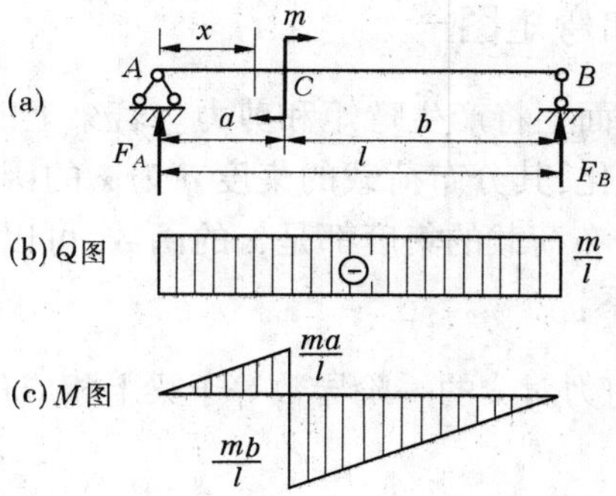

图 3-22

(2)列剪力方程和弯矩方程。梁在 C 截面处有集中力偶作用,需分为 AC 段和 CB 段。取梁左端 A 为坐标原点。

AC 段:

$$Q(x) = F_A = -\frac{m}{l} \qquad (0 < x \leqslant a) \tag{a}$$

$$M(x) = F_A x = -\frac{m}{l}x \qquad (0 \leqslant x < a) \tag{b}$$

CB 段:

$$Q(x) = F_A = -\frac{m}{l} \qquad (a \leqslant x < l) \tag{c}$$

$$M(x) = F_A x + m = m - \frac{m}{l}x \qquad (a < x \leqslant l) \tag{d}$$

(3)绘剪力图。从式(a)和式(c)可知,AC 段和 CB 段的剪力为常数 $-\frac{m}{l}$,剪力图是一条在 x 轴线下侧与 x 轴平行的直线。剪力图如图 3-22(b)所示。

(4)绘弯矩图。从式(b)可知,AC 段的弯矩是 x 的一次函数,弯矩图是一条斜直线,由式(b)计算出

$$x = 0, \qquad M_A = 0$$

$$x = a, \qquad M_{C左} = -\frac{ma}{l}$$

从式(d)可知,CB 段的弯矩也是 x 的一次函数,弯矩图也是一条斜直线,由式(d)计算出

$$x = a, \qquad M_{C右} = \frac{mb}{l}$$

$$x = l, \qquad M_B = 0$$

弯矩图如图 3-22(c)所示。

从内力图中可见,全梁所有截面的剪力都相等,处处为最大剪力,其值 $|Q|_{\max} = \frac{m}{l}$。若 $b>a$,最大弯矩发生在集中力偶 m 作用处的右侧截面上,其值 $|M|_{\max} = \frac{mb}{l}$。

四、简捷法绘剪力图和弯矩图

码 3-7 微课-简捷法绘剪力图和弯矩图

梁在荷载的作用下,横截面上将产生弯矩和剪力。若梁上的荷载是一分布荷载,而且沿梁长变化,其分布荷载的集度 q 为 x 的函数,可写作 $q(x)$,则弯矩、剪力和分布荷载的集度都是 x 的函数,可以证明,它们之间存在如下的微分关系:

(1) $\frac{dQ(x)}{dx}=q(x)$,即剪力对 x 的一阶导数等于梁上相应位置分布荷载的集度。

(2) $\frac{dM(x)}{dx}=Q(x)$,即弯矩对 x 的一阶导数等于相应截面上的剪力。

(3) $\frac{dM^2(x)}{dx^2}=q(x)$,即弯矩对 x 的二阶导数等于梁上相应位置分布荷载的集度。

一阶导数的几何意义是曲线上某点切线的斜率,所以, $\frac{dQ(x)}{dx}$、$\frac{dM(x)}{dx}$ 分别代表剪力图和弯矩图上某点切线的斜率。$\frac{dQ(x)}{dx}=q(x)$ 表明:剪力图上某点处切线的斜率等于该点分布荷载的集度。$\frac{dM(x)}{dx}=Q(x)$ 表明:弯矩图上某点处切线的斜率等于该点处的剪力值。二阶导数$\frac{dM^2(x)}{dx^2}=q(x)$ 可以用来判断弯矩图曲线的凹凸性。

上述各关系式及其几何意义说明,剪力图和弯矩图的几何形状与作用在梁上的荷载集度有关。

(1)如果某段梁上没有分布荷载作用,即 $q(x)=0$,该段梁上剪力的一阶导数等于零,弯矩的一阶导数等于常数。因此,该段梁的剪力图为平行于 x 轴的水平直线,弯矩图为斜直线。

(2)如果某段梁上作用有均布荷载,即 $q(x)=$ 常数,该段梁上剪力的一阶导数等于常数,弯矩的一阶导数为 x 的线性函数。因此,该段梁的剪力图为斜直线,弯矩图为二次抛物线。

(3)弯矩图二次抛物线的凸凹性与荷载集度 $q(x)$ 的正负有关。当 $q(x)$ 为正(向上)时,抛物线为向上凸的曲线(开口向下的抛物线);当 $q(x)$ 为负(向下)时,抛物线为向下凸的曲线(开口向上的抛物线)。

(4)在梁的某截面上,若 $Q(x)=0$,截面上弯矩有一极值(极大值或极小值)。

(5)在集中力作用截面的左、右两侧,剪力有突变,突变的值恰好等于集中力的数值,而弯矩图的斜率也发生突变,成为一个转折点。在集中力偶作用截面的左、右两侧,弯矩发生突变,突变值也恰好等于集中力偶的数值,将出现弯矩的极值,而剪力图不发生变化。

上面总结出的关于弯矩、剪力、荷载之间的关系,以及剪力图和弯矩图的一些规律列成表,如表 3-1 所示。

表 3-1 梁的荷载、剪力图、弯矩图之间的关系

	梁上荷载情况	剪力图	弯矩图
1	无分布荷载 (q =0)	Q图为水平直线 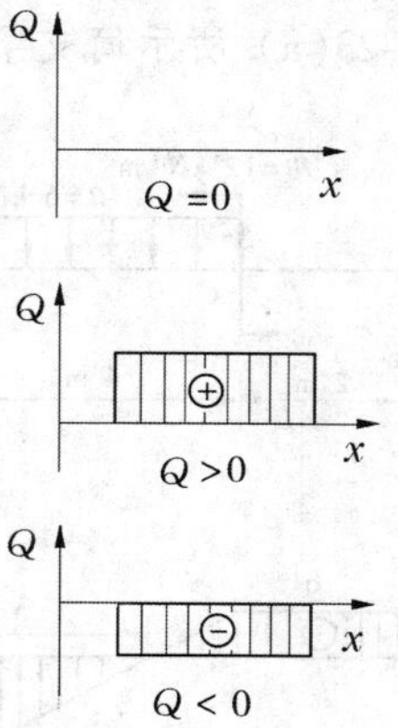	M图为斜直线 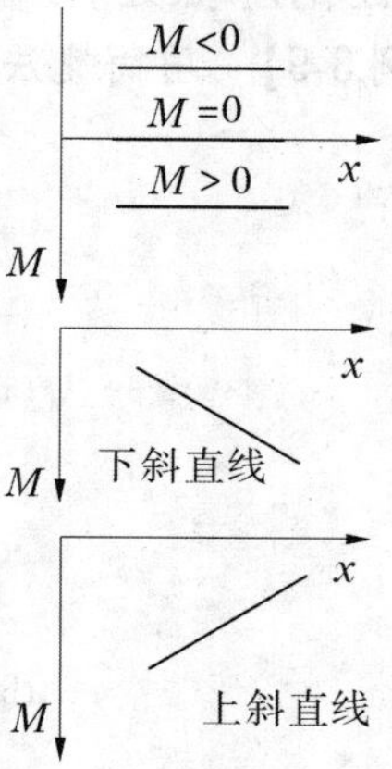
2	均布荷载向上作用 $q>0$ 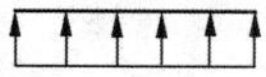	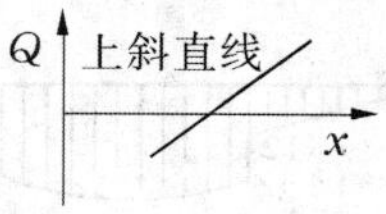	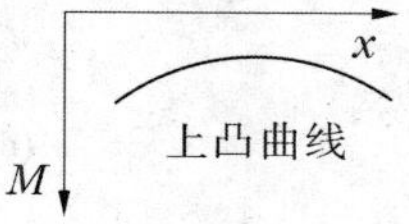
3	均布荷载向下作用 $q<0$ 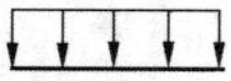	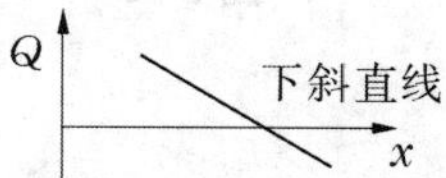	
4	集中力作用 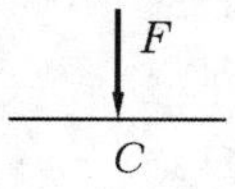	C截面有突变 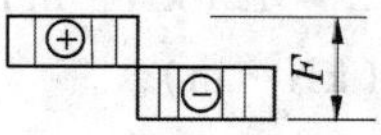	C 截面有转折 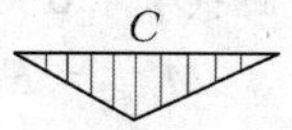
5	集中力偶作用 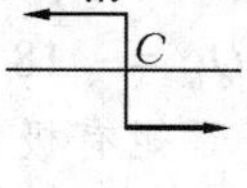	C截面无变化	C 截面有突变 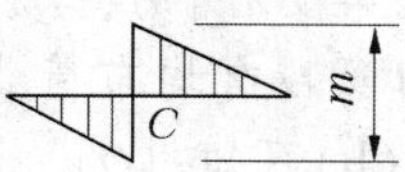
6		Q =0截面	M 有极值

应用上述微分关系及这些微分关系所描述的几何图形,定出梁上几个控制截面的内力值,再根据梁上作用荷载的情况,就可直接绘出内力图。这样,画内力图时只需求几个控制截面的内力,而不需再列内力方程,使求解过程变得简单,这种绘内力图的方法称为简捷法。结构或构件的控制截面一般取支座处、集中荷载作用处、集中力偶作用处、线荷载起止处、刚节点处。

【例 3-9】 用简捷法绘出图 3-23(a) 所示简支梁的内力图。

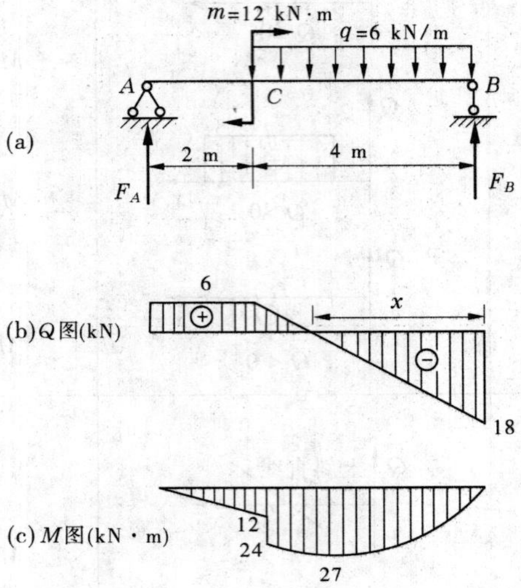

图 3-23

解:(1)计算支座反力。

$$F_A = 6\ \text{kN}(\uparrow) \qquad F_B = 18\ \text{kN}(\uparrow)$$

(2)计算控制截面的内力。A、C、B 为控制截面。

A 截面:$Q_A = 6$ kN,$M_A = 0$。

C 截面:$Q_C = 6$ kN,$M_{C左} = F_A \times 2 = 12(\text{kN}\cdot\text{m})$;

$M_{C右} = F_A \times 2 + m = 24(\text{kN}\cdot\text{m})$。

B 截面:$Q_B = -18$ kN,$M_B = 0$。

(3)绘剪力图。

A、C、B 为控制截面,将该梁分为 AC、CB 两段。

AC 梁段无外力,剪力图为水平线,可通过 $Q=F_A=6$ kN 画出。剪力图如图 3-23(b)所示。

CB 梁段有均布荷载,剪力图为斜直线,可通过 $Q_C = 6$ kN,$Q_B = -18$ kN 绘出。由图 3-23(b)可知,$|Q|_{max} = 18$ kN,作用在 B 截面。该梁段 $Q = 0$ 处弯矩有极值。设该截面到 B 支座距离为 x,极值点位置计算:

$$Q_0 = -F_B + qx = 0 \quad x = F_B/q = 18/6 = 3(\text{m})$$

(4)绘弯矩图。

AC 梁段无外力,弯矩图为斜直线,可通过 $M_A = 0$,$M_{C左} = 12$ kN·m 绘出。

CB 梁段有向下的均布荷载，弯矩图为下凸的二次抛物线。可通过 $M_{C右}=24\ kN\cdot m$，$M_0=F_B\times x-q\times x^2/2=27(kN\cdot m)$，$M_B=0$ 绘出。

弯矩图如图 3-23(c) 所示。由图 3-23(c) 可知：$|M|_{max}=27\ kN\cdot m$，在距 B 支座 3 m 处。

【例 3-10】 试绘制如图 3-24(a)所示外伸梁的剪力图和弯矩图。

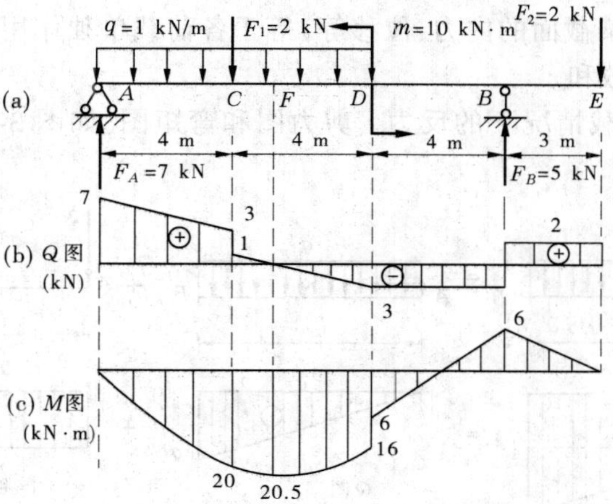

图 3-24

解：(1) 计算支座反力。

$$F_A=7\ kN(\uparrow)\qquad F_B=5\ kN(\uparrow)$$

(2) 计算控制截面的内力。A、C、D、B、E 为控制截面。

A 截面：$Q_A=7\ kN, M_A=0$。

C 截面：$Q_{C左}=F_A-q\times4=3(kN)$，$Q_{C右}=F_A-q\times4-F_1=1(kN)$；

$M_C=F_A\times4-q\times4\times4/2=20(kN\cdot m)$。

D 截面：$Q_D=F_2-F_B=-3(kN)$，$M_{D左}=F_A\times8-q\times8\times\frac{8}{2}-F_1\times4=16(kN\cdot m)$；

$M_{D右}=M_{D左}-m=6(kN\cdot m)$。

B 截面：$Q_{B左}=F_2-F_B=-3(kN)$，$Q_{B右}=F_2=2\ kN$；

$M_B=-F_2\times3=-6(kN\cdot m)$。

E 截面：$Q_E=2\ kN, M_E=0$。

(3) 绘剪力图和弯矩图。

A、C、D、B、E 为控制截面，将梁分 AC、CD、DB、BE 四段。利用上步计算的控制截面的内力值，再根据梁上作用荷载的情况，绘出剪力图和弯矩图，绘制过程同例 3-9，不再赘述。剪力图和弯矩图如图 3-24(b)、(c) 所示。由图可见：$|Q|_{max}=7\ kN$，作用在 A 截面；$|M|_{max}=20.5\ kN\cdot m$，作用在距 A 支座 5 m 处。

简捷法绘制梁内力图的步骤如下：

(1) 计算支座反力。

(2)根据外力情况确定控制截面,并计算各控制截面内力值。

(3)利用各控制截面将梁分段,根据各梁段内力图特征,逐段绘内力图。

(4)校核内力图并确定内力最大值。

五、叠加法绘剪力图和弯矩图

叠加原理:在弹性范围、小变形情况下,各荷载共同作用时,梁的某一参数(支座反力,某截面的内力、位移等)等于各荷载单独作用时所引起的该参数的代数和。

码 3-8　微课-区段叠加法绘弯矩图

悬臂梁在三种荷载情况下的反力、剪力图和弯矩图,如图 3-25 所示。

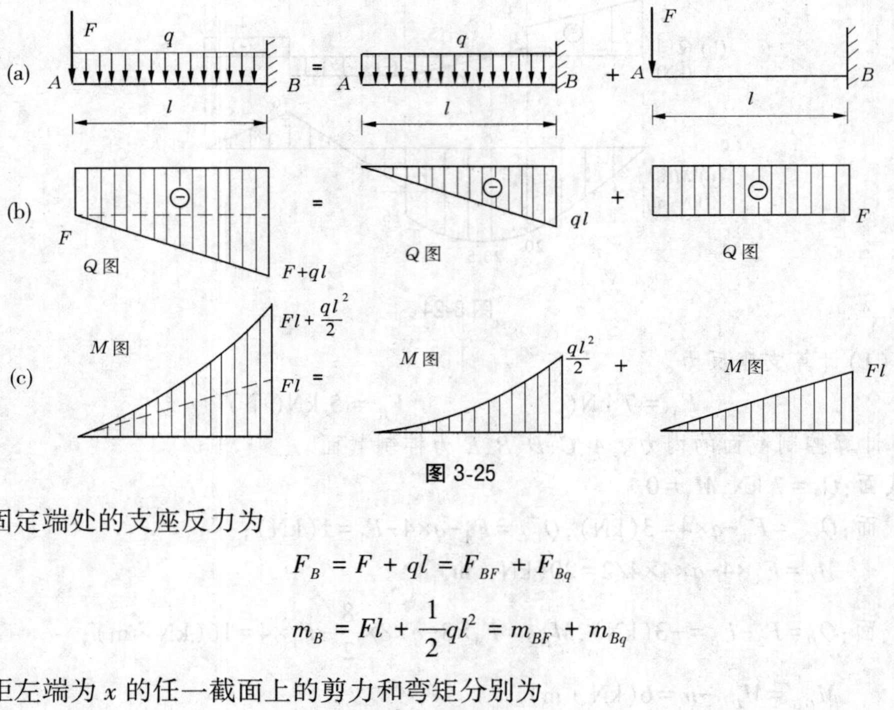

图 3-25

固定端处的支座反力为

$$F_B = F + ql = F_{BF} + F_{Bq}$$

$$m_B = Fl + \frac{1}{2}ql^2 = m_{BF} + m_{Bq}$$

距左端为 x 的任一截面上的剪力和弯矩分别为

$$Q(x) = -F - qx$$

$$M(x) = -Fx - qx^2/2$$

由上述各式可见,梁的反力和内力均由两部分组成:第一部分等效于集中力 F 单独作用在梁上所引起的反力和内力;第二部分等效于均布荷载 q 单独作用在梁上所引起的反力和内力。所以,计算图 3-25(a)所示梁的反力和内力时,可先分别计算出 F 和 q 单独作用时的结果,然后再代数相加,这种方法称为叠加法。

用叠加法作内力图会带来很大的方便,如图 3-25 所示,将集中力 F 和均布荷载 q 单独作用下的剪力图和弯矩图分别叠加, 即得到两者共同作用时的剪力图和弯矩图[见图 3-25(b)、(c)]。

叠加法绘内力图步骤如下:

(1)荷载分组。把梁上作用的复杂荷载分解为几组简单荷载单独作用情况。

(2)分别作出各简单荷载单独作用下梁的剪力图和弯矩图。各简单荷载作用下单跨静定梁的内力图可查表 3-2。

(3)叠加各内力图上对应截面的纵坐标代数值,得原梁的内力图。

表 3-2　单跨静定梁在简单荷载作用下的内力图

梁的形式		集中荷载	均布荷载	集中力偶
简支梁	梁的计算简图	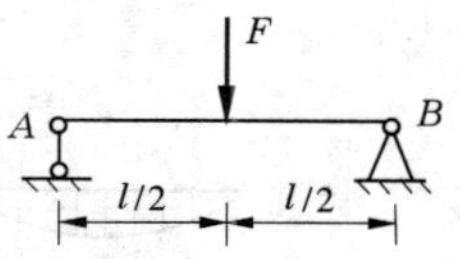	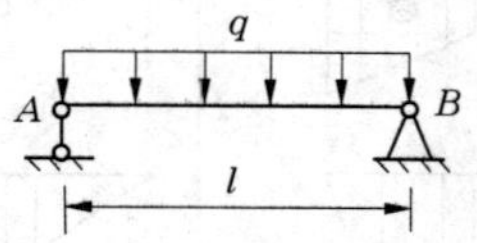	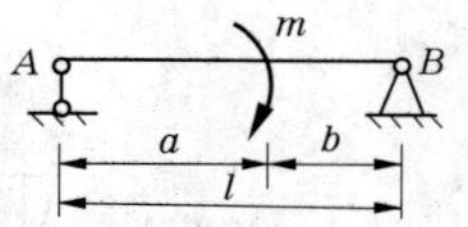
	Q 图	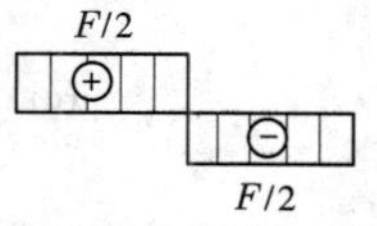	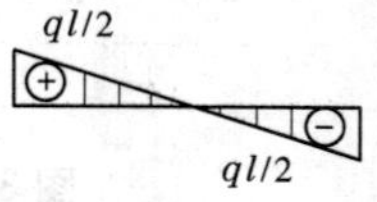	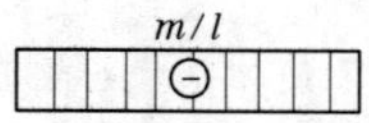
	M 图	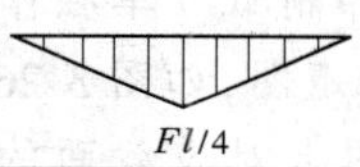	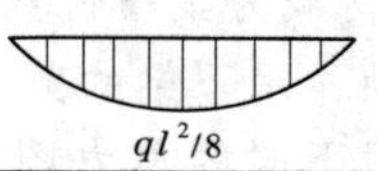	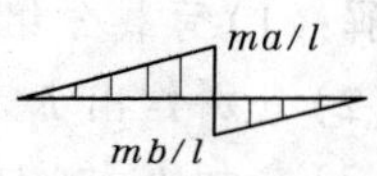
悬臂梁	梁的计算简图	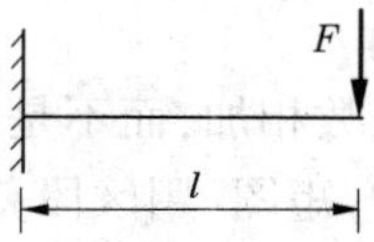	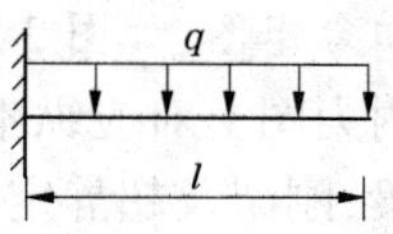	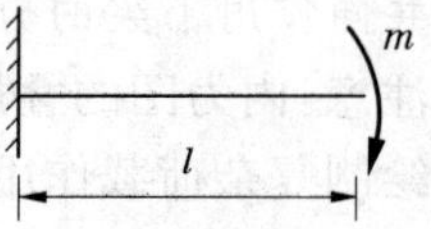
	Q 图	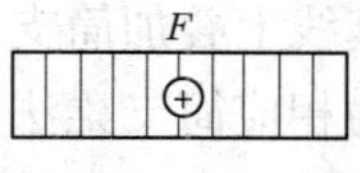	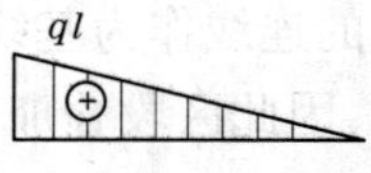	
	M 图	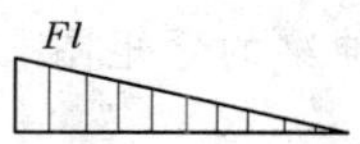	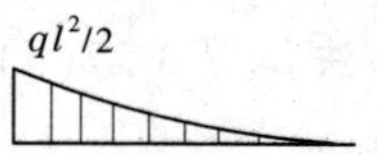	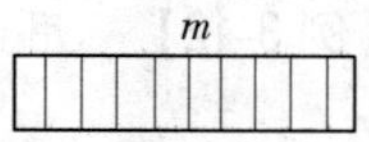
外伸梁	梁的计算简图	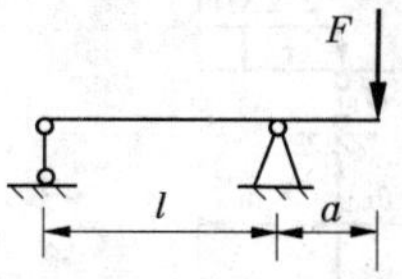	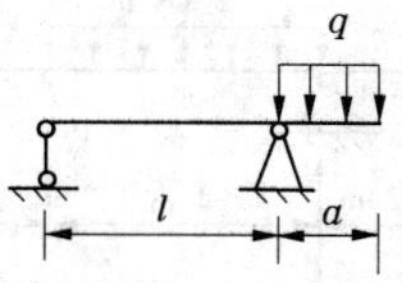	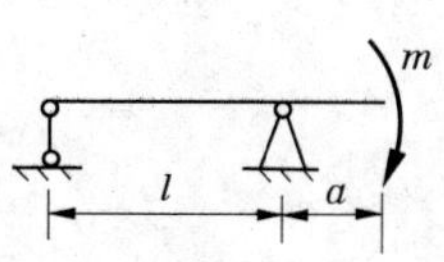
	Q 图	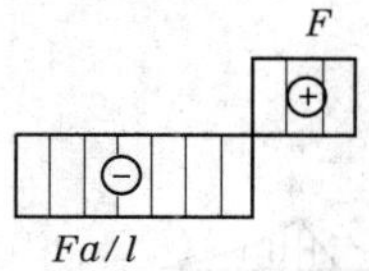	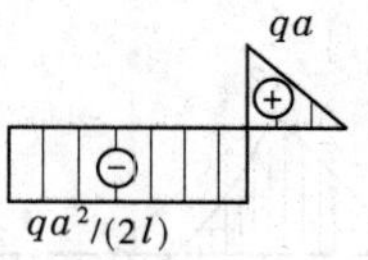	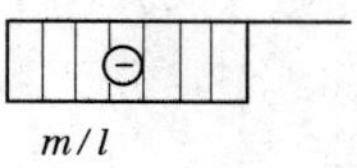
	M 图	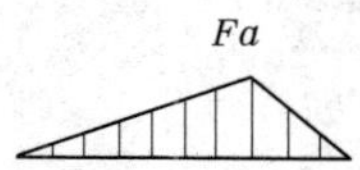	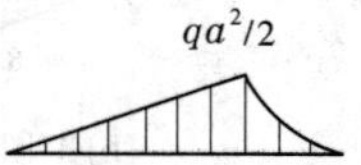	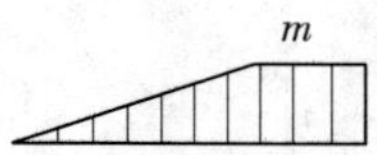

【例 3-11】 简支梁受力如图 3-26 所示，试用叠加法绘其内力图。

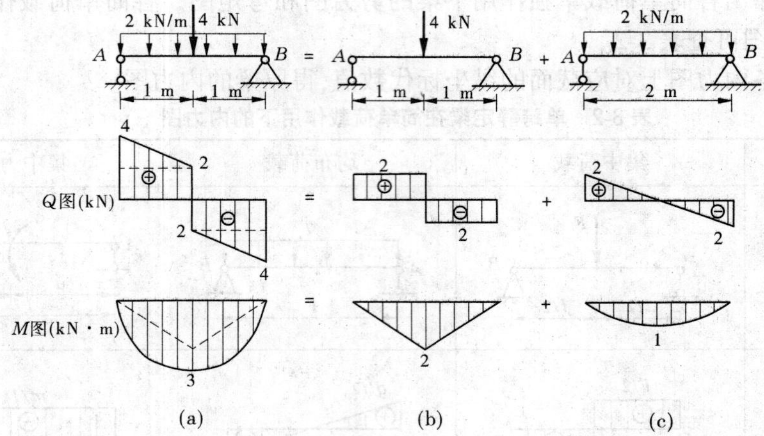

图 3-26

解:(1)荷载分组。分解荷载为集中荷载 F 和均布荷载 q 单独作用情况。

(2)分别作出 F 和 q 单独作用下梁的剪力图和弯矩图，如图 3-26(b)、(c)所示。

(3)叠加 F 和 q 单独作用下梁的剪力图和弯矩图上对应截面的纵坐标代数值，得 F 和 q 共同作用下梁的剪力图和弯矩图，如图 3-26(a)所示。

注意：内力图的叠加，是内力图上对应纵坐标的代数相加，而不是内力图的简单拼合。

绘制复杂荷载作用下的梁、刚架及超静定结构的弯矩图，用区段叠加法比较方便。此法是将梁划分成若干个梁段，把每个梁段看作简支梁，然后确定各梁段两端截面的弯矩值，并将各梁段两端截面弯矩的连线作为基线，在此基线上叠加简支梁作用杆间荷载时的弯矩图，即得该梁段的弯矩图，因此区段叠加法又称为相应简支梁法。区段叠加法分段的原则是：分界截面的弯矩值易求，且所分梁段对应简支梁的弯矩图易画。

【例 3-12】 用区段叠加法作图 3-27(a)所示外伸梁的弯矩图。

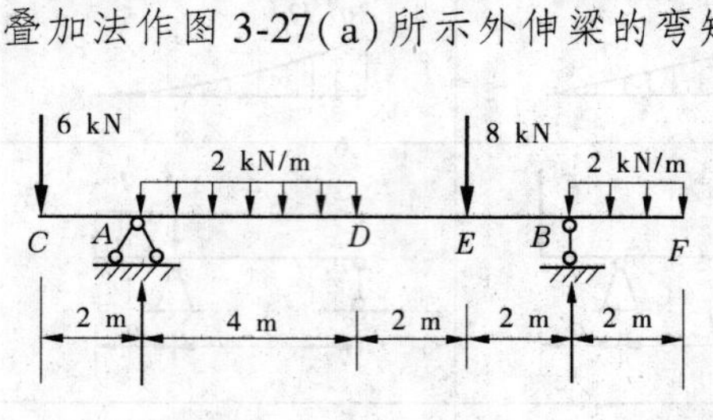

(a)

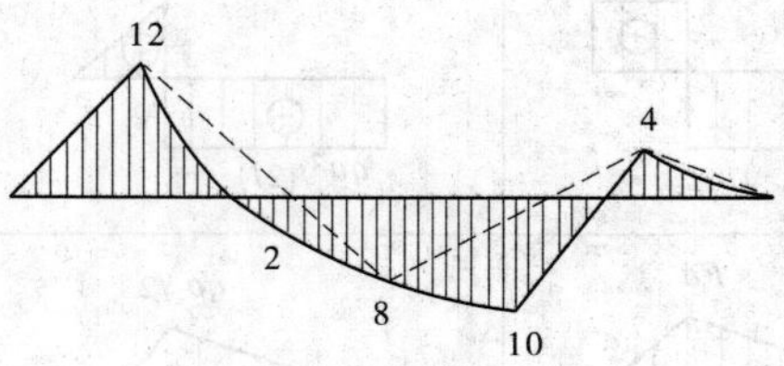

(b) M图(kN·m)

图 3-27

解：(1)计算支座反力。

$$F_A = 15\ \text{kN}(\uparrow) \qquad F_B = 11\ \text{kN}(\uparrow)$$

(2)分段并计算各控制截面弯矩值。该梁分为 CA、AD、DB、BF 四段。

$M_C=0$

$M_A=-6\times2=-12(\text{kN}\cdot\text{m})$

$M_D=-6\times6+15\times4-2\times4\times2=8(\text{kN}\cdot\text{m})$

$M_B=-2\times2\times1=-4(\text{kN}\cdot\text{m})$

$M_F=0$

(3)绘制弯矩图。先按一定比例绘出各控制截面的纵坐标，再根据各梁段荷载分别作弯矩图。如图 3-27(b)所示，CA 梁段无荷载，由弯矩图特征直接连线作图；AD、DB、BF 有荷载作用，则把该段两端弯矩纵坐标连一虚线，称为基线，在此基线上叠加对应简支梁的弯矩图。其中，AD、DB 段中点的弯矩值分别为

$$M_{AD中}=\frac{-12+8}{2}+\frac{ql_{AD}^2}{8}=\frac{-12+8}{2}+\frac{2\times4^2}{8}=2(\text{kN}\cdot\text{m})$$

$$M_{DB中}=\frac{8-4}{2}+\frac{FL}{4}=\frac{8-4}{2}+\frac{8\times4}{4}=10(\text{kN}\cdot\text{m})$$

小　结

(1)内力。是由于外力而引起的受力构件内部质点之间相互作用力的改变量，是外力的力学响应。

(2)轴向拉(压)。杆件所受外力(或外力的合力)作用线与杆轴线重合，杆件的变形为轴线方向的伸长或缩短，内力是轴力，拉为正、压为负。直接法计算轴力：任一截面上轴力的大小等于截面一侧杆上所有轴向外力的代数和，其中离开截面的外力产生正轴力，指向截面的外力产生负轴力。轴力图绘制要求：以平行于杆轴线的坐标表示横截面的位置，垂直于杆轴线的坐标(按适当的比例)表示相应截面上的轴力数值，从而绘出轴力与横截面位置关系的图线。通常将正的轴力画在上方，负的轴力画在下方，并标明截面位置、截面轴力大小、单位和正负号。

(3)剪切。作用在构件两侧面上分布力的合力大小相等、方向相反、作用线垂直杆轴线且相距很近，构件截面沿着力的方向发生相对错动。内力是剪力。

(4)扭转。外力是一对大小相等、转向相反的力偶，作用在垂直于杆轴线的平面内，其变形的特点是各横截面绕轴线相对转动。内力是扭矩，按右手螺旋法则，以右手四指顺着扭矩的转向，若拇指指向与截面外法线方向一致，扭矩为正；反之，为负。直接法计算扭矩：任一截面上的扭矩等于截面一侧轴上的所有外力偶矩的代数和，并且根据右手螺旋法则，凡拇指离开截面的外力偶矩在截面产生正扭矩，反之产生负扭矩。扭矩图绘制要求：以平行于杆轴线的坐标表示横截面的位置，垂直于杆轴线的坐标(按适当的比例)表示相应截面上的扭矩数值，从而绘出扭矩随横截面位置变化规律的图线。通常将正的扭矩画在上方，负的扭矩画在下方，并标明截面位置、截面的扭矩值、单位和正负号。

(5)平面弯曲。工程中梁的横截面一般都有一个对称轴。该对称轴所组成的平面称为纵向对称面，若外力都作用在该平面内，梁的轴线将在该平面内弯成一条平面曲线，这种弯曲称为平面弯曲。其受力的特点是：外力是垂直于杆轴线的横向力或作用在其轴线平面内的力偶。变形的特点是：杆轴线弯曲成一条曲线。以弯曲变形为主的杆件称为梁。内力是剪力和弯矩。绕截面内一点顺时针转动的剪力为正；反之为负。使邻近梁段产生下凸上凹的弯矩为正；反之为负。直接法计算剪力和弯矩：梁任一截面上的剪力在数值上等于该截面一侧梁段上所有外力在截面上投影的代数和，且绕该截面形心产生顺时针转动趋势的外力，引起正剪力，反之引起负剪力。梁任一截面上的弯矩在数值上等于该截面一侧梁段上所有外力对截面形心力矩的代数和，且使梁段产生下凸上凹变形的外力，引起正弯矩，反之引起负弯矩。剪力图绘制要求：以平行于杆轴线的坐标表示横截面的位置，垂直于杆轴线的坐标（按适当的比例）表示相应截面上的剪力数值，从而绘出剪力随横截面位置变化规律的图线。通常将正的剪力画在上方，负的剪力画在下方，并标明截面位置、截面剪力值、单位和正负号。弯矩图绘制要求：以平行于杆轴线的坐标表示横截面的位置，垂直于杆轴线的坐标（按适当的比例）表示相应截面上的弯矩数值，从而绘出弯矩随横截面位置变化规律的图线。通常将正的弯矩画在下方，负的弯矩画在上方，并标明截面位置、截面弯矩值、单位，但不标正负号。剪力图和弯矩图可采用方程式法、简捷法和叠加法绘制。

思考与练习

(一)思考题

1. 试分析图 3-28 所示杆件中哪些部位可以作为轴向拉压问题处理？

2. 两直径不同的钢轴和铜轴，若两轴上的外力偶矩相同，其扭矩图是否相同？

3. 试判断下述说法是否正确：

(1)作用分布荷载的梁，求其内力时可用静力等效的集中力代替分布荷载。

(2)无集中力偶和分布荷载的简支梁上仅作用若干个集中力，则最大弯矩必发生在最大集中力作用处。

(3)梁内最大剪力作用面上亦必有最大弯矩。

4. 利用弯曲内力知识说明为什么标准双杠的尺寸设计为 $a=l/4$，如图 3-29 所示。

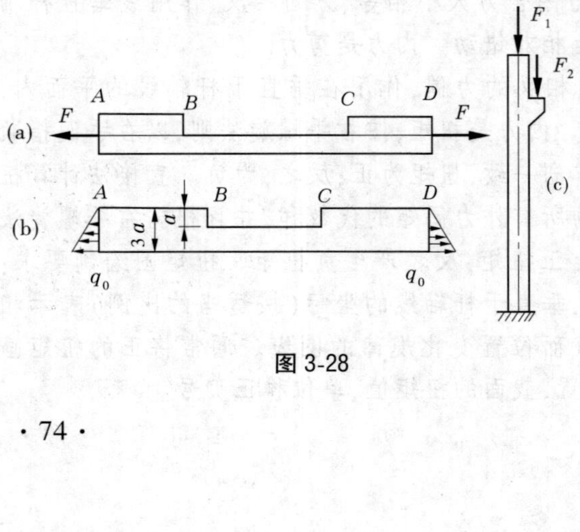

图 3-28

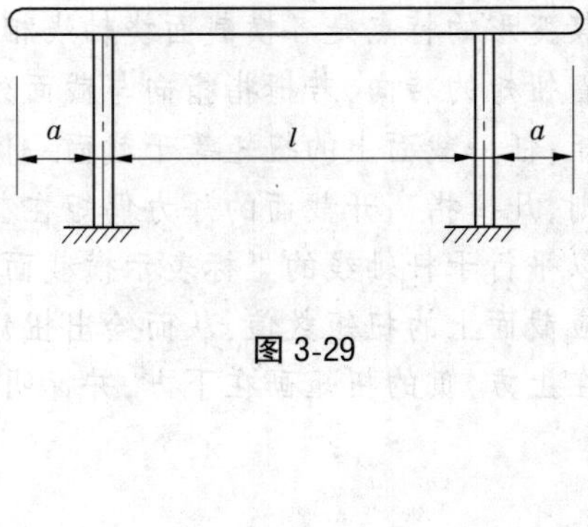

图 3-29

5. 根据图 3-30 回答下列问题：

(1) 在图 3-30(a) 所示梁中，AC 段和 CB 段剪力图图线的斜率是否相同？为什么？

(2) 在图 3-30(b) 所示梁的集中力偶作用处，左、右两段弯矩图图线的切线斜率是否相同？

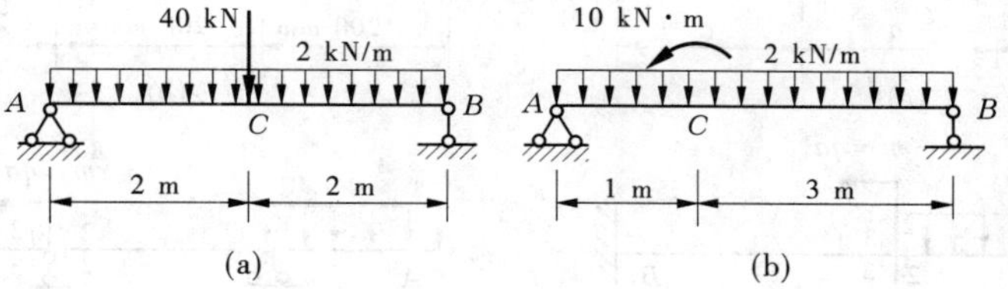

图 3-30

(二) 一般练习题

1. 试求图 3-31 所示杆件各指定截面的轴力。

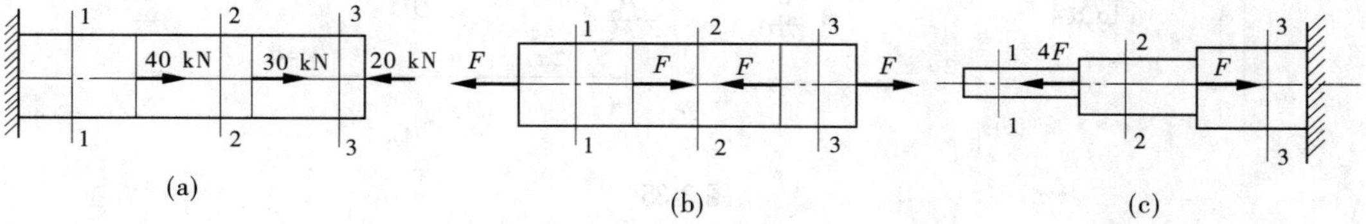

题 3-31

2. 如图 3-32 所示杆件用 3 根链杆支承，B 端受斜向 $\sqrt{2}F$ 力作用，试求 3 根链杆的轴力。

3. 求图 3-33 所示杆件各指定截面的轴力，并作轴力图。

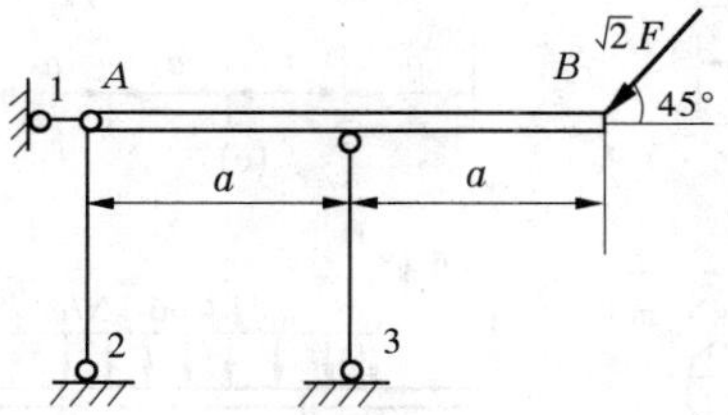

图 3-32

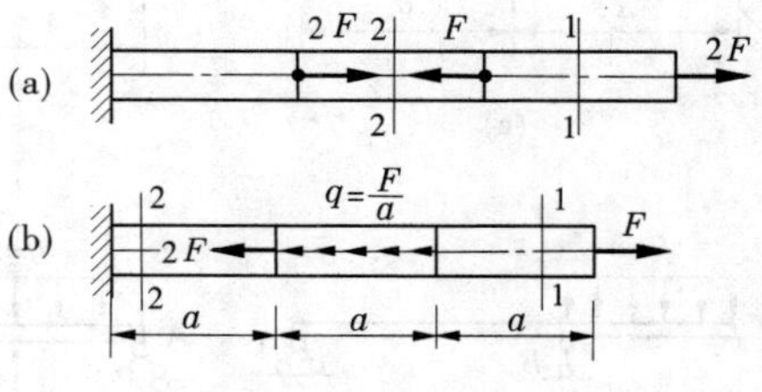

图 3-33

4. 某传动轴如图 3-34 所示，转速 $n=200$ r/min，主动轮 2 的输入功率 $P_2=60$ kW，从动轮 1、3、4、5 的输出功率 $P_1=18$ kW、$P_3=12$ kW、$P_4=22$ kW、$P_5=8$ kW。试绘制该轴的扭矩图。

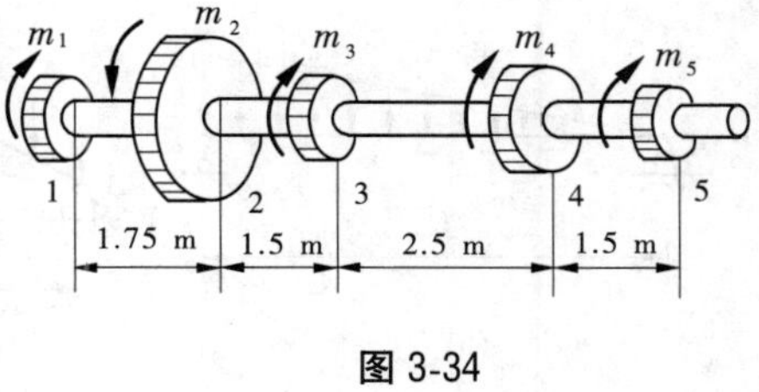

图 3-34

5. 求图 3-35 所示各梁指定截面的剪力和弯矩。

6. 列出上题中图 3-35 中各梁的 Q、M 方程，绘制内力图，并确定 $|Q|_{\max}$、$|M|_{\max}$。

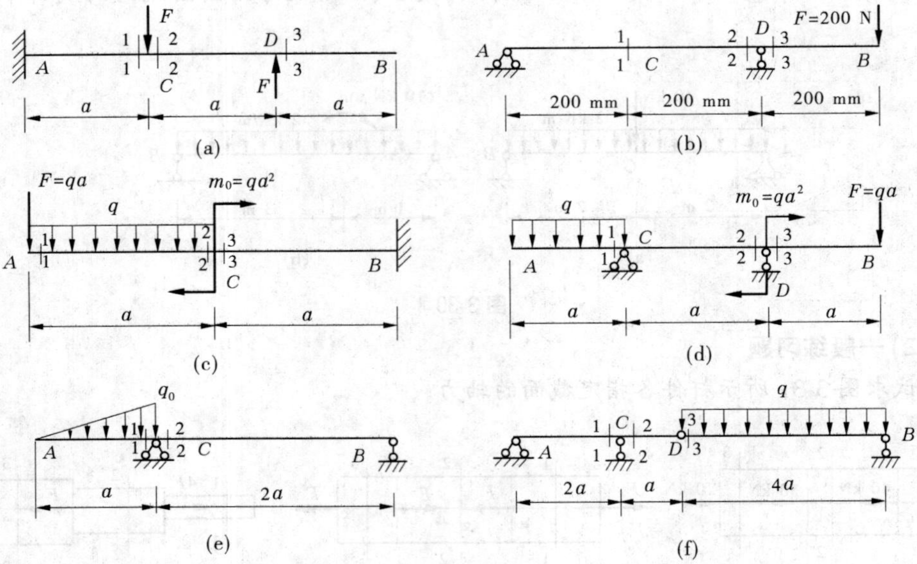

图 3-35

7. 用简捷法绘制图 3-36 所示各梁的内力图，并确定 $|Q|_{\max}$、$|M|_{\max}$。

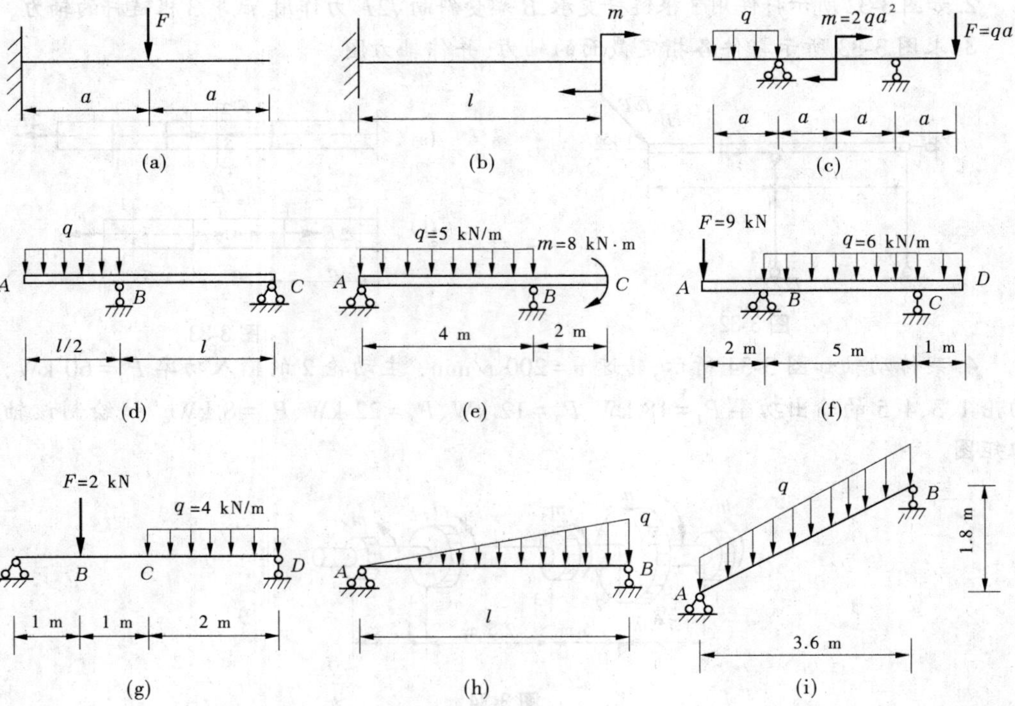

图 3-36

8. 试根据弯矩、剪力与荷载集度之间的微分关系，指出图 3-37 所示剪力图和弯矩图的错误。

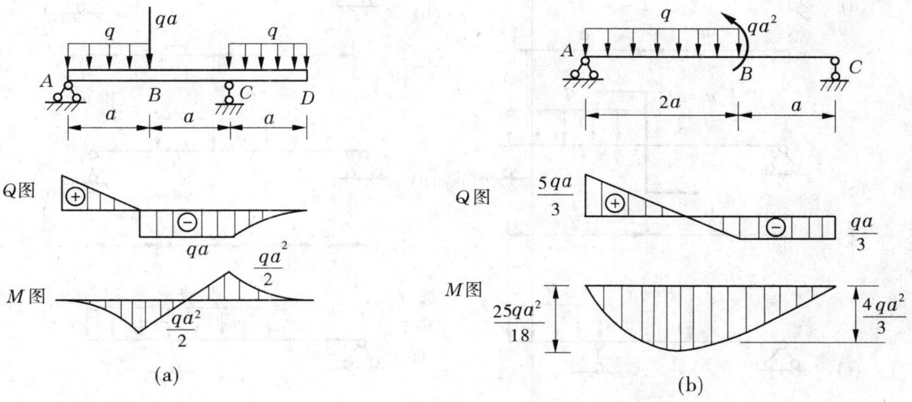

图 3-37

9. 试用叠加法绘制图 3-38 所示各梁的内力图。

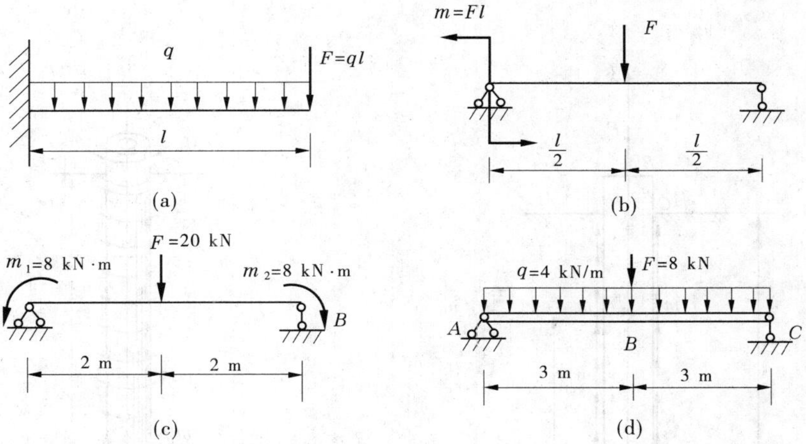

图 3-38

10. 试用区段叠加法绘制图 3-39 所示各梁的弯矩图。

（三）较难练习题

1. 一打入地基内的木桩如图 3-40 所示，沿杆轴单位长度的摩擦力 $f=kx^2$（k 为常数），试作木桩的轴力图。

2. 某钻探机的功率为 10 kW，转速 $n=180$ r/min，钻杆进入土层的深度 $l=40$ m，如图 3-41 所示。设土层对钻杆的阻力为均匀分布的力偶。试求该均布力偶的集度 m_0，并绘制钻杆的扭矩图。

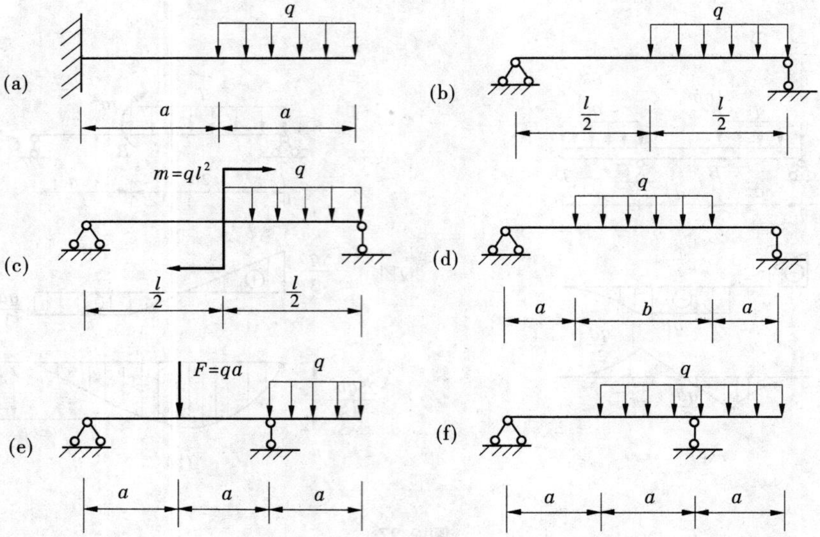

图 3-39

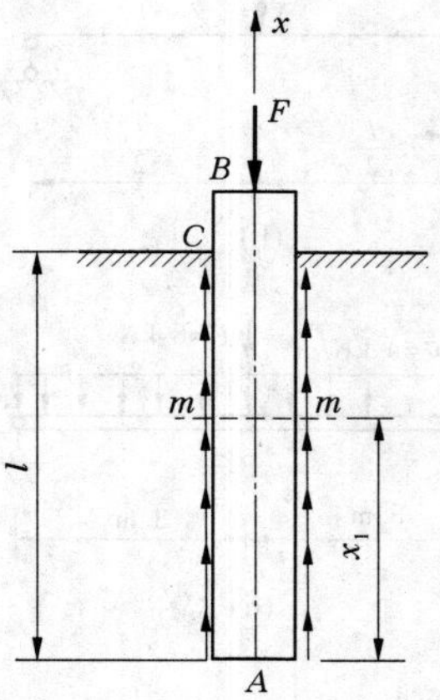

图 3-40

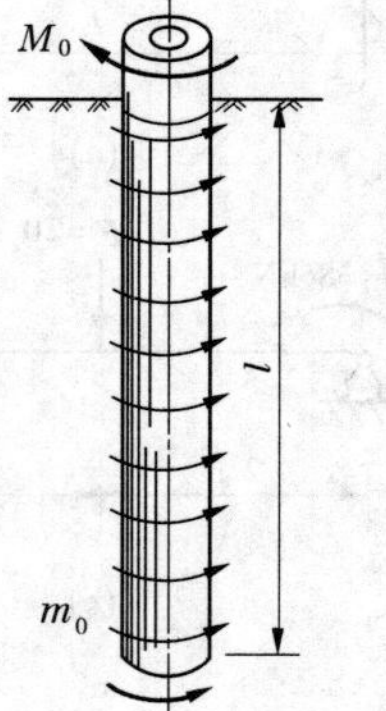

图 3-41

3. 梁的剪力图如图 3-42 所示，试作弯矩图及荷载图。已知梁上 B 截面作用一集中力偶。

4. 写出图 3-43 所示曲杆的内力方程，并作内力图(轴力图、剪力图、弯矩图)。

5. 求图 3-44 所示桁架 1、2、3 杆的内力。

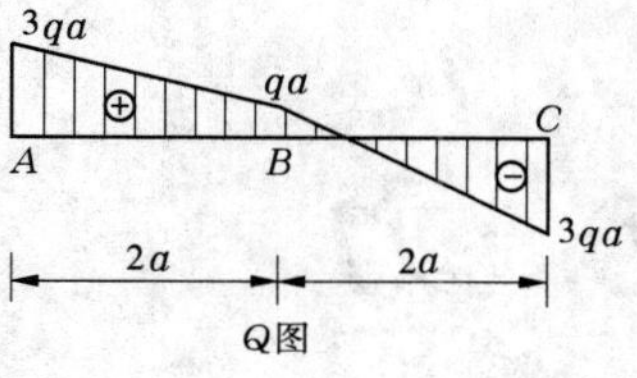

图 3-42

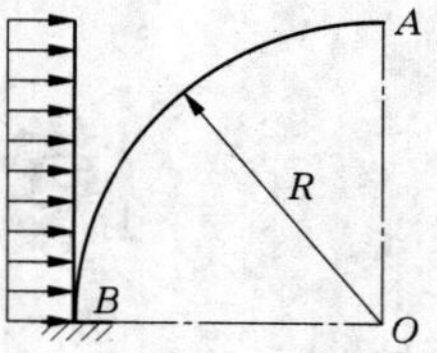

图 3-43

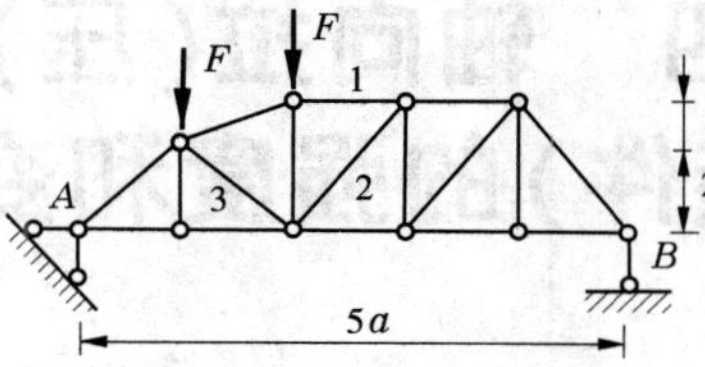

图 3-44

模块三 应 力

项目四 轴向拉(压)杆件、剪切(连接件)的强度和变形计算

【学习目标】 掌握应力的概念,轴向拉伸和压缩杆件横截面上正应力、斜截面上应力的计算;掌握变形和应变的概念、胡克定律及应用,了解横向变形及其规律;理解屈服极限、强度极限概念,掌握低碳钢拉伸时的力学性质、材料塑性指标的计算、低碳钢冷作硬化现象及工程应用、脆性材料受压缩时的力学性质;了解许用应力的概念和安全系数的确定方法,掌握轴向拉伸和压缩杆件的强度条件及应用;了解应力集中的概念及对塑性材料和脆性材料的影响;掌握铆钉(螺栓)接头受力分析及其实用计算的强度条件及应用。

任务一 轴向拉伸和压缩杆件截面上的应力

一、应力的概念

码 4-1 微课-轴向拉(压)杆件截面上的应力

内力是截面上分布内力的合力,它只表示某截面上总的受力情况,但是仅凭内力的大小不能解决构件的强度问题。例如,两根材料相同、粗细不同的杆件,受相同的轴向拉力作用时,两杆的内力相同,但当两杆拉力同时逐渐增加时,细杆首先被拉断。因此,杆件的强度不仅与内力的大小有关,还与截面的面积有关。应该研究内力在截面上的分布情况,这种内力在截面上的分布集度即为应力。

为分析受力杆件在截面 $m—m$ 上任意一点 K 处的分布内力的集度,可假想将杆件在 $m—m$ 处切开,在截面上围绕 K 点取微小面积 ΔA,ΔA 上分布内力的合力为 ΔF,如图 4-1(a)所示,将 ΔF 除以面积 ΔA,即

$$p_{\mathrm{m}} = \frac{\Delta F}{\Delta A} \tag{4-1}$$

p_{m} 称为在面积 ΔA 上的平均应力,但它尚不能精确地表示 K 点处内力的分布集度。当面积 ΔA 无限趋近于零时式(4-1)的极限值,称为该截面 K 点处的总应力,用 p 表示,即

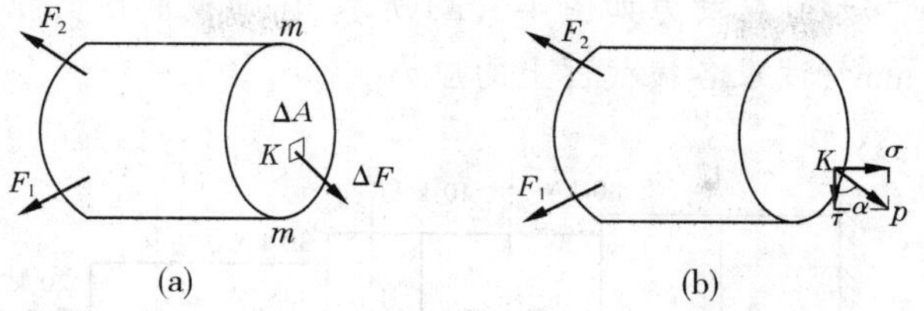

图 4-1

$$p = \lim_{\Delta A \to 0} \frac{\Delta F}{\Delta A} = \frac{dF}{dA} \tag{4-2}$$

通常将总应力 p 分解为两个分量:垂直于截面的正应力 σ 和相切于截面的剪应力 τ,如图 4-1(b)所示,即

$$\sigma = p\sin\alpha \qquad \tau = p\cos\alpha \tag{4-3}$$

在国际单位制中,应力的单位是帕斯卡,以 Pa(帕)表示。在工程实际中,常用单位还有 kPa、MPa 和 GPa,它们之间的关系为

$$1\text{Pa} = 1\ \text{N/m}^2 = 10^{-3}\ \text{kPa} = 10^{-6}\ \text{MPa} = 10^{-9}\ \text{GPa}$$

二、轴向拉伸和压缩杆件横截面上的正应力

如图 4-2(a)所示,在杆件的表面画上若干纵向线和横向线,进行轴向拉伸,可观察到杆件的变形特征为:①纵向线和横向线在变形前为相互垂直的直线,变形后仍为直线且相互垂直;②变形后横向线较变形前间距增大。

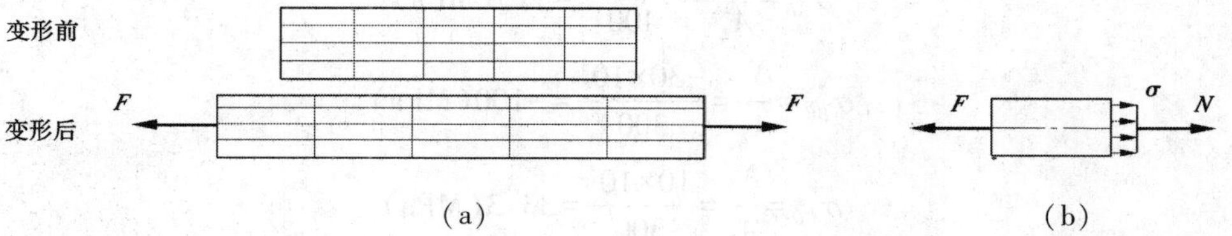

图 4-2

根据以上变形现象,可作出如下假设:变形前为平面的横截面,变形后仍保持为平面且与轴线垂直,这就是平面假设。

根据平面假设可以断定,拉杆所有纵向纤维的伸长相等,又因材料是均匀的,各纵向纤维的性质相同,因而其受力也就一样。所以,杆件横截面上的内力是均匀分布的,即在横截面上各点的正应力相等,如图 4-2(b)所示。直杆压缩的情况亦是如此。轴力为 N,面积为 A 的横截面上的正应力 σ 等于常量,则

$$\sigma = \frac{N}{A} \tag{4-4}$$

式(4-4)中正应力的符号规定:拉应力为正,压应力为负。

说明:由于轴向拉(压)杆横截面上各点正应力相同,故求其应力时只需确定界面,不必指明点的位置。

【例 4-1】 一阶梯形直杆受力如图 4-3(a)所示,已知横截面面积 $A_1 = 400\ mm^2$、$A_2 = 300\ mm^2$、$A_3 = 200\ mm^2$,试求各横截面上的应力。

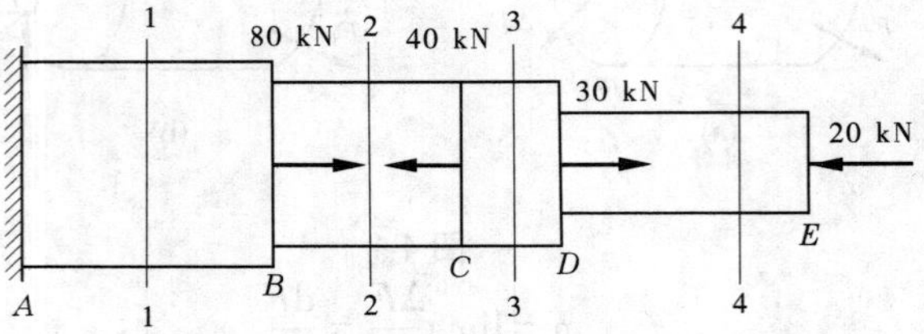

(a)

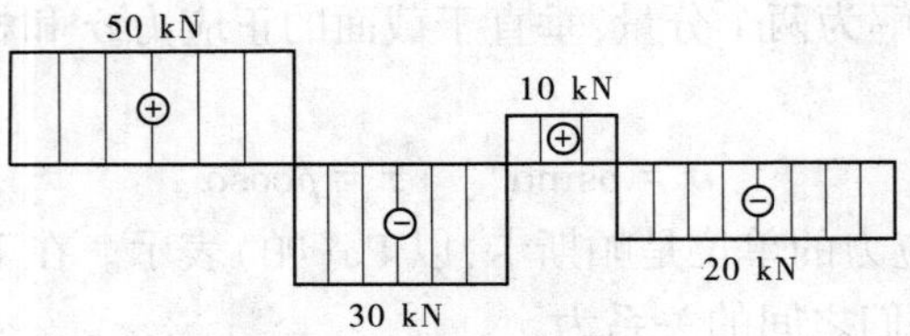

(b) N 图

图 4-3

解:(1)求各截面轴力,画轴力图。

$N_1 = 50\ kN$;$N_2 = -30\ kN$;$N_3 = 10\ kN$;$N_4 = -20\ kN$。作轴力图如图 4-3(b)所示。

(2)计算杆件各横截面上的正应力。

$$\sigma_{AB} = \frac{N_1}{A_1} = \frac{50\times10^3}{400} = 125(\text{MPa})$$

$$\sigma_{BC} = \frac{N_2}{A_2} = \frac{-30\times10^3}{300} = -100(\text{MPa})$$

$$\sigma_{CD} = \frac{N_3}{A_2} = \frac{10\times10^3}{300} = 33.3(\text{MPa})$$

$$\sigma_{DE} = \frac{N_4}{A_3} = \frac{-20\times10^3}{200} = -100(\text{MPa})$$

【例 4-2】 一钢制阶梯杆如图 4-4(a)所示,$F_1 = 120\ kN$、$F_2 = 220\ kN$、$F_3 = 260\ kN$、$F_4 = 160\ kN$,各段杆的横截面面积分别为 $A_1 = 1\ 600\ mm^2$、$A_2 = 625\ mm^2$、$A_3 = 900\ mm^2$。试画出轴力图,并求此杆横截面上的最大正应力。

解:(1)计算杆件各截面的轴力,画轴力图。

$$N_1 = F_1 = 120\ kN$$

$$N_2 = F_1 - F_2 = -100\ kN$$

$$N_3 = F_4 = 160\ kN$$

作轴力图如图 4-4(b)所示。

(2)计算杆件各横截面上的正应力,并确定最大正应力。

$$\sigma_{AB} = \frac{N_1}{A_1} = \frac{120\times10^3}{1\ 600\times10^{-6}} = 75\times10^6(\text{Pa}) = 75\ \text{MPa}$$

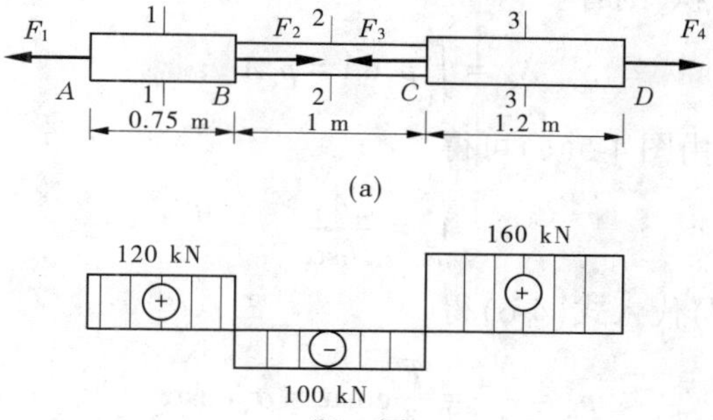

(a)

(b) N图

图 4-4

$$\sigma_{BC}=\frac{N_2}{A_2}=-\frac{100\times10^3}{625\times10^{-6}}=-160\times10^6(\mathrm{Pa})=-160\ \mathrm{MPa}$$

$$\sigma_{CD}=\frac{N_3}{A_3}=\frac{160\times10^3}{900\times10^{-6}}=178\times10^6(\mathrm{Pa})=178\ \mathrm{MPa}$$

由上述计算结果可知,此杆横截面上的最大正应力为 178 MPa。

注意:对于变截面杆,在计算最大应力时应根据内力和截面面积的大小,分别计算各横截面的应力,然后比较得出最大应力。

三、轴向拉伸和压缩杆件斜截面上的应力

上面分析了横截面上的正应力,并以它作为强度计算的依据。但实验表明拉(压)杆的破坏,并不一定沿横截面,而有时是沿斜截面的。为了更全面地研究拉(压)杆的强度,应该进一步讨论斜截面上的应力。设一轴向受拉杆件[见图 4-5(a)],用一与横截面成 α 角的斜截面 m—n 截开,分成Ⅰ、Ⅱ两部分,取Ⅰ部分为脱离体[见图 4-5(c)],由静力平衡方程 $\sum F_x=0$,得

$$N_\alpha = F \tag{4-5}$$

仿照证明横截面上应力均匀分布的方法,也可以得出斜截面上的应力均匀分布的结论[见图 4-5(c)]。

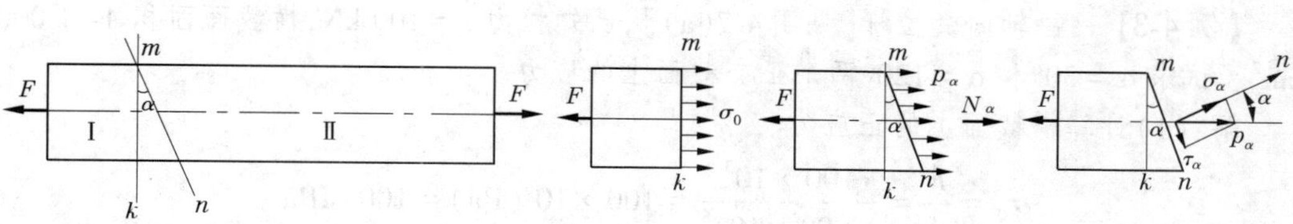

(a)　(b)　(c)　(d)

图 4-5

用 A_α 表示斜截面面积,则有

$$N_\alpha = \int_{A_\alpha} p_\alpha \mathrm{d}A = p_\alpha A_\alpha \tag{4-6}$$

若横截面面积为 A,由图 4-5(c)可得

$$A_\alpha = \frac{A}{\cos\alpha} \tag{4-7}$$

将式(4-5)和式(4-7)代入式(4-6)得

$$p_\alpha = \frac{N_\alpha}{A_\alpha} = \frac{F}{A}\cos\alpha = \sigma_0\cos\alpha \tag{4-8}$$

式中:σ_0 为横截面上的正应力[见图 4-5(b)],$\sigma_0 = \dfrac{F}{A}$;p_α 为斜截面上的全应力,通常把 p_α 分解为两个分量,即垂直于 α 截面的正应力 σ_α 和相切于 α 截面的剪应力 τ_α。

由图 4-5(d)可知

$$\sigma_\alpha = p_\alpha\cos\alpha = \sigma_0\cos^2\alpha \tag{4-9}$$

$$\tau_\alpha = p_\alpha\sin\alpha = \sigma_0\cos\alpha\sin\alpha = \frac{1}{2}\sigma_0\sin2\alpha \tag{4-10}$$

式(4-9)和式(4-10)表明,拉(压)杆斜截面上任一点既有正应力 σ_α,又有剪应力 τ_α,并且它们都随斜截面的方位角 α 的变化而变化。由式(4-9)可知,最大正应力发生在 $\alpha = 0$ 的横截面上,其值 $\sigma_{\max} = \sigma_0$;由式(4-10)可知,最大剪应力发生在 $\alpha = 45°$ 的斜截面上,其值 $\tau_{\max} = \dfrac{\sigma_0}{2}$。

关于 α、σ_α 和 τ_α 的符号规定如下:角 α 自杆轴线向斜截面外法线 n 旋转,逆时针转为正,顺时针转为负;正应力 σ_α 仍以拉应力为正,压应力为负;剪应力 τ_α 以其对截面内侧任一点顺时针转为正,反之为负(见图 4-6)。

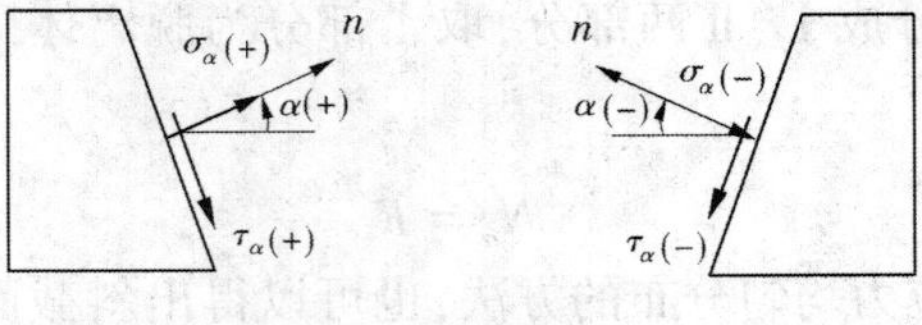

图 4-6

【例 4-3】 一轴向受拉杆[见图 4-7(a)],已知拉力 $F = 100$ kN,横截面面积 $A = 1\,000$ mm²。试求 $\alpha = 30°$ 和 $\alpha = 120°$ 两个正交截面上的应力。

解:(1)计算横截面上的正应力。

$$\sigma_0 = \frac{F}{A} = \frac{100\times10^3}{1\,000\times10^{-6}} = 100\times10^6(\mathrm{Pa}) = 100\ \mathrm{MPa}$$

(2)计算 $\alpha = 30°$ 斜截面上的应力。

由式(4-9)、式(4-10)得

$$\sigma_{30°} = \sigma_0\cos^2 30° = 100\times\cos^2 30° = 75(\mathrm{MPa})$$

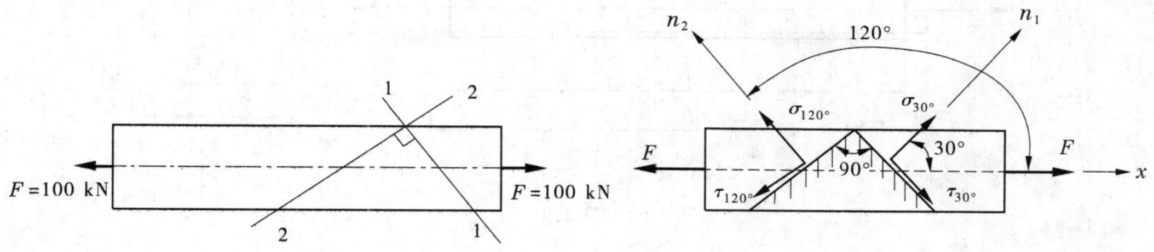

(a)　　　　　　　　　　(b)

图 4-7

$$\tau_{30^\circ}=\frac{\sigma_0}{2}\sin2\alpha=\frac{100}{2}\times\sin(2\times30^\circ)=43.3(\mathrm{MPa})$$

(3) 计算 $\alpha=120^\circ$ 斜截面上的应力。

由式(4-9)、式(4-10)得

$$\sigma_{120^\circ}=100\times\cos^2120^\circ=25(\mathrm{MPa})$$

$$\tau_{120^\circ}=\frac{100}{2}\times\sin(2\times120^\circ)=-43.3(\mathrm{MPa})$$

由例 4-3 计算结果可知,在 $\alpha=30^\circ$ 和 $\alpha=120^\circ$ 两个正交截面上的剪应力数值相等而符号相反。此结果具有一般性,即在受力构件内互相垂直的任意两截面上,剪应力大小相等而符号相反,其方向同时指向或同时离开两截面的交线[见图 4-7(b)]。这一结论称为剪应力互等定理。

任务二　轴向拉伸和压缩杆件的变形

一、变形和应变的概念

在轴向拉力(或压力)作用下,杆件产生轴向伸长(或缩短)的变形,称为纵向变形。此外,由实验可知,当杆件产生纵向伸长时,杆件的横向尺寸还会产生缩小;当杆件产生纵向缩短时,杆件的横向尺寸会增大。横向尺寸的变化称为横向变形。下面分别讨论纵向变形和横向变形。

码 4-2　微课-轴向拉(压)杆件的变形

(一) 纵向变形、线应变的概念

以图 4-8(a)所示杆为例,设杆件原长为 l,受轴向外力 F 作用后,长度改变为 l_1,则杆的长度改变量为

$$\Delta l=l_1-l \tag{4-11}$$

Δl 反映了杆的总的纵向变形量,称为杆的纵向变形。杆件的绝对变形是与杆的原长

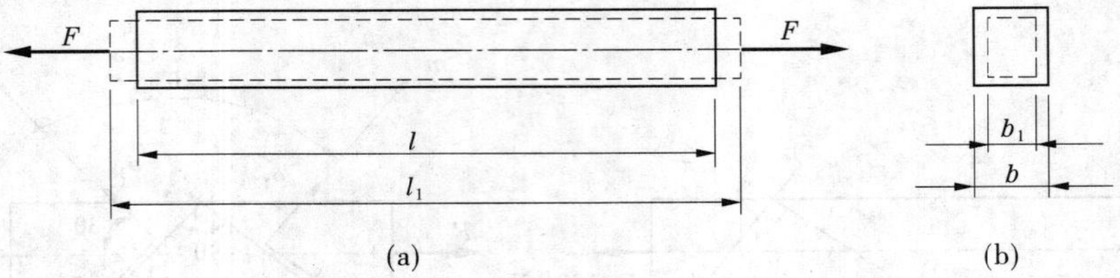

图 4-8

有关的,因此为了消除杆件原长度的影响,采用单位长度的变形量来度量杆件的变形程度,称为纵向线应变,用 ε 表示。对于均匀伸长的拉杆,有

$$\varepsilon = \frac{\Delta l}{l} = \frac{l_1 - l}{l} \tag{4-12}$$

纵向线应变 ε 是无量纲量,其正负号与 Δl 相同,即在轴向拉伸时 ε 为正值,称为拉应变;在压缩时 ε 为负值,称为压应变。

(二)横向变形、线应变的概念

设杆原横向尺寸为 b,受拉变形后缩小为 b_1,见图 4-8(b),则杆的横向缩小值 $\Delta b = b_1 - b$,Δb 称为杆的横向变形。而相应的横向线应变为

$$\varepsilon' = \frac{\Delta b}{b} = \frac{b_1 - b}{b} \tag{4-13}$$

横向线应变 ε' 也是无量纲量。

一般规定 Δl、Δb 以伸长为正,缩短为负;ε 和 ε' 的正负号分别与 Δl 和 Δb 一致,即拉应变为正,压应变为负。所以,纵向线应变 ε 与横向线应变 ε' 的符号恒相反。

实验证明,在弹性变形范围内,轴力杆的横向线应变与纵向线应变之比为一常数,若用 ν 表示这个比例常数,则

$$\nu = \left| \frac{\varepsilon'}{\varepsilon} \right| \tag{4-14}$$

ν 称为横向变形系数或泊松比,它也是无因次的量。由于 ε 和 ε' 的符号相反,故

$$\varepsilon' = -\nu\varepsilon$$

二、胡克定律

变形是由外力引起的。实验表明:当拉(压)杆内的应力不超过比例极限时,杆的伸长(压缩)量与轴向外力 N 成正比,与杆件的原长 l 成正比,与杆件的横截面面积 A 成反比,即

$$\Delta l \propto \frac{Nl}{A} \tag{4-15}$$

引入比例常数 E,上式可表达为

$$\Delta l = \frac{Nl}{EA} \tag{4-16}$$

式中：比例常数 E 称为弹性模量，单位与应力单位相同，E 的数值随材料而异，通过实验测定，其值表示材料抵抗弹性变形的能力。

这一关系称为胡克定律，它是由英国力学家胡克于1678年发现的。实际上东汉的经学家和教育家郑玄为《考工记 · 弓人》一文的“量其力，有三钧”一句作注解中写道：“假令弓力胜三石，引之中三尺，弛其弦，以绳缓擐之，每加物一石，则张一尺。”正确地揭示了力与形变成正比的关系，郑玄的发现比胡克要早约1 500年。

由式(4-16)可知，轴力 N 和变形 Δl 的正负号是相对应的，当轴力 N 是拉力（为正）时，变形 Δl 伸长为正；反之，为负。此外，对长度相等且受力相同的拉（压）杆件，EA 越大，Δl 越小，EA 越小，Δl 越大，故 EA 称为杆件的抗拉（压）刚度。

引入 $\varepsilon = \dfrac{\Delta l}{l}$、$\sigma = \dfrac{N}{A}$，可得胡克定律的另一表达形式，即

$$\sigma = E\varepsilon \tag{4-17}$$

式(4-17)表明，在弹性范围内，杆件的正应力与线应变成正比。其适用于弹性范围，且要求在 l 长的杆段内 N、E、A 值为常量的单轴应力状态的杆件。胡克定律应用广泛，是工程力学的一个重要定律。

胡克定律可简述为：当杆的应力不超过某一限度时，应力与应变成正比。

E 与 ν 都是表示材料弹性性质的常数，可由实验测定。几种常用材料的 E、ν 值见表4-1。

表4-1　常用材料的 E 与 ν 的约值

材料名称	E/GPa	ν	材料名称	E/GPa	ν
碳钢	196~216	0.25~0.33	铜及其合金	73~128	0.31~0.42
合金钢	186~216	0.24~0.33	铝合金	70	0.33
灰铸铁	78~157	0.23~0.27	橡胶	0.007 85	0.47

【例4-4】　图4-9(a)为一阶梯形钢杆，已知材料的弹性模量 $E = 210$ GPa，AB、BC 段的横截面面积 $A_{AB} = A_{BC} = 500\ \text{mm}^2$，$CD$ 段的横截面面积 $A_{CD} = 200\ \text{mm}^2$，杆的各段长度及受力情况如图4-9所示。试求：

(1)杆横截面上的轴力和正应力；

(2)杆的总变形；

(3) C、D 截面的位移。

解：(1)计算各横截面上的轴力。

AB 段：

$$N_1 = F_1 - F_2 = 20(\text{kN})$$

BC 段与 CD 段：

$$N_2 = -F_2 = -10\ \text{kN}$$

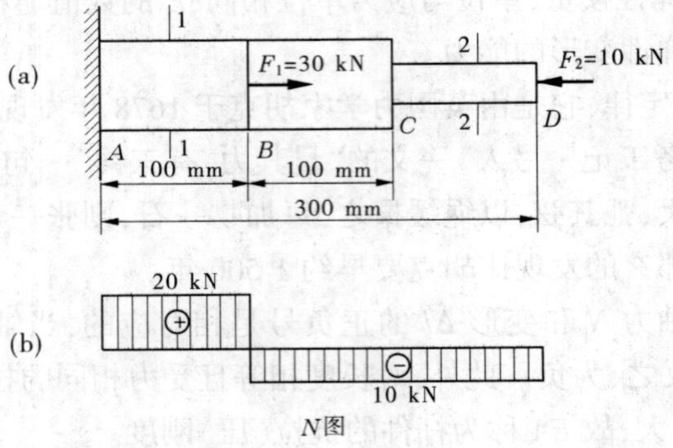

图 4-9

据此作轴力图,如图 4-9(b)所示。

(2)计算各横截面的正应力。

$$\sigma_{AB}=\frac{N_1}{A_{AB}}=\frac{20\times10^3}{500\times10^{-6}}=40(\mathrm{MPa})$$

$$\sigma_{BC}=\frac{N_2}{A_{BC}}=\frac{-10\times10^3}{500\times10^{-6}}=-20(\mathrm{MPa})$$

$$\sigma_{CD}=\frac{N_2}{A_{CD}}=\frac{-10\times10^3}{200\times10^{-6}}=-50(\mathrm{MPa})$$

(3)计算杆的总变形。

总变形 Δl_{AD} 等于杆各段变形的代数和,即

$$\Delta l_{AD}=\Delta l_{AB}+\Delta l_{BC}+\Delta l_{CD}=\frac{N_1 l_{AB}}{EA_{AB}}+\frac{N_2 l_{BC}}{EA_{BC}}+\frac{N_2 l_{CD}}{EA_{CD}}$$

将有关数据代入,即得

$$\Delta l_{AD}=\frac{1}{210\times10^9}\times\left(\frac{20\times10^3\times0.1}{500\times10^{-6}}-\frac{10\times10^3\times0.1}{500\times10^{-6}}-\frac{10\times10^3\times0.1}{200\times10^{-6}}\right)=-0.014\ 3(\mathrm{mm})$$

(4)计算 C、D 截面的位移 ΔC、ΔD。

$$\Delta C=\Delta l_{AB}+\Delta l_{BC}=0.009\ 5(\mathrm{mm})$$

$$\Delta D=\Delta l_{AD}=-0.014\ 3\ \mathrm{mm}$$

说明整个杆件在外力作用下发生压缩变形,并发生了 0.014 3 mm 的位移。

【例 4-5】 一矩形截面钢杆,其宽度 a=80 mm,厚度 b=3 mm。在轴向拉力作用下测得钢杆纵向 100 mm 的长度内伸长 0.05 mm,横向 60 mm 的宽度内缩小 0.009 3 mm。设钢的弹性模量 E=210 GPa,试求此材料的泊松比和杆件所受轴向拉力。

解:(1)计算泊松比 ν。

杆的纵向线应变为 $$\varepsilon=\frac{\Delta l}{l}=\frac{0.05}{100}=50\times10^{-5}$$

杆的横向线应变为　$\varepsilon' = \dfrac{\Delta b}{b} = \dfrac{-0.0093}{60} = -15.5 \times 10^{-5}$

泊松比为　$\nu = \left| \dfrac{-15.5 \times 10^{-5}}{50 \times 10^{-5}} \right| = 0.31$

(2)计算轴向拉力。

由胡克定律 $\sigma = E\varepsilon$,得

$$\sigma = E\varepsilon = 210 \times 10^9 \times 50 \times 10^{-5} = 105(\text{MPa})$$

则轴力为

$$N = \sigma A = 105 \times 80 \times 3 = 25.2(\text{kN})$$

所以,该杆所受轴向拉力 $F = N = 25.2\ \text{kN}$。

任务三　材料在拉伸和压缩时的力学性能

工程力学中将材料在受力过程中所反映出来的各种物理性质,称为材料的力学性能或机械性能。前面所讨论的拉(压)杆的应力和变形计算中,曾涉及材料在轴向拉(压)时的力学性能,如弹性模量和泊松比等,它们都是通过实验来测定的,实验要求在常温、静载的条件下进行。本任务主要介绍几种常用材料在拉伸和压缩时的力学性能。

码 4-3　微课-材料在拉(压)时的力学性能

一、低碳钢拉伸时的力学性质

低碳钢是指含碳量低于0.25%的碳素钢。低碳钢是工程建设中广泛使用的材料,并且低碳钢试样在拉伸实验中所表现的力学现象比较全面、典型。因此,先来研究它在拉伸时的力学性能。

在做拉伸实验时,应将材料做成标准试件。实验前,先在试样中间较细部分上画两条横线,如图4-10所示。在拉力作用下,横线之间的一段杆各横截面上应力均相同,这一段等直的杆称为工作段,用来测量变形,其长度称为标距,用 l 表示。为了比较不同粗细的试件工作段的变形程度,通常对试件的标距 l 与横截面尺寸的关系加以限定:圆形截面标准试件的标距 l 与截面直径 d 的关系为 $l=10d$(长试件)和 $l=5d$(短试件);对于矩形截面试件,标距与截面面积 A 之间的关系为 $l=11.3A^{0.5}$ 或 $l=5.65A^{0.5}$。实验通常在万能试验机上进行,其方法是将标准试件安装在万能试验机上,开动万能试验机,对试件施加静力荷载,即荷载从零缓慢地增加直到试件拉断。在实验过程中,注意观察实验现象并记录各个时刻拉力 F 与试件绝对变形的数据,将 F 与 Δl 的关系按一定的比例绘制成 $F-\Delta l$ 曲线,称该曲线为材料的拉伸图,如图4-11(a)所示。万能试验机与计算机校验,应用软件自动绘图,并可打印。

由于 Δl 与原长 l 及横截面面积 A 有关,为消除原始尺寸的影响,将纵坐标 F 除以横截面面积 A,横坐标 Δl 除以原长 l,得到应力-应变图($\sigma-\varepsilon$ 图),如图4-11(b)所示。由图4-11(b)可知,低碳钢在整个拉伸实验过程中,其应力-应变关系大致分为以下四个

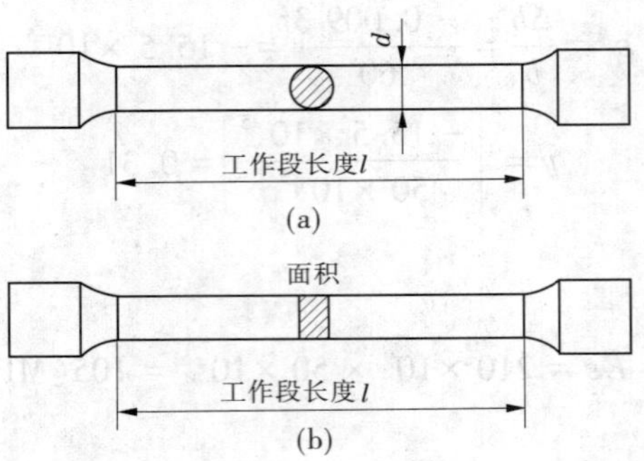

图 4-10

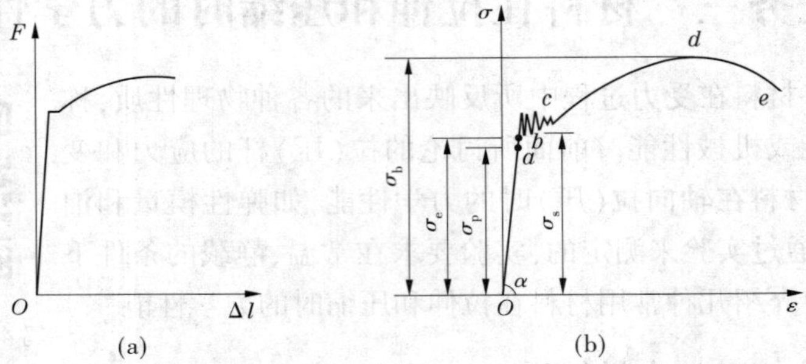

图 4-11

阶段：

(1)弹性阶段(Ob)。此阶段中材料的变形完全是弹性的，即全部卸载后试件将恢复原长，所以称为弹性阶段。这一阶段中的 Oa 段为直线，说明应力与应变成正比例关系，故又称为比例阶段，此阶段中的最高点 a 对应的应力值称为比例极限，用 σ_p 表示。Q235 钢的比例极限 $\sigma_p = 200$ MPa。过了 a 点以后到 b 点这一段虽然应力与应变不再成正比例关系，但是从此阶段最高点 b 卸载后试件将恢复原长，证明整个 Ob 段为弹性阶段，此段中最高点 b 对应的应力值称为弹性极限，用 σ_e 表示。

比例极限 σ_p 与弹性极限 σ_e，两者虽意义不同但数值接近，在实际测量过程中很难区分，因此实际应用中常把它们统称为弹性极限，认为在弹性极限范围内材料服从胡克定律。Oa 段为直线，其斜率 $\tan\alpha = \dfrac{\sigma}{\varepsilon} = E$，是常数，即为材料的弹性模量。

(2)屈服阶段(bc)。应力超过弹性极限 σ_e 后应变不断增加，应力则在很小的范围内波动，$\sigma - \varepsilon$ 图上为一段接近水平的锯齿形线段 bc，表示试件横截面上的应力几乎不增加，但应变迅速增加，好像材料失去抵抗变形的能力。这一现象称为屈服或流动，这一阶段称为屈服阶段或流动阶段。在 $\sigma - \varepsilon$ 图中，屈服阶段 bc 范围内最高点的应力值称为屈服高限，最低点的应力值称为屈服低限。由于屈服高限受很多因素影响不够稳定，而屈服低限较稳定,因此常将屈服低限称为材料的屈服极限或屈服点,用 σ_s 表示。屈服点是衡量材料强度的一个重要指标。Q235 钢的屈服极限约为 235 MPa。当材料处于屈服阶段时,若试件表面光滑,在其表面将出现许多与试件轴线约呈 45°方向的斜纹,它们是由于 45°斜面上存在的最大剪应力使材料内部的颗粒间发生相对滑移而引起的,称为滑移线,如图 4-12 所示。

图 4-12

(3)强化阶段(cd)。经过屈服阶段,材料重新产生抵抗变形的能力,进入强化阶段,此阶段 $\sigma-\varepsilon$ 图为一段向上凸起的曲线 cd,表示若试件继续变形,应力将增大。由于强化阶段中的变形主要为塑性变形,因此比弹性阶段内试件的变形大得多,故此阶段可明显看到试件的横向尺寸在缩小。此阶段中最高点 d 对应的应力称为强度极限,用 σ_b 表示,它是材料能承受的最大值。Q235 钢的强度极限 $\sigma_b=400$ MPa。

(4)颈缩阶段(de)。当应力达到强度极限后,可以看到试件工作段上某一局部长度内的横截面显著收缩,如图 4-13 所示,这一现象被称为颈缩现象。由于颈缩部分横截面面积急剧减小,因此荷载读数反而逐渐降低,直到试件被拉断,称此阶段为颈缩阶段,其在图 4-11(b)上为一段达 d 点后下降的曲线 de。

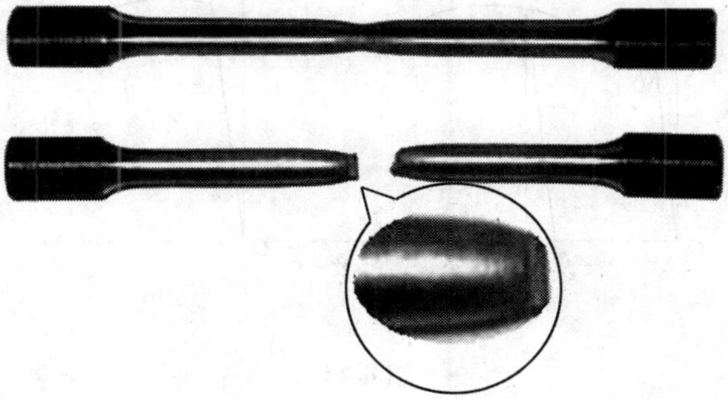

图 4-13

二、材料的塑性

由实验可知,试件在荷载的作用下的变形有两种:弹性变形和塑性变形。试件断裂后,弹性变形消失,塑性变形残留下来。衡量材料塑性性能的指标有两个:延伸率和截面收缩率。

(一)延伸率

试件拉断后的标距长度 l_1 与原标距长度 l 之差再除以 l 的百分比,称为延伸率,用 δ 表示,可用下式表示为

$$\delta = \frac{l_1 - l}{l} \times 100\% \tag{4-18}$$

工程中,常按δ的大小把材料分为两大类:$\delta \geqslant 5\%$的材料称为塑性材料;$\delta < 5\%$的材料称为脆性材料。低碳钢的延伸率δ一般为20%~30%,属于典型的塑性材料。

(二)截面收缩率

试件原截面面积A与断裂后断口处的最小横截面面积A_1之差除以A的百分比,称为材料的截面收缩率,用ψ表示,即

$$\psi = \frac{A - A_1}{A} \times 100\% \tag{4-19}$$

低碳钢的ψ值一般为60%~70%。

三、冷作硬化

在低碳钢的拉伸过程中,若把试件拉到强化阶段的某点f,然后逐渐卸去拉力,应力与应变将沿与Oa平行的斜直线fg回到g点[见图4-14(a)]。图4-14(a)中gh表示消失了的弹性变形,Og表示残留下来的塑性变形。卸载后,若在短期内再次加载,则应力与应变的关系将大致沿卸载时的斜直线gf变化,直到f点后,又沿着曲线fe变化[见图4-14(b)],这表示再次加载过程中,在到达f点以前,材料变形是弹性变形,过f点后才开始出现塑性变形。

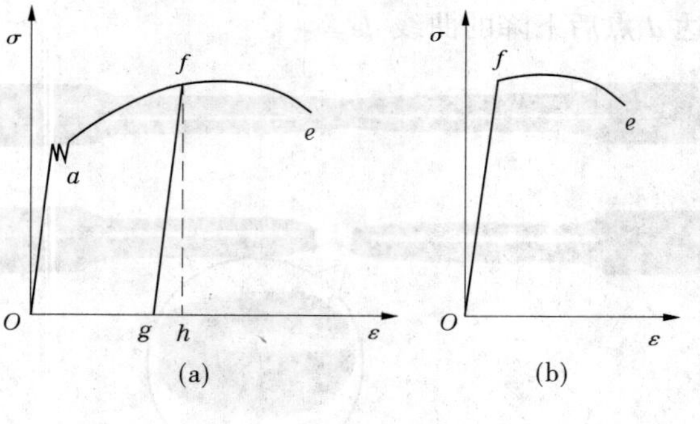

图4-14

比较图4-14(a)、(b)可见,在第二次加载时,材料的比例极限、屈服极限得到了提高,而塑性变形却降低了,这种现象称为冷作硬化。工程中常利用冷作硬化来提高钢材的强度,工程中常用的冷拉钢筋就是冷作硬化的具体应用。

四、其他材料受拉伸时的力学性质

不同的材料有不同的力学性能。与低碳钢在$\sigma - \varepsilon$曲线上相似的材料,还有锰钢及一些高强度低合金钢,它们与低碳钢相比较,拉伸实验方法相同,屈服极限和强度极限有显著提高,材料所显示的力学性能有较大差别。图4-15中分别为锰钢、硬铝、退火球墨铸铁和低碳钢的应力-应变曲

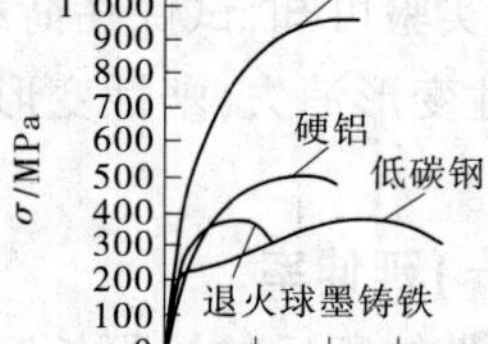

图4-15

线。由图 4-15 比较可得：锰钢、硬铝、退火球墨铸铁不像低碳钢一样有明显的屈服阶段，但是它们的延伸率都比较大，属于塑性材料。对于没有明显屈服阶段的塑性材料，规定以产生 0.2%的塑性变形时所对应的应力作为屈服点，称为名义屈服极限，用 $\sigma_{0.2}$ 表示，如图 4-16 所示。

另外一类典型材料的共同特点是延伸率很小，称为脆性材料。下面以铸铁为代表说明脆性材料拉伸时的力学性能。铸铁拉伸时，从开始受力到最终断裂，变形都不显著，如图 4-17 所示。$\sigma-\varepsilon$ 图上没有明显直线部分，也没有屈服阶段和颈缩阶段，只有一个强度值，即断裂时的应力，即强度极限 σ_b，其值一般为 100～340 MPa。其延伸率小，仅为 0.4%～0.5%，是典型的脆性材料。铸铁的 $\sigma-\varepsilon$ 曲线点无明显的直线部分，但在较小的拉应力下，可以近似地认为服从胡克定律，通常规定某一总应变时 $\sigma-\varepsilon$ 曲线的斜率作为材料的弹性模量，见图 4-17。

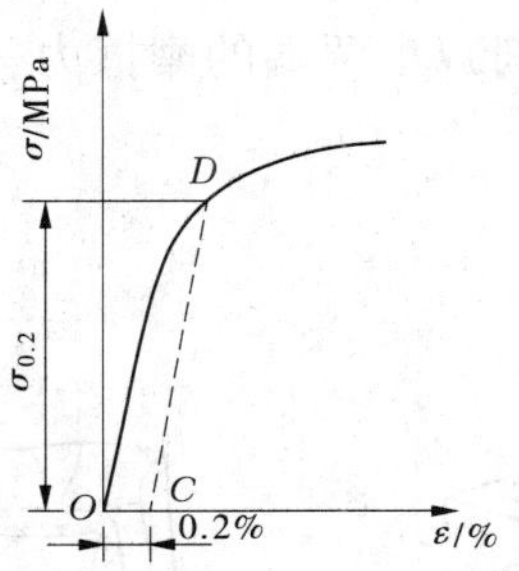

图 4-16

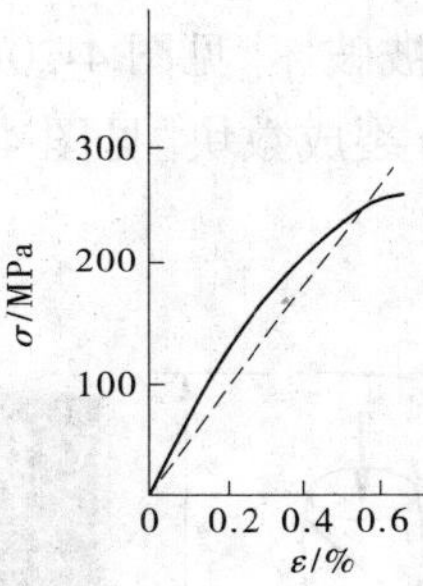

图 4-17

五、材料受压缩时的力学性质

金属材料如低碳钢、铸铁等，压缩试件为圆柱形，为避免试件发生弯曲变形，一般规定其高度为直径的 1.5～3 倍，如图 4-18 所示。

把低碳钢受压时的 $\sigma-\varepsilon$ 曲线（见图 4-19 中的实线）和受拉时的 $\sigma-\varepsilon$ 曲线（见图 4-19 中的虚线）进行比较可以看出：

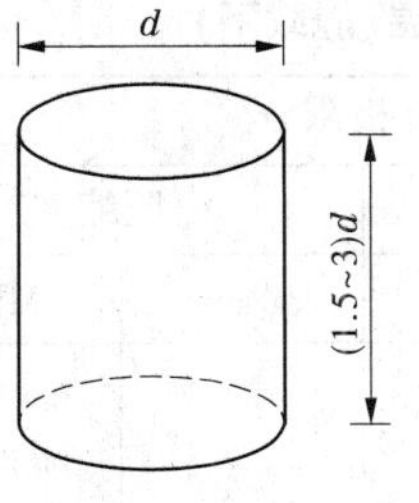

图 4-18

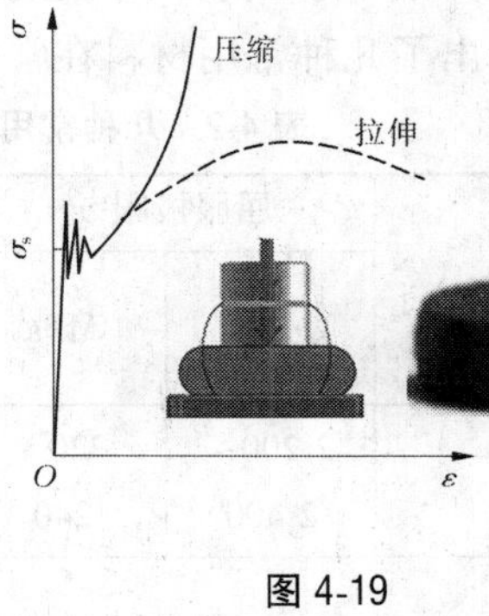

图 4-19

(1)在屈服阶段前,受拉与受压两条曲线基本重合,可见受压时的弹性模量 E、比例极限 σ_p 和屈服极限 σ_s 与受拉时的相同。

(2)超过屈服极限后,受压时的 $\sigma-\varepsilon$ 曲线不断上升,其原因是试件的截面不断增大,最后变成了薄饼形。构件受压面积越来越大,不会产生断裂,因此压缩时的强度极限 σ_b 不能测出。

由于钢材受拉和受压时的主要力学性能(E、σ_p、σ_s)相同,因此钢材的力学性能一般都由拉伸实验来测定,不必进行压缩实验。

铸铁是典型的脆性材料。它的压缩实验表明:在 $\sigma-\varepsilon$ 曲线上没有明显的直线部分,也没有屈服阶段。强度极限 σ_b 可以被测得,其值一般为受拉时的 4~5 倍。试件破坏时,沿着接近于 45°的斜面上断裂,如图 4-20(a)所示,这说明铸铁的抗剪强度低于抗压强度。

混凝土的压缩试件,通常做成立方体形,在压缩实验中,由于两端受有万能试验机平板的摩擦阻力,横向变形受到阻碍,随着荷载的增加,试件中部四周逐渐剥落掉下,最后剩下两个锥形体而被破坏[见图 4-20(b)]。若用润滑剂减小两端的摩擦力,则在破坏荷载下,沿受力方向分裂成数块[见图 4-20(c)]。

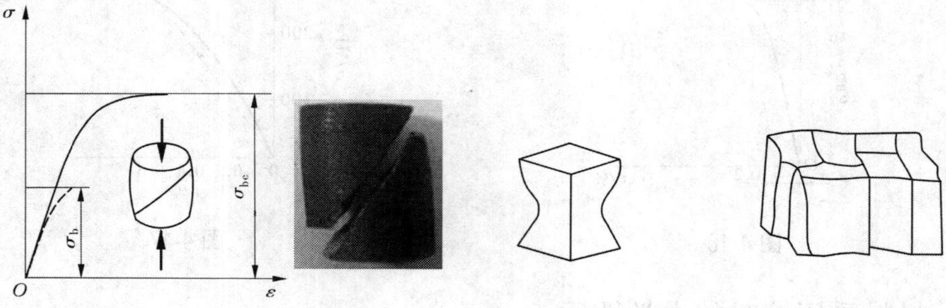

(a) (b) (c)

图 4-20

对于脆性材料,压缩实验是很重要的。脆性材料如铸铁、混凝土和砖石等,受压的特征也和受拉一样,在很小的变形下就发生破坏,但是抗压的能力远远大于抗拉的能力。所以,脆性材料常用作受压构件,以充分利用其抗压性能。

表 4-2 列出了几种常用材料在常温、静载下的力学性能,以供参考。

表 4-2 几种常用材料的力学性能(在常温、静载下)

材料	屈服极限 σ_s		强度极限 σ_b				延伸率 δ/%
			拉伸		压缩		
	kg/cm^2	MPa	kg/cm^2	MPa	kg/cm^2	MPa	
低碳钢	2 200~2 400	220~240	3 800~4 700	380~470			25~27

续表 4-2

材料	屈服极限 σ_s		强度极限 σ_b				延伸率 δ/%
			拉伸		压缩		
	kg/cm^2	MPa	kg/cm^2	MPa	kg/cm^2	MPa	
16 锰钢	2 900~3 500	290~350	4 800~5 200	480~520			21~29
灰口铸铁			1 000~3 400	100~340	6 500~13 000	650~1 300	<6.5
C20(200 号)混凝土			16	1.6	145	14.5	
C30(300 号)混凝土			21	2.1	210	21.0	
红松(顺纹)			981	98.1	328	32.8	

注:表中单位按 1 kg/cm^2 = 0.1 MPa 换算。

任务四　轴向拉伸和压缩杆件的强度计算

一、许用应力和安全系数

码 4-4　微课-轴向拉(压)杆的强度计算

通过材料的拉伸与压缩实验可知,当塑性材料的应力达到屈服点 σ_s 时,材料将产生显著的塑性变形,不能继续正常工作;脆性材料虽不会产生显著的塑性变形,但当其应力达到强度极限 σ_b 时,材料将立即破坏。所以,任何一种材料都存在一个能承受力的固有极限,把材料断裂或产生较大塑性变形时的应力称为危险应力或极限应力,用 σ^0 表示。

对于塑性材料

$$\sigma^0 = \sigma_s \tag{4-20a}$$

对于脆性材料

$$\sigma^0 = \sigma_b \tag{4-20b}$$

为了保证构件安全可靠工作,必须使其实际的最大工作应力不超过材料的某一限值。显然,该限值应小于材料的危险应力,将危险应力 σ^0 缩小 n 倍,称为材料在拉伸(压缩)时的许用应力,用符号 $[\sigma]$ 表示,即

$$[\sigma] = \frac{\sigma^0}{n} \tag{4-21}$$

其中,n 是一个恒大于 1 的系数,称为安全系数。对于塑性材料,n 的取值范围为 1.5~2.0;对于脆性材料,n 的取值范围为 2.0~5.0。安全系数是表示构件所具有安全储备量大小

的系数,其值通常由设计规范规定。由式(4-21)可见,安全系数的大小直接影响着许用应力。若增大安全系数,虽然构件的强度和刚度得到了保证,但会浪费材料,加大结构自重;若安全系数选得过小,虽然比较经济,但结构的安全性与适用性就得不到可靠的保证,甚至还会引起严重的事故。因此,在选择安全系数时,应该是在满足安全要求的情况下尽量满足经济要求。其取决于以下几个方面的因素:

(1)材料性质。包括材料的质地好坏,均匀程度,是塑性材料还是脆性材料。

(2)荷载情况。包括对荷载的估算是否准确,是静荷载还是动荷载。

(3)构件在使用期内可能遇到的意外事故或其他不利的工作条件等。

(4)计算简图和计算方法的精确程度。

(5)构件的重要性。

表 4-3 给出了几种常用材料在常温、静载条件下的许用应力值。

表 4-3 常用材料在常温、静载条件下的许用应力值

材料名称	牌号	许用应力	
		轴向拉伸/MPa	轴向压缩/MPa
低碳钢	Q275	180	180
低合金钢	Q345	235	235
灰口铸铁		35~55	160~200
混凝土	C30(300 号)	0.6	10.5
红松(顺纹)		6.4	10

二、轴向拉伸和压缩杆件的强度条件

为了保证构件能正常工作,必须使构件的最大工作应力不超过材料的许用应力,即

$$\sigma_{\max} \leqslant [\sigma] \tag{4-22}$$

最大应力所在的横截面为危险截面,危险截面上最大应力所在的点为危险点。对于等截面拉(压)杆而言,最大内力所在的截面即为危险截面。因此,等截面轴向拉(压)杆的强度条件为

$$\sigma_{\max} = \frac{N_{\max}}{A} \leqslant [\sigma] \tag{4-23}$$

式中:$\sigma_{\max}$ 为杆件横截面上的最大工作应力;$N_{\max}$ 为杆件危险截面上的轴力;A 为危险截面的面积;$[\sigma]$为材料的许用应力。

注意：对于抗拉、抗压性能相同的材料（如低碳钢），则应力绝对值的最大值为最大工作应力。而对于抗拉、抗压性能不同的材料（如铸铁），则最大拉应力和最大压应力都为最大工作应力。

三、轴向拉伸和压缩杆件强度条件的应用

运用强度条件可进行三类计算：

（1）校核强度。已知构件所受的荷载、构件的截面尺寸和材料的许用应力$[\sigma]$，可根据式（4-23）校核构件的强度是否满足要求。若 $\sigma_{max}=\dfrac{N_{max}}{A}\leqslant[\sigma]$，强度满足要求；若 $\sigma_{max}=\dfrac{N_{max}}{A}>[\sigma]$，则强度不满足要求。

（2）设计截面尺寸。就是在构件所受荷载及材料的许用应力已知的情况下，根据式（4-23）确定构件的横截面形状及尺寸。满足强度条件所需的构件横截面面积为

$$A\geqslant\frac{N_{max}}{[\sigma]} \tag{4-24}$$

需值得注意的是，工程中还将钢材制成标准的截面形状，如工字钢、槽钢、角钢等。这些标准形状的钢材称为型钢。各类型钢的尺寸和几何性质可查型钢表（见附录）。

（3）确定许可荷载。确定许可荷载是指在构件的横截面面积及材料的许用应力已知的情况下，根据式（4-23）合理确定构件的许可荷载。满足强度条件的轴力为

$$N_{max}\leqslant[\sigma]A \tag{4-25}$$

再利用平衡条件进一步确定许可荷载$[F]$。

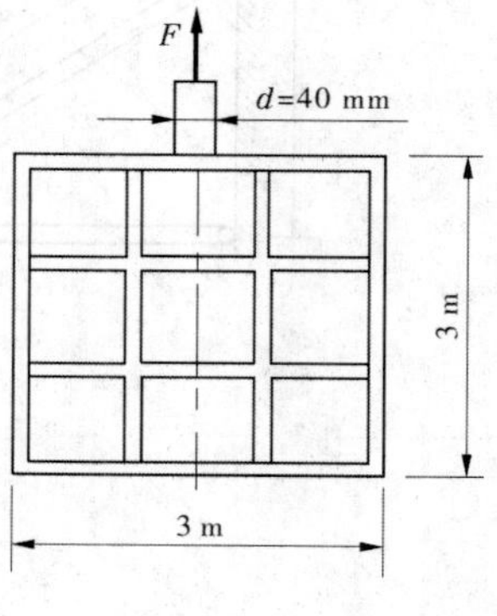

图 4-21

【例 4-6】 图 4-21 为一平板闸门，需要的最大启门力 $F=140$ kN。已知提升闸门的钢螺旋杆的内径 $d=40$ mm，钢的许用应力$[\sigma]=170$ MPa，试校核钢螺旋杆的强度能否满足要求。

解：（1）计算钢螺旋杆的轴力。

$$N=F=140\ \text{kN}$$

（2）强度校核。

$$\sigma_{max}=\frac{N_{max}}{A}=\frac{F}{\pi d^2/4}=\frac{140\times10^3\times4}{3.14\times40^2\times10^{-6}}=111.5(\text{MPa})\leqslant[\sigma]=170\ \text{MPa}$$

所以，此钢螺旋杆的强度能满足要求。

【例 4-7】 某屋架下弦用两根等边角钢制成，如图 4-22 所示。已知该下弦承受的轴力 $N=80$ kN，许用应力$[\sigma]=140$ MPa，试选用角钢型号。

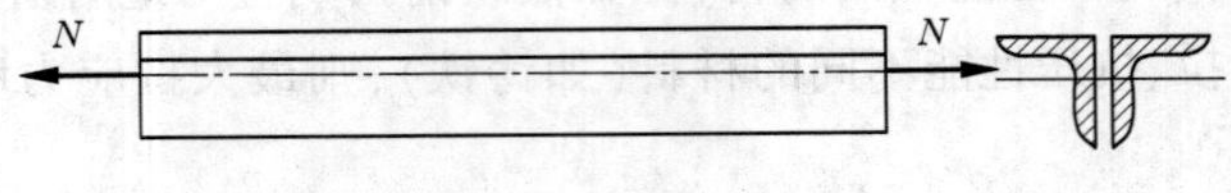

图 4-22

解:根据强度条件确定所需的角钢截面面积,即

$$A \geqslant \frac{N_{\max}}{[\sigma]} = \frac{80 \times 10^3}{140 \times 10^6} = 571(\text{mm}^2)$$

查型钢表,选 2∟40×4。实际面积为

$$A = 2 \times 3.086 = 6.172(\text{cm}^2) = 617.2\ \text{mm}^2$$

【例 4-8】 如图 4-23(a)所示简易吊车由斜杆 AC 和水平杆 AB 组成,$\alpha = 30°$。斜杆 AC 为两根∟50×5 的等边角钢,每根角钢的横截面面积 $A_1 = 4.8\ \text{cm}^2$。水平杆 AB 为两根 10 号槽钢,每根槽钢的横截面面积 $A_2 = 12.74\ \text{cm}^2$。两杆的材料均为 Q275 钢,许用应力$[\sigma] = 170$ MPa。当荷载 F 作用在 A 点时,试求吊车的许可荷载。结构的自重不计。

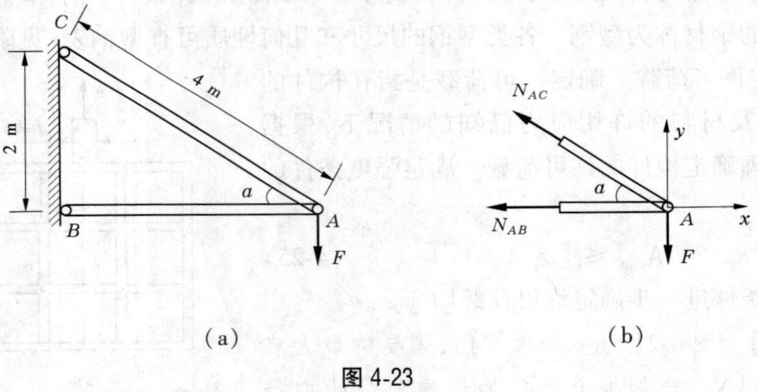

图 4-23

解:(1)取节点 A 研究,如图 4-23(b)所示,用节点平衡条件求杆件的内力。

$$\sum F_x = 0 \qquad -N_{AC}\cos 30° - N_{AB} = 0$$

$$\sum F_y = 0 \qquad N_{AC}\sin 30° - F = 0$$

得

$$N_{AC} = 2F(\text{拉})$$

$$N_{AB} = -\sqrt{3}F(\text{压})$$

(2)根据斜杆 AC 的强度,确定许可荷载。

$$N_{AC} \leqslant [\sigma]A_{AC} = 2[\sigma]A_1$$

$$F \leqslant \frac{1}{2}[\sigma]A_{AC} = \frac{1}{2} \times 170 \times 10^6 \times 2 \times 4.8 \times 10^{-4} = 81.6(\text{kN})$$

(3)根据水平杆 AB 的强度,确定许可荷载。

$$N_{AB} \leqslant [\sigma]A_{AB} = 2[\sigma]A_2$$

$$F \leqslant \frac{1}{\sqrt{3}}[\sigma]A_{AB} = \frac{1}{\sqrt{3}} \times 170 \times 10^6 \times 2 \times 12.74 \times 10^{-4} = 250.1(\mathrm{kN})$$

(4)确定吊车的许可荷载。

要使两杆都能安全工作,吊车的许可荷载应取上述两个 F 许可值中的较小值,即 $[F]=81.6\ \mathrm{kN}$。

任务五　应力集中的概念

等直杆受拉(压)时,其横截面上的正应力是均匀分布的。但是由于结构或工作需要,往往在构件上开孔、槽或制成凸肩、阶梯形状等,使截面尺寸发生突然改变。实验证明,在截面突然改变的部位,应力已不再是均匀分布的。

如图 4-24 所示具有圆槽或圆孔的试件,在削弱截面附近的小范围内,应力局部增大,而离开该区域稍远的地方,应力迅速减小并趋于均匀。这种由于截面尺寸突变而引起的应力局部增大的现象,称为应力集中。

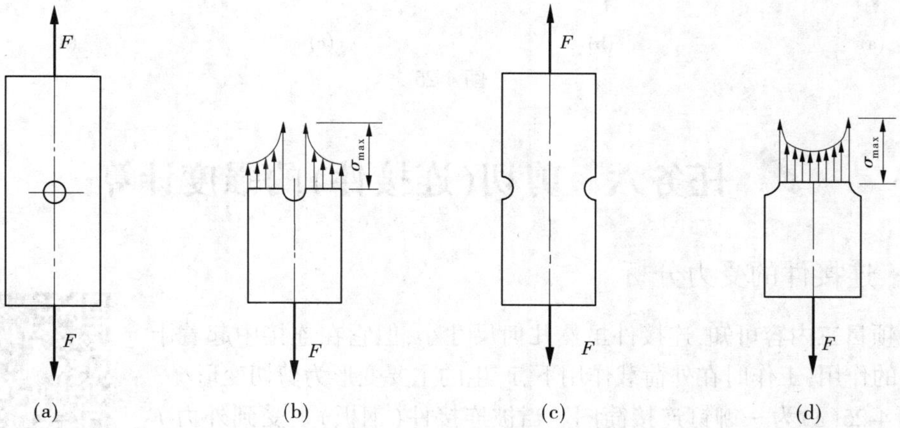

图 4-24

应力集中的程度,可用应力集中处的 $\sigma_{\max}$ 与杆被削弱处横截面上的平均应力 $\overline{\sigma}_0$ 的比值来衡量,此比值称为应力集中系数,用 α_k 表示,即

$$\alpha_k = \frac{\sigma_{\max}}{\overline{\sigma}_0} \tag{4-26}$$

实验指出，α_k 只与构件的形状和尺寸有关，而与材料无关。对工程中常见的大多数典型构件，它们的应力集中系数 α_k 可以从有关手册中查到，一般为 1.2~3.0。

两类材料对应力集中的反映有着很大的差别。塑性材料因有屈服阶段，当局部最大应力 σ_{max} 达到屈服极限 σ_s 时，该处材料的变形可以继续增长而应力数值不再增大。当外力继续增大时，增加的力就由截面尚未屈服的材料来承担，使截面上其他点的应力相继增大到屈服极限，如图 4-25 所示。这样就使截面上的应力逐渐地趋于平衡，降低了应力不均匀的程度，也限制了最大正应力 σ_{max} 的数值。因此，用塑性材料制成的构件在静载作用下，可以不考虑应力集中的影响。由脆性材料制成的构件情况就不同了。因为脆性材料没有屈服阶段，当应力集中处最大应力达到 σ_b 时，便使构件在该处首先产生裂纹，导致构件突然破裂。所以，应力集中对脆性材料的危害显得严重。这样，即使在静载条件下也应考虑应力集中对构件承载能力的影响。

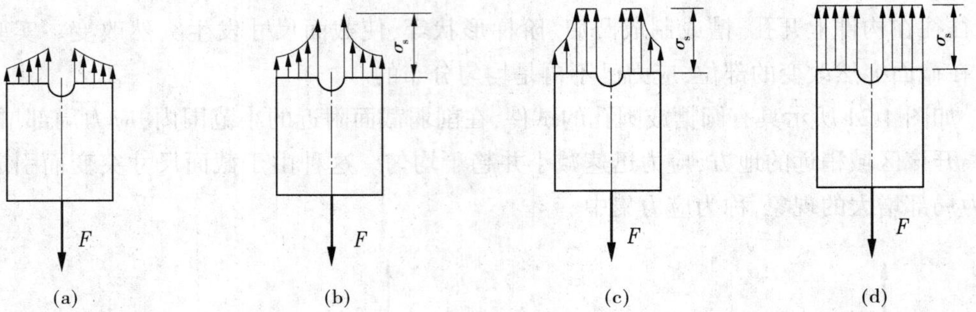

图 4-25

任务六　剪切(连接件)的强度计算

一、连接件的受力分析

由项目三内容可知，连接件虽然几何尺寸小，但它在连接中起着十分重要的作用，工作时在外荷载作用下，产生的主要变形为剪切变形。

码 4-5　动画-剪切(连接件)

图 4-26(a)为一铆钉连接简图。当被连接件(钢板)上受到外力 F 的作用后，力由两块钢板传到铆钉与钢板的接触面上，铆钉受到大小相等、方向相反的两组分布力的合力 F 的作用，使铆钉上下两部分沿中间截面 n—n 发生相对错动的变形，即发生剪切变形，如图 4-26(b)所示。

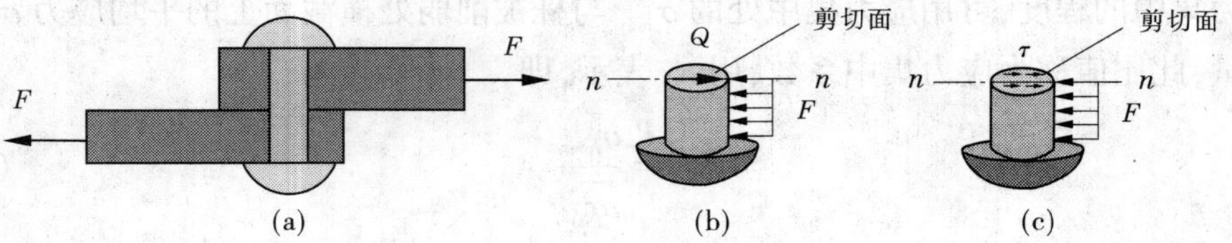

图 4-26

剪切面 n—n 上的剪力 Q 在剪切面上的分布集度称为剪应力,用 τ 表示,单位与正应力相同,如图 4-26(c)所示。

连接件除可能被剪切破坏外,还可能发生挤压破坏。图 4-27(a)所示的铆钉连接中,铆钉与钢板孔壁接触面上的压力过大时,接触面上将发生显著的塑性变形或压溃,铆钉被压扁,圆孔变成了椭圆孔,连接件松动,不能正常使用[见图 4-27(b)、(c)]。因此,连接件在满足剪切条件的同时还必须满足挤压条件。挤压面上的应力 σ_c 称为挤压应力。

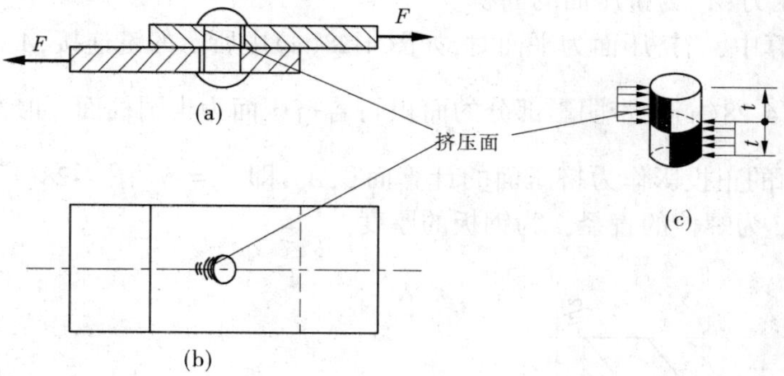

图 4-27

连接件除受剪切和挤压外,往往还伴随有其他形式的变形。特别是被连接件(钢板)在受铆钉孔削弱的截面处,应力增大,易在连接处拉断,如图 4-27 (b)所示。

码 4-6 微课-剪切(连接件)的强度计算

二、连接件的实用计算

(一)剪切实用计算的强度条件

设两块钢板用铆钉连接,如图 4-26 所示。钢板受拉时,铆钉在两钢板之间的截面处受剪切。由上述分析可知,剪切面上的剪力 $Q=F$,其在剪切面上的分布集度剪应力在剪切面上分布较复杂,在实用计算中,假设剪应力沿剪切面均匀分布,则得

$$\tau=\frac{Q}{A_Q} \tag{4-27}$$

式中:Q 为剪切面上的剪力;A_Q 为连接件的剪切面面积。

于是,可得剪切强度条件为

$$\tau=\frac{Q}{A_Q}\leqslant[\tau] \tag{4-28}$$

大量实践证明,剪切的实用计算能满足工程实际的要求。工程中常用材料的许用剪应力,可以从有关的设计手册中查得。实验说明,材料的$[\tau]$和$[\sigma]$之间大致有如下关系:

塑性材料 $[\tau]=(0.6\sim0.8)[\sigma]$

脆性材料 $[\tau]=(0.8\sim1.0)[\sigma]$

式(4-28)与轴向拉(压)强度条件一样,可解决三类问题:强度校核、设计截面尺寸和确定许可荷载。

(二)挤压实用计算的强度条件

如图 4-27(a)所示,两块钢板用铆钉连接。钢板受拉时,铆钉和钢板接触面相互压紧而产生挤压。由上述分析可知,挤压力在挤压面上的分布集度挤压应力在挤压面上的实际分布很复杂,在实用计算中,假定挤压应力在挤压面上是均匀分布的,于是

$$\sigma_c = \frac{F_c}{A_c} \tag{4-29}$$

式中:F_c 为挤压力;A_c 为挤压面的面积。

在实用计算中,当挤压面为平面时,如图 4-28(a)中所示的键连接,A_c 为接触面面积,即 $A_c = \frac{h}{2}l$ [图 4-28(a)中带阴影部分的面积];若挤压面为半圆柱面,如螺栓、销钉等连接件,则用挤压面的正投影作为挤压面的计算面积 A_c,即 $A_c = dt$ [图 4-28(c)中螺栓带阴影部分的面积],d 为螺栓的直径,t 为钢板的厚度。

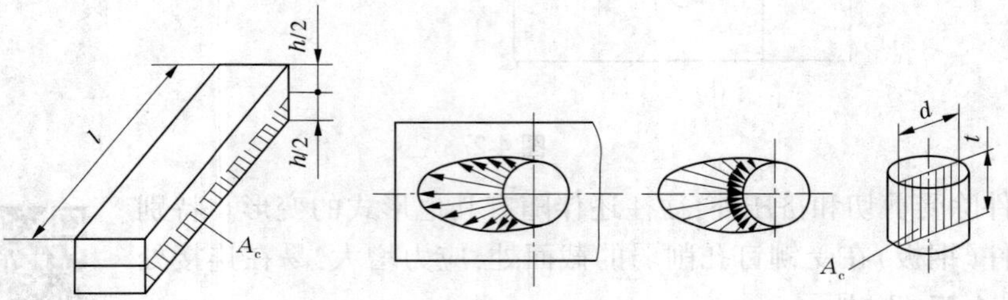

(a) (b) (c)

图 4-28

则挤压强度条件为

$$\sigma_c = \frac{F_c}{A_c} \leqslant [\sigma_c] \tag{4-30}$$

式中:$[\sigma_c]$ 为材料的许用挤压应力,其值由实验测定。

各种材料的许用挤压应力 $[\sigma_c]$ 可在有关手册中查得。$[\sigma_c]$ 与 $[\sigma]$ 间大致有如下关系:

塑性材料 $[\sigma_c] = (1.5 \sim 2.5)[\sigma]$

脆性材料 $[\sigma_c] = (0.5 \sim 1.5)[\sigma]$

必须注意:如果两个相互挤压构件的材料不同,则必须对材料挤压强度小的构件进行计算。

【例 4-9】 图 4-29(a)表示齿轮用平键与轴连接。已知轴的直径 $d = 70$ mm,键的尺寸为 $b \times h \times l = 20$ mm×12 mm×100 mm,传递的力矩 $m = 2$ kN·m,键的许用剪应力 $[\tau] = 60$ MPa,许用挤压应力 $[\sigma_c] = 100$ MPa。试校核键的强度。

解:(1)校核键的剪切强度。

将平键沿 m—n 截面截开,取 m—n 以下部分为脱离体[见图 4-29(b)],m—n 截面上的剪力为

$$Q = A_Q\tau = bl\tau$$

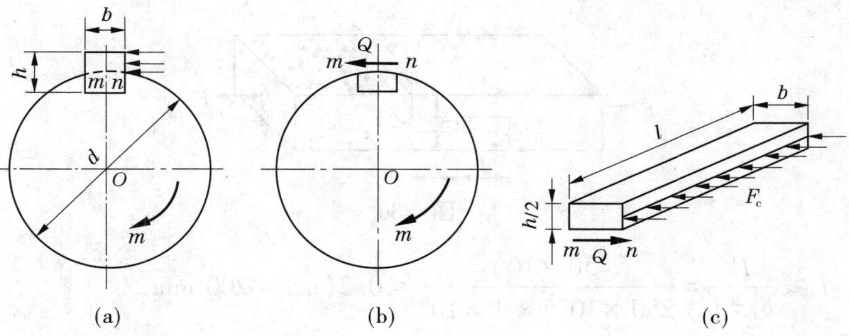

图 4-29

对轴心 O 取力矩,由平衡条件 $\sum m_O = 0$ 得

$$Q\frac{d}{2} = m, \qquad bl\tau\frac{d}{2} = m$$

故有

$$\tau = \frac{2m}{bld} = \frac{2 \times 2 \times 10^3}{20 \times 100 \times 70 \times 10^{-9}} = 28.6(\mathrm{MPa}) < [\tau] = 60\ \mathrm{MPa}$$

可见,平键满足剪切强度条件。

(2)校核键的挤压强度。

取 m—n 截面以上部分为分离体[见图 4-29(c)],截面上的剪力为 $Q = bl\tau$,右侧截面上的挤压力为

$$F_c = A_c\sigma_c = \frac{h}{2}l\sigma_c$$

由平衡条件 $\sum F_x = 0$ 得

$$Q = F_c, \qquad bl\tau = \frac{h}{2}l\sigma_c$$

故有

$$\sigma_c = \frac{2b\tau}{h} = \frac{2 \times 20 \times 10^{-3} \times 28.6 \times 10^6}{12 \times 10^{-3}} = 95.3(\mathrm{MPa}) < [\sigma_c] = 100\ \mathrm{MPa}$$

所以,平键也满足挤压强度的要求。

【例 4-10】 如图 4-30 所示木结构的榫接头,已知轴向拉力 $F = 50$ kN,截面宽度 $b = 250$ mm,木材的许用挤压应力 $[\sigma_c] = 10$ MPa,许用剪应力 $[\tau] = 1$ MPa。试根据剪切和挤压条件确定接头的尺寸 l 和 a。

解:(1)计算剪切面和挤压面的面积。

$$A_Q = lb, \qquad A_c = ab$$

(2)根据剪切强度条件确定尺寸 l。

$$Q = F, \qquad \tau = \frac{Q}{A_Q} = \frac{F}{lb} \leqslant [\tau]$$

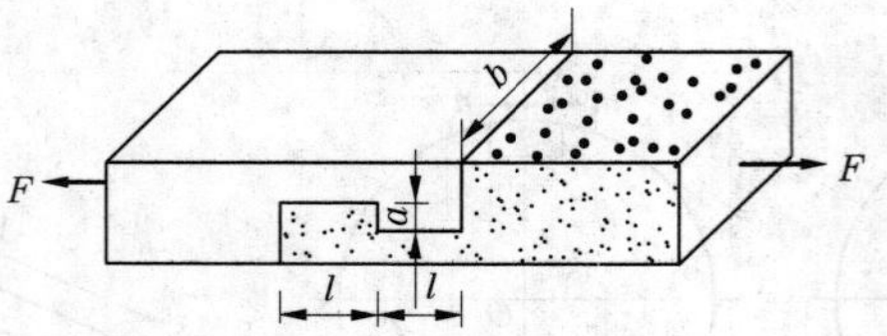

图 4-30

解得 $$l \geqslant \frac{F}{b[\tau]} = \frac{50 \times 10^3}{250 \times 10^{-3} \times 1 \times 10^6} = 0.2(\mathrm{m}) = 200\ \mathrm{mm}$$

(3)根据挤压强度条件确定尺寸 a。

$$F_c = F, \qquad \sigma_c = \frac{F_c}{A_c} = \frac{F}{ab} \leqslant [\sigma_c]$$

解得 $$a \geqslant \frac{F}{b[\sigma_c]} = \frac{50 \times 10^3}{250 \times 10^{-3} \times 10 \times 10^6} = 0.02(\mathrm{m}) = 20\ \mathrm{mm}$$

所以,取 $l = 200$ mm,$a = 20$ mm。

【例 4-11】 如图 4-31 所示的接头,承受轴向荷载 F 作用。已知铆钉直径 $d = 20$ mm,许用应力 $[\sigma] = 160$ MPa,许用剪应力 $[\tau] = 120$ MPa,许用挤压应力 $[\sigma_c] = 340$ MPa,板件与铆钉的材料相同。试计算接头的许可荷载。

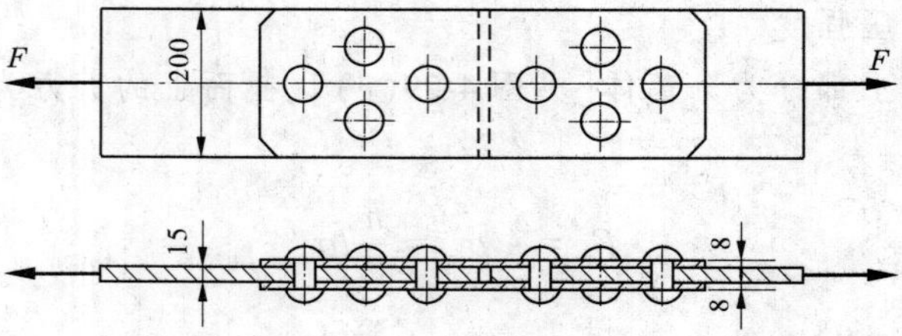

图 4-31 (单位:mm)

解:(1)考虑板件的拉伸强度。

由 N 图(见图 4-32)可知:$N_1 = F, N_2 = 3F/4$。

由 $$\sigma_1 = \frac{N_1}{A_1} = \frac{F}{(b-d)\delta} \leqslant [\sigma]$$

得 $$F \leqslant (b-d)\delta[\sigma] = (0.200 - 0.020) \times 0.015 \times 160 \times 10^6 = 432(\mathrm{kN})$$

由 $$\sigma_2 = \frac{N_2}{A_2} = \frac{3F}{4(b-2d)\delta} \leqslant [\sigma]$$

得 $$F \leqslant \frac{4}{3}(b-2d)\delta[\sigma]$$

$$= \frac{4}{3} \times (0.200 - 2 \times 0.020) \times 0.015 \times 160 \times 10^6 = 512(\mathrm{kN})$$

(2)考虑铆钉的剪切强度。

$$Q = \frac{F}{8}, \qquad \tau = \frac{Q}{A_Q} = \frac{4F}{8\pi d^2} \leqslant [\tau]$$

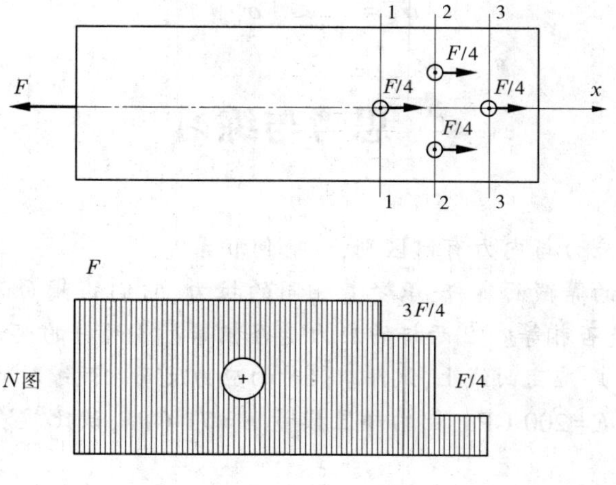

图 4-32

$$F \leqslant 2\pi d^2[\tau] = 2 \times \pi \times 0.020^2 \times 120 \times 10^6 = 302(\text{kN})$$

(3)考虑铆钉的挤压强度。

$$F_c = \frac{F}{4}, \qquad \sigma_c = \frac{F_c}{A_c} = \frac{F}{4\delta d} \leqslant [\sigma_c]$$

$$F \leqslant 4\delta d[\sigma_c] = 4 \times 0.015 \times 0.020 \times 340 \times 10^6 = 408(\text{kN})$$

综上可知,接头的许可荷载 $[F] = 302$ kN 。

小　结

(1)轴向拉(压)杆件横截面上只有正应力 σ,且 σ 在横截面上均匀分布,其计算公式为 $\sigma = \dfrac{N}{A}$ 。

(2)直杆轴向拉(压)时的强度条件为 $\sigma_{max} \leqslant [\sigma]$,可解决强度校核、设计截面尺寸和确定许可荷载三类强度计算问题。

(3)胡克定律建立了应力和应变之间的关系,其表达式为

$$\Delta l = \frac{Nl}{EA} \quad 或 \quad \sigma = E\varepsilon$$

纵向线应变 ε 和横向线应变 ε' 之间有如下关系:$\varepsilon' = -\nu\varepsilon$ 。

(4)以低碳钢为代表的塑性材料的拉伸应力-应变曲线,可分为四个阶段:弹性阶段、屈服阶段、强化阶段和颈缩阶段。低碳钢的强度指标有 σ_s 和 σ_b,塑性指标有 δ 和 ψ。

(5)连接件的实用计算。

剪切强度条件:

$$\tau = \frac{Q}{A_Q} \leqslant [\tau]$$

挤压强度条件：

$$\sigma_c = \frac{F_c}{A_c} \leqslant [\sigma_c]$$

思考与练习

(一)思考题

1. 什么是应力？应力与内力有何区别，又有何联系？

2. 两根不同材料的等截面直杆，承受着相同的拉力，它们的截面面积与长度都相等，试问：①两杆的内力是否相等？②两杆的应力是否相等？③两杆的变形是否相等？

3. 在低碳钢的应力-应变曲线上，试件断裂时的应力反而比颈缩时的应力低，为什么？

4. 钢的弹性模量 $E=200$ GPa，铝的弹性模量 $E=71$ GPa，试比较在同一应力作用下，哪种材料的应变大？

5. 请指出图 4-33 所示构件的剪切面和挤压面。

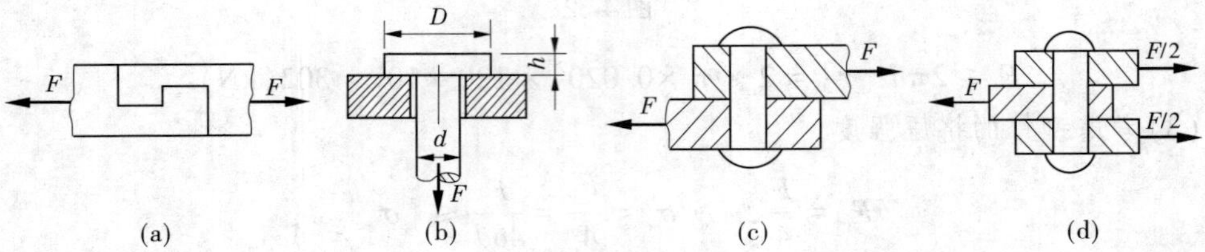

图 4-33

(二)一般练习题

1. 如图 4-34 所示的木杆，承受轴向荷载 $F=10$ kN 作用，杆的横截面面积 $A=1\ 000$ mm^2，黏接面的方位角 $\theta=45°$，试计算该截面上的正应力与剪应力，并画出应力的方向。

2. 如图 4-35 所示钢质圆杆的直径 $D_1=10$ mm、$D_2=20$ mm、$D_3=30$ mm、$a=100$ mm，弹性模量 $E=210$ GPa，作用于其上的荷载如图 4-35 所示，画其轴力图，并计算最大正应力和总伸长。

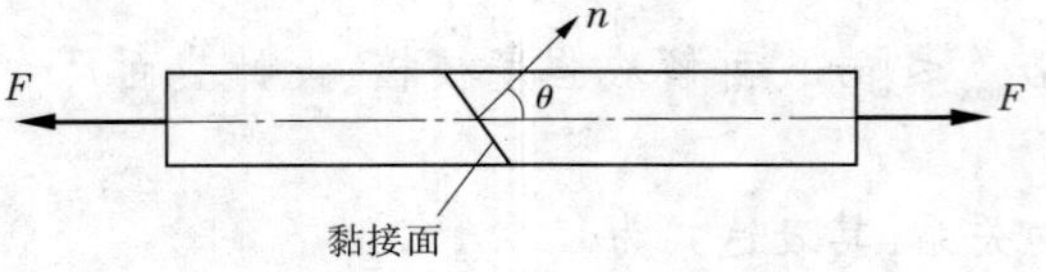

图 4-34

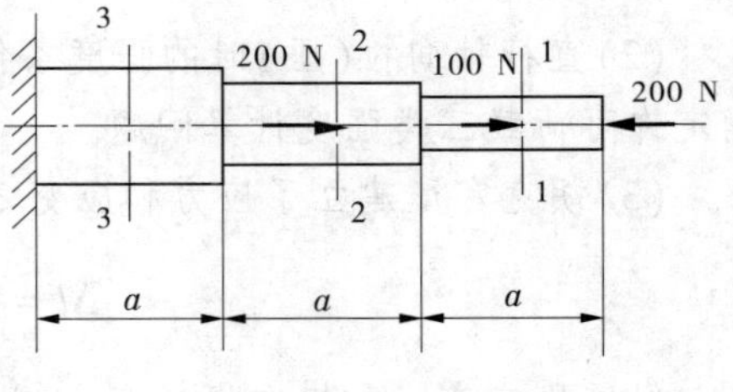

图 4-35

3. 阶梯杆如图 4-36 所示。已知 $A_1=8$ cm^2、$A_2=4$ cm^2、$E=200$ GPa，试画出杆件的轴力图并求杆件的总变形量。

4. 刚性梁 AB 用两根钢杆 AC 和 BD 悬挂着，受力如图 4-37 所示。已知钢杆 AC 和 BD 的直径分别为 $d_1=25$ mm 和 $d_2=20$ mm，钢的许用应力 $[\sigma]=170$ MPa，弹性模量 $E=$

2.1×10^5 MPa,试校核钢杆的强度,并计算钢杆的变形 Δl_{AC}、Δl_{BD}。

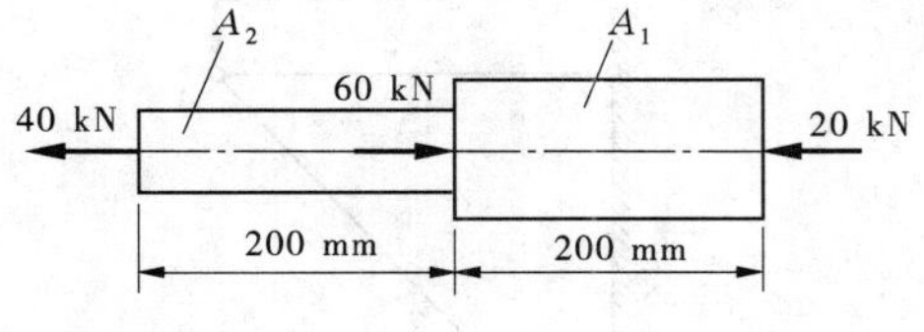

图 4-36

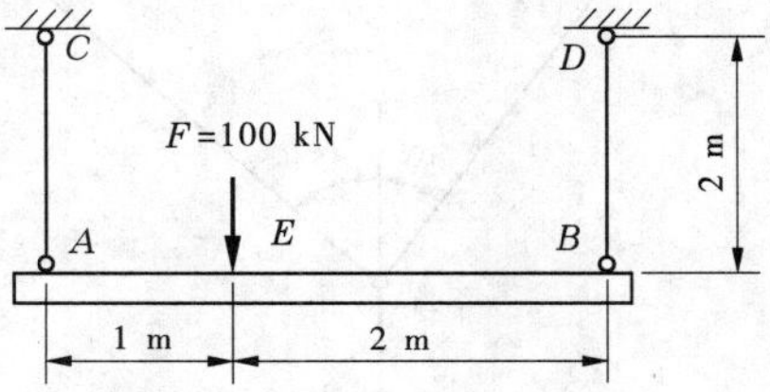

图 4-37

5. 一直杆受力情况如图 4-38 所示,已知杆件截面面积 $A=2\ 000\ \text{mm}^2$,材料许用应力 $[\sigma]=160$ MPa,$E=2.1\times10^5$ MPa,试:①画轴力图;②求 CD 段的变形量和线应变;③校核杆件强度。

6. 如图 4-39 所示结构中,AC 杆横截面面积 $A_1=6\ \text{cm}^2$、$[\sigma_1]=160$ MPa,BC 杆横截面面积 $A_2=9\ \text{cm}^2$、$[\sigma_2]=160$ MPa,试确定许可荷载 $[F]$。

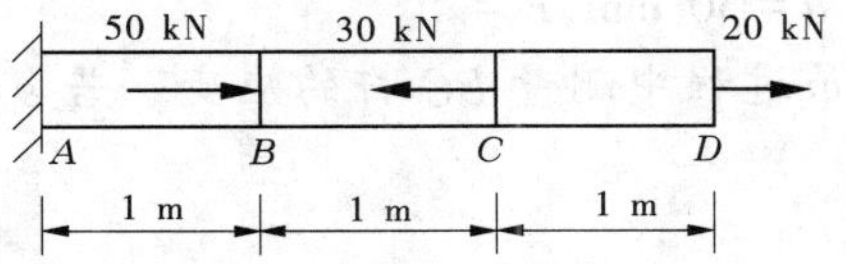

图 4-38

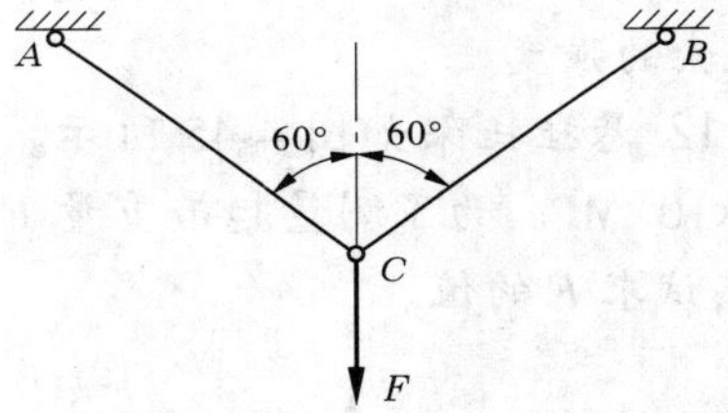

图 4-39

7. 如图 4-40 所示阶梯形圆截面杆,承受轴向荷载 $F_1=50$ kN 与 F_2 作用,AB 与 BC 段的直径分别为 $d_1=20$ mm 和 $d_2=30$ mm,如欲使 AB 与 BC 段横截面上的正应力相同,试求荷载 F_2 的值。

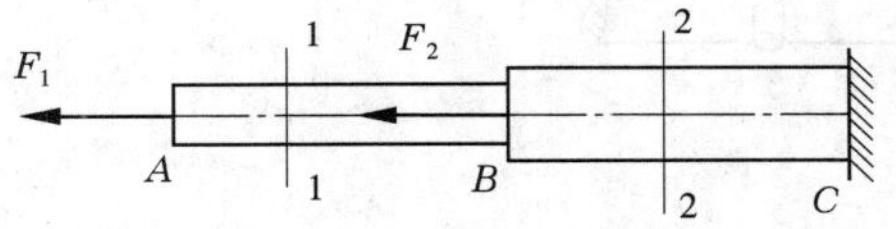

图 4-40

8. 如图 4-41 所示桁架,杆 1 与杆 2 的横截面均为圆形,直径分别为 $d_1=30$ mm、$d_2=20$ mm,两杆材料相同,许用应力 $[\sigma]=160$ MPa。该桁架在节点 A 处承受铅直方向的荷载 $F=80$ kN 作用,试校核桁架的强度。

9. 如图 4-42 所示桁架,杆 1 为圆截面钢杆,杆 2 为方截面木杆,在节点 A 处承受铅直方向的荷载 F 作用,试确定钢杆的直径 d 与木杆截面的边宽 b。已知荷载 $F=50$ kN,钢的许用应力 $[\sigma_s]=160$ MPa,木材的许用应力 $[\sigma_w]=10$ MPa。

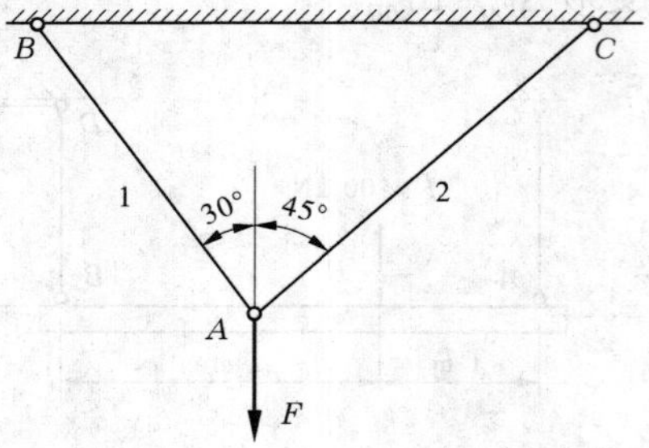

图 4-41

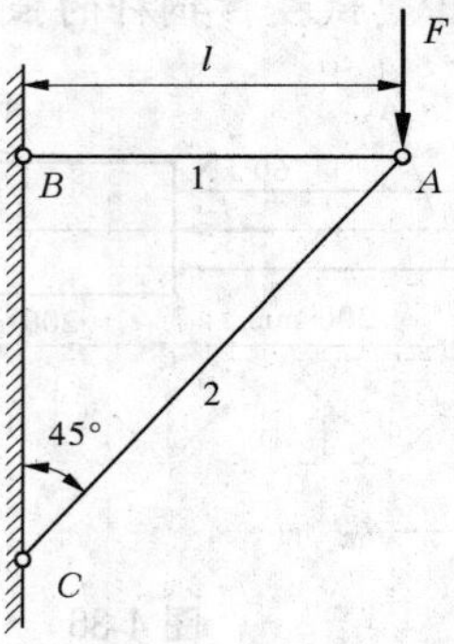

图 4-42

10. 如图 4-43 所示,计算结构中 B 点的位移。已知 AB 为钢杆,截面面积 $A_1=6\ \text{cm}^2$,弹性模量 $E_1=200$ GPa;BC 为木杆,截面面积 $A_2=300\ \text{cm}^2$,弹性模量 $E_2=10$ GPa,荷载 $F=88.5$ kN。

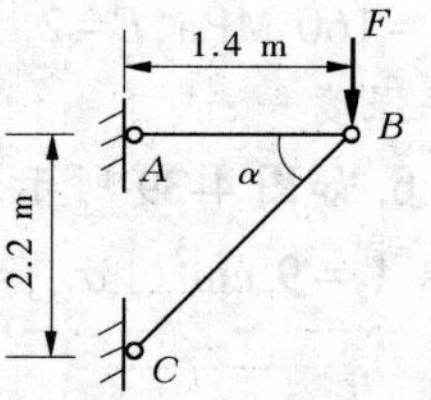

图 4-43

11. 如图 4-44 所示起吊钢管的情况。已知钢管的重量 $G=10$ kN,绳索的直径 $d=40$ mm,其许用应力 $[\sigma]=10$ MPa,试校核绳索的强度。

12. 悬挂托架如图 4-45 所示。BC 杆直径 $d=30$ mm,$E=2.1\times10^5$ MPa,为了测量起吊重量 F,可以在起吊过程中测量 BC 杆的应变。若 $\varepsilon=390\times10^{-6}$,试求 F 的值。

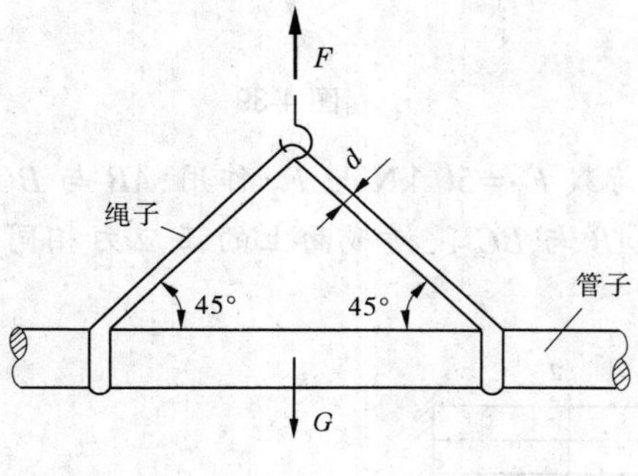

图 4-44

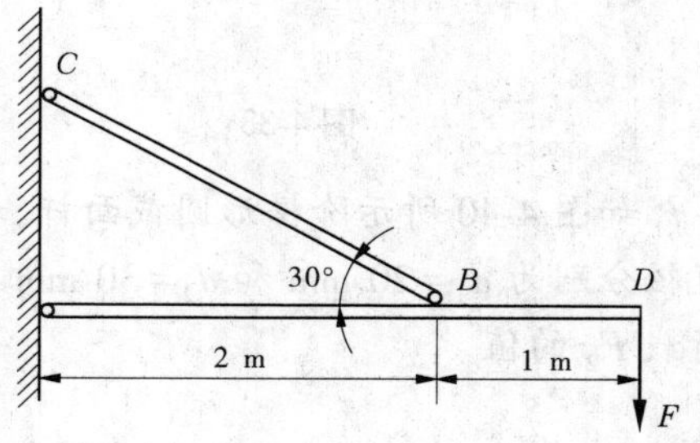

图 4-45

13. 图 4-46 为一吊桥结构,试求钢拉杆 AB 所需横截面面积 A。已知钢材的许用应力 $[\sigma]=170$ MPa。

14. 如图 4-47 所示的木榫接头,$F=50$ kN,试求接头的剪切应力与挤压应力。

15. 试校核图 4-48 所示连接销钉的剪切强度。已知 $F=100$ kN,销钉直径 $d=30$ mm,材料的许用剪应力 $[\tau]=60$ MPa。若强度不够,应改用多大直径的销钉?

16. 如图 4-49 所示,AB 由圆杆 CD 悬挂在 C 点,B 端作用集中荷载 $F=25$ kN,已知 CD 杆的直径 $d=20$ mm,许用应力 $[\sigma]=160$ MPa,试校核 CD 杆的强度,并求:①结构的许可荷载 $[F]$;②若 $F=50$ kN,设计 CD 杆的直径 d。

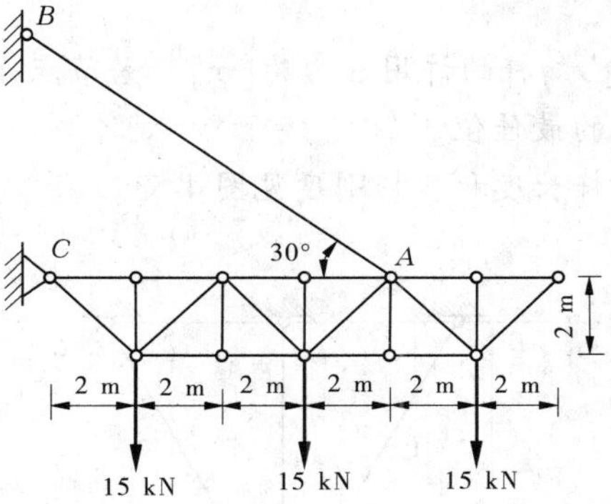

图 4-46

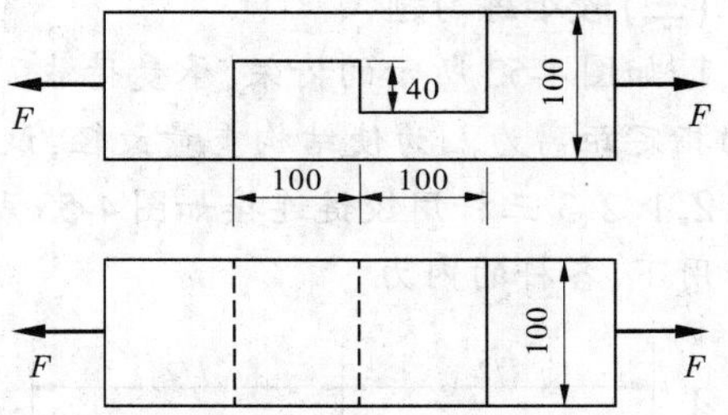

图 4-47　(单位:mm)

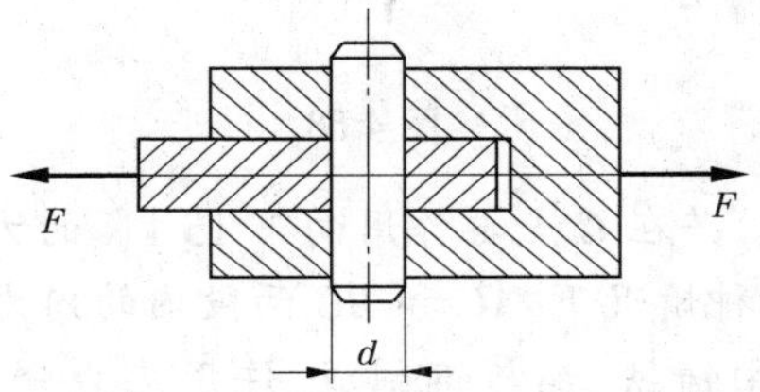

图 4-48

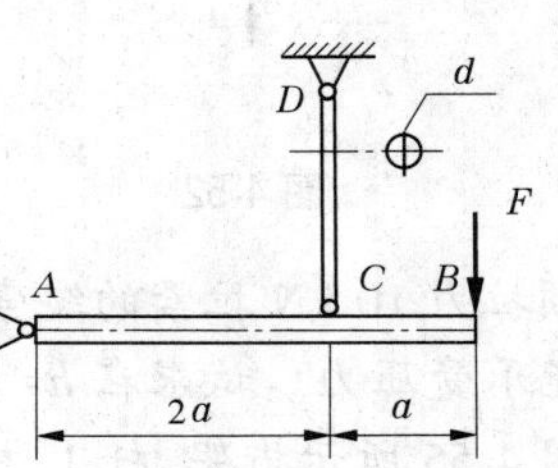

图 4-49

17. 如图 4-50 所示,两块厚度为 10 mm 的钢板,用两个直径为 17 mm 的铆钉搭接在一起,钢板受拉力 $F=60$ kN。已知$[\tau]=140$ MPa,$[\sigma_c]=280$ MPa,$[\sigma]=160$ MPa。试校核该铆接件的强度(假定每个铆钉的受力相等)。

18. 如图 4-51 所示,两根矩形截面木杆,用两块钢板连接在一起,承受轴向荷载 $F=45$ kN 作用。已知木杆的截面宽度 $b=250$ mm,沿木纹方向的许用拉应力$[\sigma]=6$ MPa,许用挤压应力$[\sigma_c]=10$ MPa,许用剪应力$[\tau]=1$ MPa。试确定钢板的尺寸 δ 与 l 及木杆的高度 h。

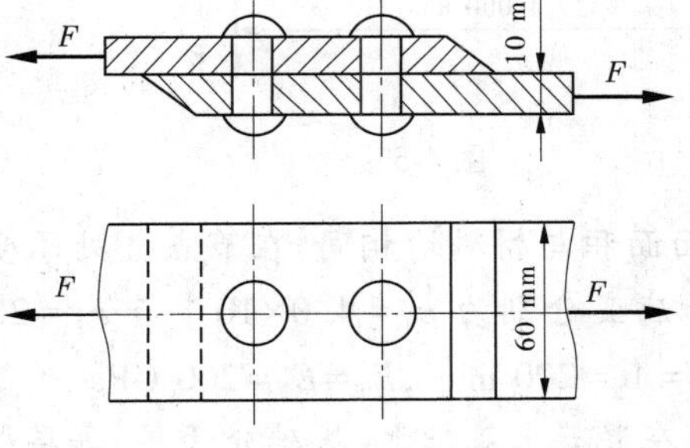

图 4-50

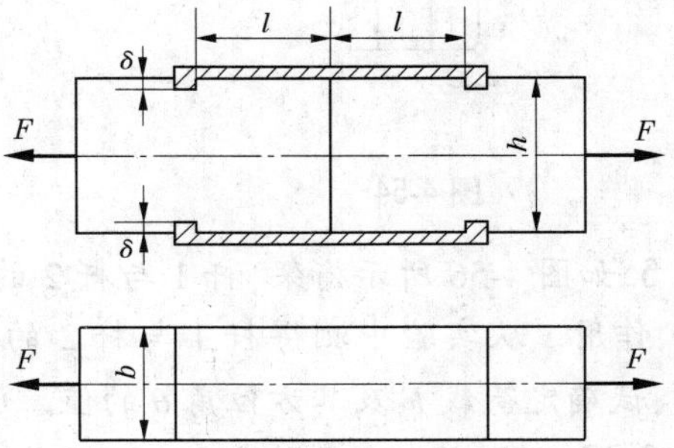

图 4-51

(三)较难练习题

1. 如图4-52所示的桁架,承受荷载F作用,已知杆的许用应力为$[\sigma]$。若节点A和C间的指定距离为l,为使结构重量最轻,试确定θ的最佳值。

2. 1、2、3三杆用铰链连接如图4-53所示,三杆长度和各杆刚度见图4-53。试求:外力F作用下,各杆的内力。

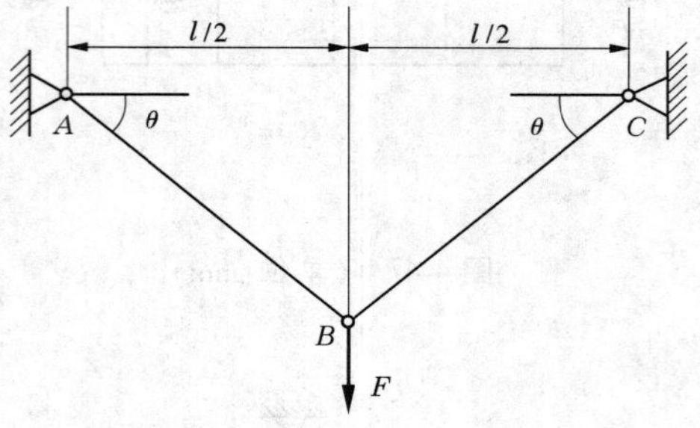

图 4-52

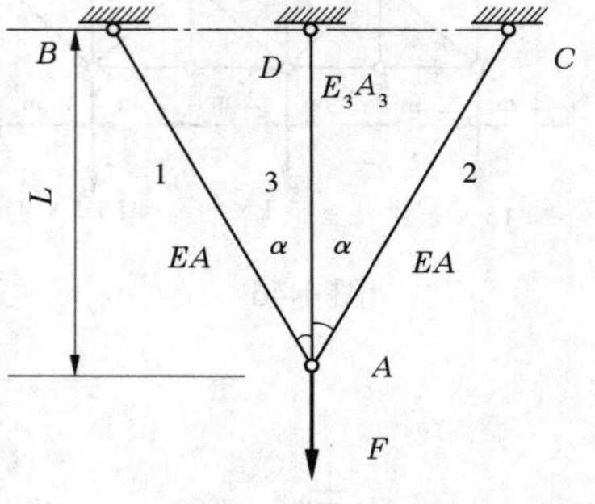

图 4-53

3. 受预拉力10 kN拉紧的缆索如图4-54所示。若在C点再作用向下15 kN的力,并设缆索不能承受压力。试求在$h=l/5$和$h=4l/5$两种情况下,AC和BC两段内的内力。

4. 如图4-55所示桁架,杆1、杆2与杆3分别由铸铁、铜与钢制成,许用应力分别为$[\sigma_1]=80$ MPa、$[\sigma_2]=60$ MPa、$[\sigma_3]=120$ MPa,弹性模量分别为$E_1=160$ GPa、$E_2=100$ GPa、$E_3=200$ GPa。若荷载$F=160$ kN,$A_1=A_2=2A_3$,试确定各杆的横截面面积。

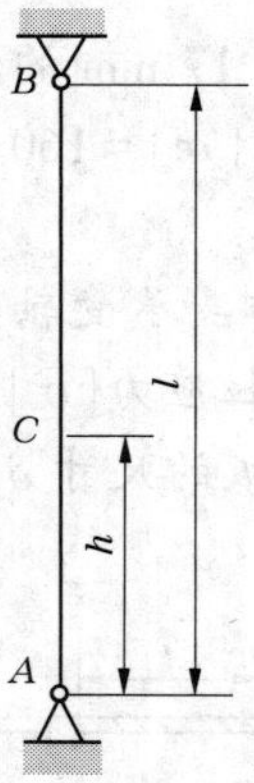

图 4-54

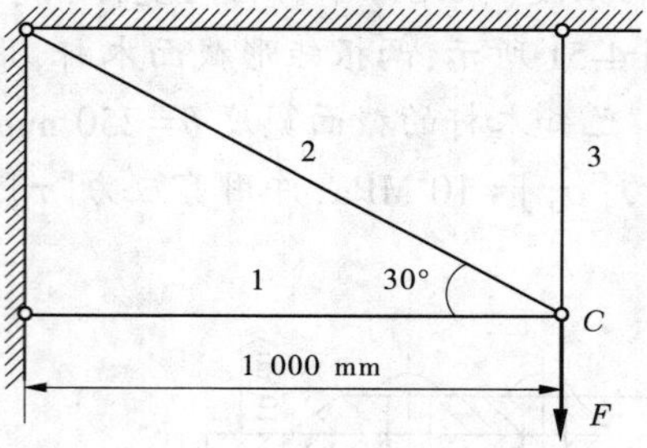

图 4-55

5. 如图4-56所示桁架,杆1与杆2的横截面面积与材料均相同,在节点A处承受荷载F作用。从实验中测得杆1与杆2的纵向正应变分别为$\varepsilon_1=4.0\times10^{-4}$与$\varepsilon_2=2.0\times10^{-4}$,试确定荷载$F$及其方位角$\theta$的值。已知$A_1=A_2=200$ mm^2,$E_1=E_2=200$ GPa。

6. 图4-57为一正方形截面的混凝土柱,浇筑在混凝土基础上,基础分两层,每层厚度为t。已知$F=200$ kN,假定地基对混凝土基础底板的反力均匀分布,混凝土的$[\tau]=1.5$ MPa,试求为使基础不被剪坏所需的厚度t值。

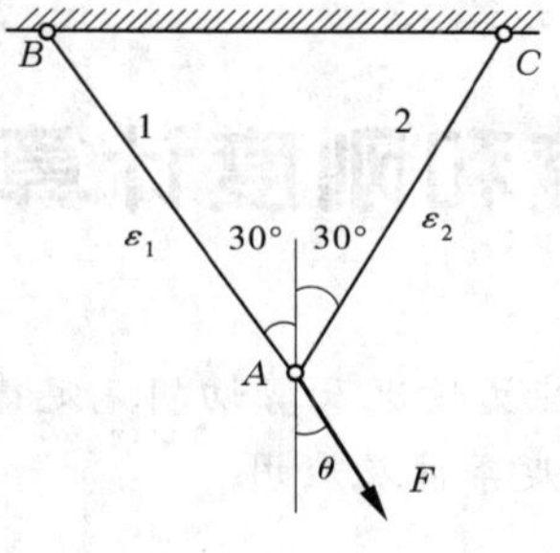

图 4-56

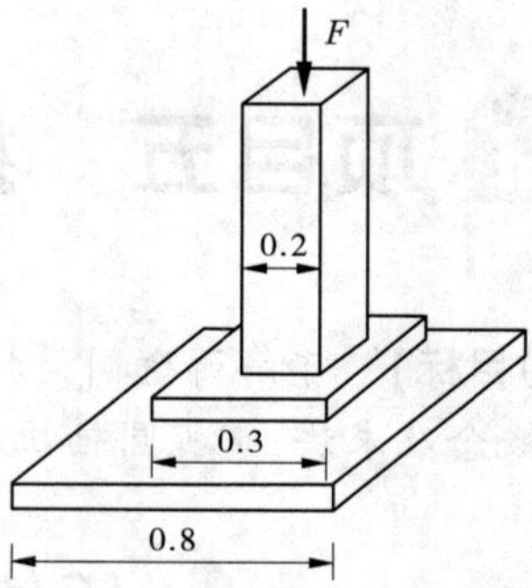

图 4-57　(单位:m)

7. 图 4-58 所示两端固定等截面直杆,横截面面积为 A,承受轴向荷载 F 作用,试计算杆内横截面上的最大拉应力与最大压应力。

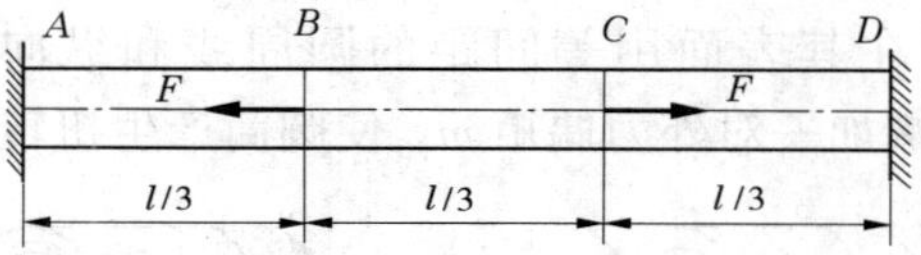

图 4-58

8. 如图 4-59 所示,刚性梁受均布荷载的作用,梁在 A 端铰支,在 B 点和 C 点由两钢杆 BD 和 CE 支承。已知钢杆 CE 和 BD 的横截面面积 $A_1 = 400\ \text{mm}^2$ 和 $A_2 = 200\ \text{mm}^2$,钢的许用应力 $[\sigma] = 170$ MPa,试校核钢杆的强度。

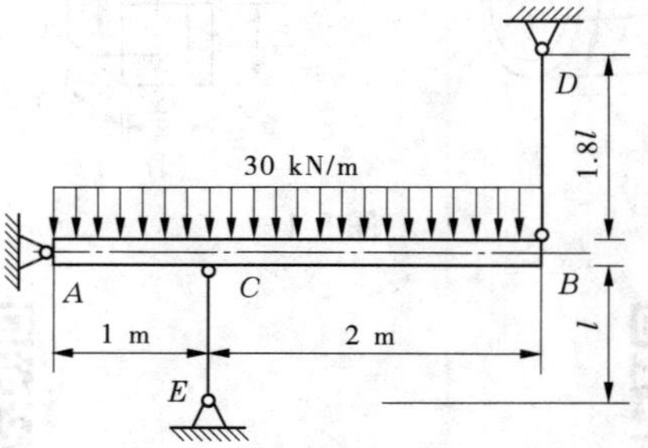

图 4-59

项目五 扭转的强度和刚度计算

【学习目标】 了解薄壁圆筒扭转时横截面上的剪应力情况及剪切胡克定律；理解极惯性矩的概念及求法；掌握圆轴扭转时的强度条件和刚度条件及应用。

任务一 薄壁圆筒的扭转

一、薄壁圆筒扭转时横截面上的剪应力

为了研究薄壁圆筒扭转时横截面上的应力，先观察薄壁圆筒扭转时的变形现象。取一等厚薄壁圆筒，受扭前在其表面用等间距的圆周线和纵向线画成微小的方格，如图 5-1(a)所示，然后在两端加一对外力偶矩 m_x，使圆筒产生扭转变形，如图 5-1(b)所示。

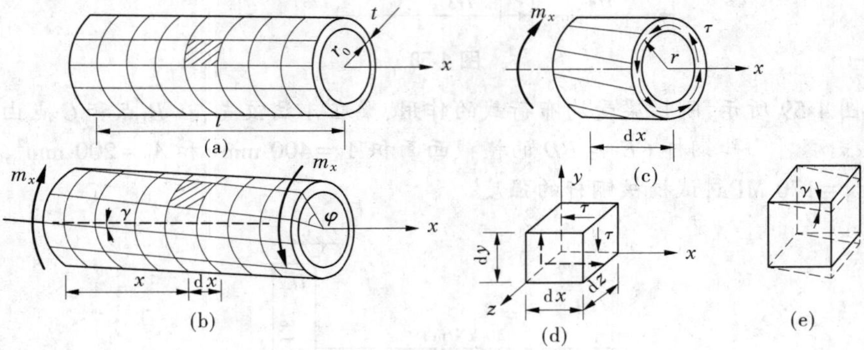

图 5-1

码 5-1 动画-薄壁圆筒的扭转

码 5-2 微课-薄壁圆筒的扭转

可以观察到下列现象：

(1)各纵向线向同一方向倾斜了同一微小角度 γ，小方格变成了菱形。

(2)各圆周线的形状、大小及间距没有改变，只是绕轴线发生了相对转动。

用相距 dx 的两横截面取出一圆环，如图 5-1(c)所示。由于各圆周线的间距不变，表明横截面上无正应力。在变形过程中 dx 微段左右两个侧面产生相对转动，原来的小方格变成菱形，这种变形称为剪切变形，角度 γ 是原小方格的直角改变量，这种直角改变量称

为剪应变,其方向位于圆周的切线方向,单位为弧度。产生了剪应变,说明横截面上必然存在剪应力 τ,其方向垂直于半径。又因为筒壁很薄(壁厚 t 远远小于圆筒的平均半径 r),可以认为剪应力沿壁厚方向均匀分布。

在横截面上任取一微面积 $dA = trd\varphi$,其上的微内力为 τdA,它对 x 轴之矩为 $r\tau dA$。该横截面上所有微内力对 x 轴之矩的总和即为该截面的扭矩

$$M_x = \int_A r\tau dA = \tau\int_0^{2\pi} tr^2 d\varphi = 2\pi r^2 t\tau$$

所以,薄壁圆筒受扭时,横截面上剪应力的计算公式为

$$\tau = \frac{M_x}{2\pi r^2 t} \tag{5-1}$$

精确分析表明,当 $t \leqslant r/10$ 时,用式(5-1)计算薄壁圆筒扭转时,横截面上的剪应力具有足够的精确,其误差不超过5%。

二、剪切胡克定律

如图5-1(d)所示,用相距为 dx 的两个横截面和径向纵截面从薄壁圆筒上截取一厚度为 dz 的微小单元体。单元体的左右两侧面是薄壁圆筒横截面的一部分,故在这两个侧面上只有剪应力而无正应力。由剪应力互等定理可知,其上下侧面上也只有剪应力而无正应力,单元体的这种受力状态称为纯剪切状态。

由塑性材料薄壁圆筒的扭转实验可以得到剪应力与剪应变的关系曲线,如图5-2所示。

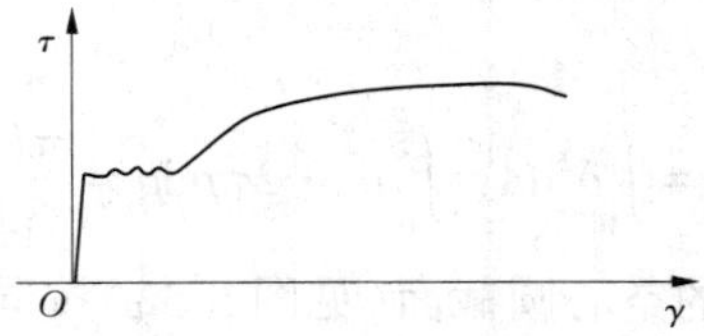

图 5-2

实验表明,对于大多数工程材料,在纯剪切状态下,当剪应力不超过材料的剪切比例极限 τ_p 时,剪应力 τ 与剪应变 γ 呈线性关系,即

$$\tau = G\gamma \tag{5-2}$$

式(5-2)称为剪切胡克定律。式(5-2)中,G 为剪切弹性模量,其量纲与弹性模量 E 的量纲相同。对于各向同性的材料,在弹性范围内,可以证明 G 与其他两个弹性常数 E、ν 之间存在如下关系:

$$G = \frac{E}{2(1+\nu)} \tag{5-3}$$

常用材料的剪切弹性模量见表5-1。

表 5-1　常用材料的剪切弹性模量

材料名称	低碳钢	合金钢	灰铸铁	铜及其合金	橡胶	木材(顺纹)
G/GPa	78.5~79.5	79.5	44.1	39.2~45.1	0.47	0.055

任务二　圆轴扭转时的应力和变形

一、极惯性矩

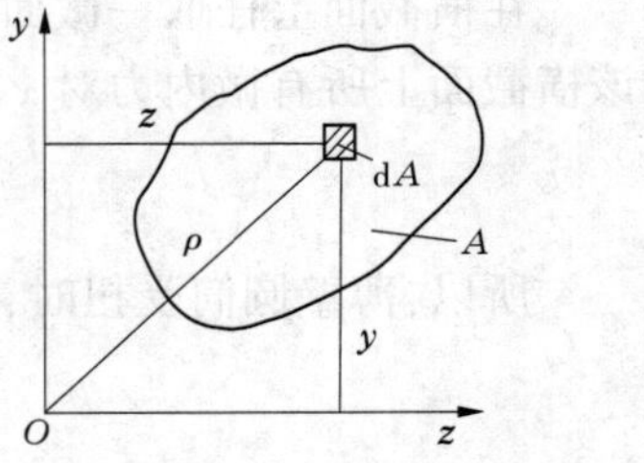

图 5-3

任意平面图形如图 5-3 所示，其面积为 A。在图形内坐标为(y,z)处取微面积 dA，并以 ρ 表示微面积 dA 到坐标原点的距离。将乘积 $\rho^2 dA$ 称为微面积 dA 对于 O 点的极惯性矩，积分 $\int_A \rho^2 dA$ 称为图形对 O 点的极惯性矩，用符号 I_ρ 表示，即

$$I_\rho = \int_A \rho^2 dA \tag{5-4}$$

由极惯性矩的定义可以看出，极惯性矩是相对于指定点而言的，即同一图形对不同点的极惯性矩一般是不同的。极惯性矩恒为正，其量纲是长度的四次方，单位为 m^4 或 mm^4。

码 5-3　微课-圆周扭转时的应力和变形

【例 5-1】　求圆截面对其圆心的极惯性矩。

解：如图 5-4 所示，设圆截面直径为 D。取厚度为 d 的环形面积为微面积 dA，则有

$$dA = 2\pi\rho d\rho$$

由式(5-4)得

$$I_\rho = \int_A \rho^2 dA = \int_0^{\frac{D}{2}} \rho^2 \cdot 2\pi\rho d\rho = \frac{\pi D^4}{32}$$

对于外径为 D、内径为 d 的空心圆截面(见图 5-5)，按同样方法计算可得到它对圆心的极惯性矩为

$$I_\rho = \frac{\pi}{32}(D^4 - d^4) = \frac{\pi D^4}{32}(1 - \alpha^4) \tag{5-5}$$

式中：$\alpha = \dfrac{d}{D}$，为空心圆截面内外径的比值。

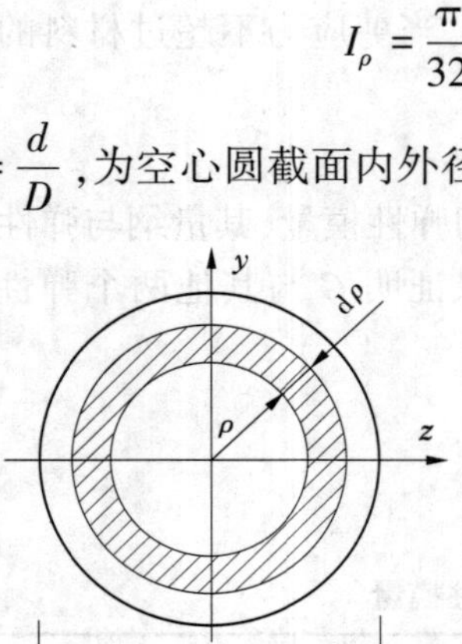

图 5-4

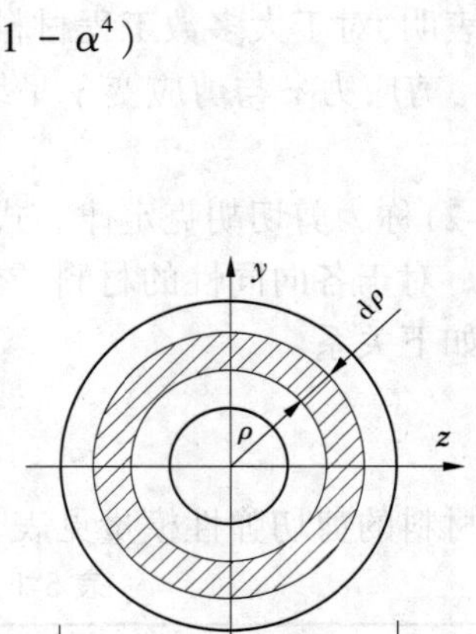

图 5-5

二、圆轴扭转时的应力

前面讨论了薄壁圆筒的应力分布情况,与薄壁圆筒相仿,圆轴扭转时横截面上也只有与扭矩对应的剪应力。研究圆轴扭转时剪应力的方法与薄壁圆筒类似,也是先通过实验观察变形。实验前在薄壁圆筒表面画若干垂直于轴线的圆周线和平行于轴线的纵向线,然后两端施加一对方向相反、力偶矩大小相等的外力偶。弹性范围内所观察到的圆轴表面变形现象与薄壁圆筒扭转时筒表面变形现象完全相同[见图5-6(a)]。据此可以提出如下假设:圆轴扭转时,原横截面变形后仍为平面,其形状、大小不变,横截面只是刚性地绕轴线转动一个角度,这一假设称为平面假设。

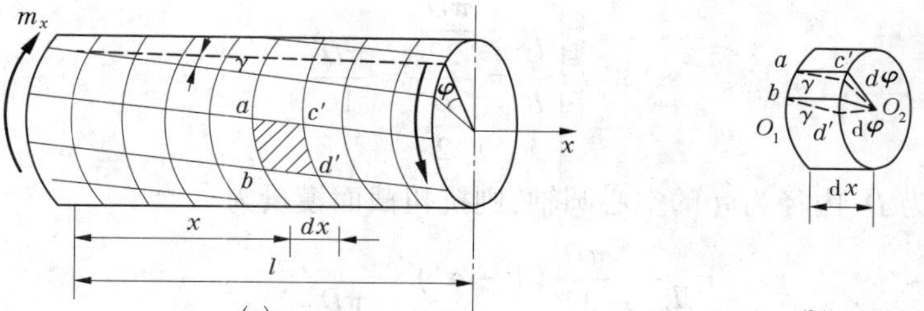

图 5-6

在圆轴上取 dx 微段,如图5-6(b)所示,在圆轴扭转变形中,截面 O_2 相对截面 O_1 的扭转角为 dφ,则 $\theta=\dfrac{\mathrm{d}\varphi}{\mathrm{d}x}$,为扭转角沿杆长的变化率,称为单位长度扭转角,其单位为 rad/m。

根据几何关系、变形与应力之间的物理关系得到应力分布规律,即扭转圆轴横截面上任一点的剪应力与该点到圆心的距离成正比。由此可见,所有距圆心等距离的点,其剪应力都相等。再利用静力学关系可求解横截面上应力和变形的基本公式。

扭转圆轴单位长度扭转角计算公式为

$$\theta=\frac{\mathrm{d}\varphi}{\mathrm{d}x}=\frac{M_x}{GI_\rho} \tag{5-6}$$

式中:M_x 为计算横截面的扭矩;GI_ρ 为抗扭刚度。

抗扭刚度反映了材料及横截面形状、尺寸对扭转变形的影响。GI_ρ 越大,单位长度扭转角 θ 越小。

扭转圆轴横截面上剪应力的计算公式为

$$\tau_\rho=\frac{M_x\rho}{I_\rho} \tag{5-7}$$

式中:τ_ρ 为离计算横截面圆心距离为 ρ 的计算点的剪应力;ρ 为计算点离圆心的距离。

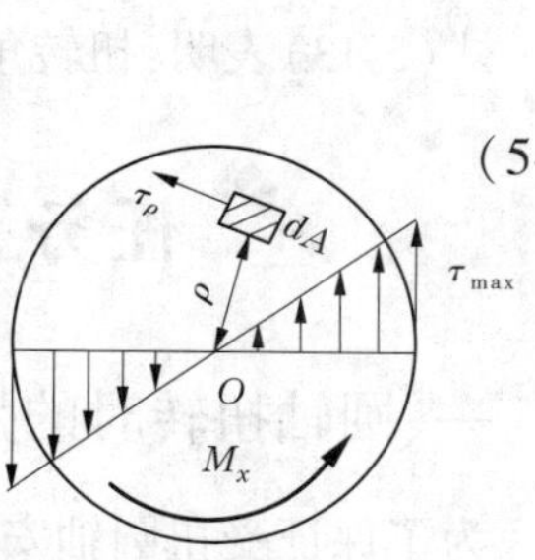

图 5-7

式(5-7)说明,圆轴扭转时横截面上的剪应力 τ_ρ 与扭矩 M_x 成正比,且沿半径方向呈线性分布,在圆心处剪应力为零,在横截面周边各点处,剪应力达到最大值(见图5-7),其

值为

$$\tau_{\max}=\frac{M_x}{I_\rho}R \tag{5-8}$$

令 $W_\rho=\frac{I_\rho}{R}$，则有

$$\tau_{\max}=\frac{M_x}{W_\rho} \tag{5-9}$$

式中：W_ρ 为抗扭截面模量，是反映材料抵抗扭转变形的几何量，其单位为 m^3 或 mm^3。

对于直径为 D 的实心圆轴，抗扭截面模量为

$$W_\rho=\frac{I_\rho}{R}=\frac{\frac{\pi D^4}{32}}{\frac{D}{2}}=\frac{\pi D^3}{16} \tag{5-10}$$

对于外径为 D、内径为 d 的空心圆轴，则抗扭截面模量为

$$W_\rho=\frac{I_\rho}{R}=\frac{\frac{\pi D^4}{32}(1-\alpha^4)}{\frac{D}{2}}=\frac{\pi D^3}{16}(1-\alpha^4) \tag{5-11}$$

式(5-6)、式(5-7)、式(5-9)是在材料符合胡克定律的前提下推导出来的，因此这些公式只能是等直圆杆在线弹性范围内扭转时使用。

三、圆轴扭转时的变形

圆轴扭转时，两横截面绕轴线相对转动，产生扭转角 φ。由式(5-6)可得相距为 dx 的两个横截面间相对扭转角为

$$d\varphi=\frac{M_x}{GI_\rho}dx \tag{5-12}$$

当扭矩 M_x、抗扭刚度 GI_ρ 为常量时，相距为 l 的两横截面间的扭转角公式为

$$\varphi=\int_l d\varphi=\int_l\frac{M_x}{GI_\rho}dx=\frac{M_x l}{GI_\rho} \tag{5-13}$$

式中：φ 为横截面间的扭转角，rad。

式(5-13)表明：扭转角 φ 与扭矩 M_x、轴长 l 成正比，与抗扭刚度 GI_ρ 成反比。

任务三　圆轴扭转时的强度和刚度计算

一、圆轴扭转时的强度条件

为了保证受扭圆轴安全可靠工作，必须使圆轴的最大工作剪应力 $\tau_{\max}$ 不超过材料的扭转许用剪应力[τ]。因此，圆轴的强度条件为

$$\tau_{max} \leqslant [\tau] \tag{5-14}$$

对于等直圆轴,其强度条件为

$$\tau_{max} = \frac{M_{xmax}}{W_\rho} \leqslant [\tau] \tag{5-15}$$

码 5-4 微课-圆轴扭转时的强度和刚度计算

式中:M_{xmax} 为扭矩图上绝对值最大的扭矩,最大剪应力 τ_{max} 发生在 $|M_{xmax}|$ 所在截面的圆周边上。

对于阶梯形变截面圆轴,因为 W_ρ 不是常量,τ_{max} 不一定发生在 M_{xmax} 的截面上。这就要综合考虑扭矩 M_x 和抗扭截面模量 W_ρ 两者的变化情况来确定 τ_{max}。

在静荷载作用下,扭转许用剪应力$[\tau]$与许用拉应力$[\sigma]$之间有如下关系:

对塑性材料　　　　$[\tau]=(0.5\sim0.6)[\sigma]$

对脆性材料　　　　$[\tau]=(0.8\sim1.0)[\sigma]$

与轴向拉(压)相似,应用式(5-15)可解决圆轴扭转时的以下三类强度问题:

(1)强度校核。已知材料的许用剪应力$[\tau]$、截面尺寸及所受荷载,直接应用式(5-15)检查构件是否满足强度要求。

(2)选择截面。已知圆轴所受的荷载及所用材料,可按式(5-15)计算 W_ρ 后,再进一步确定截面直径。此时式(5-15)改写为

$$W_\rho \geqslant \frac{M_{xmax}}{[\tau]} \tag{5-16}$$

(3)确定许可荷载。已知圆轴的材料和尺寸,按强度条件计算出构件所能承担的扭矩$[M_x]$,再根据扭矩与外力偶的关系,计算出圆轴所能承担的最大外力偶。此时式(5-15)改写为

$$[M_x] \leqslant [\tau] W_\rho \tag{5-17}$$

二、圆轴扭转时的刚度条件

工程中承受扭转的圆轴,除应满足强度条件外,还必须满足刚度条件,即要求圆轴扭转的变形不能超过一定的限度。通常规定,单位长度扭转角的最大值不应超过规定的允许值$[\theta]$,即圆轴扭转时的刚度条件为

$$\theta_{max} = \frac{M_{xmax}}{GI_\rho} \leqslant [\theta] \tag{5-18}$$

式中:$[\theta]$为许用单位长度扭转角,rad/m。

在工程中,许用单位长度扭转角$[\theta]$的单位常改用(°)/m,故式(5-18)可改写为

$$\theta_{max} = \frac{M_{xmax}}{GI_\rho} \times \frac{180}{\pi} \leqslant [\theta] \tag{5-19}$$

【例 5-2】 一电机传动钢轴,直径 $d=40$ mm,轴传递的功率为 30 kW,转速 $n=1\ 400$ r/min。轴的许用剪应力$[\tau]=40$ MPa,剪切弹性模量 $G=80$ GPa,轴的许用扭转角$[\theta]=2$ (°)/m,试校核此轴的强度和刚度。

解:(1)计算外力偶矩。

$$m_x = 9.55\frac{P}{n} = 9.55 \times \frac{30}{1\,400} = 0.205(\text{kN}\cdot\text{m})$$

(2)计算轴横截面上的扭矩。

$$M_{x\max} = 0.205\ \text{kN}\cdot\text{m}$$

(3)强度校核。

$$\tau_{\max} = \frac{M_{x\max}}{W_\rho} = \frac{0.205\times10^3}{\frac{\pi\times40^3\times10^{-9}}{16}} = 16.3(\text{MPa}) < [\tau] = 40\ \text{MPa}$$

所以,强度条件满足。

(4)刚度校核。

$$\theta_{\max} = \frac{M_{x\max}}{GI_\rho}\times\frac{180}{\pi} = \frac{0.205\times10^3}{80\times10^9\times\frac{\pi\times40^4\times10^{-12}}{32}}\times\frac{180}{\pi} = 0.58[(°)/\text{m}] < [\theta] = 2\ (°)/\text{m}$$

所以,刚度条件满足。

【例 5-3】 如图 5-8(a)所示某汽车传动轴简图,轴选用无缝钢管,其外径 D=90 mm,内径 d=85 mm。许用剪应力[τ]=60 MPa,剪切弹性模量 G=80 GPa,轴的许用扭转角[θ]=2 (°)/m。

试求:(1)轴能承受的最大扭矩。

(2)在最大扭矩作用下钢管内外壁的剪应力,并画出横截面的应力分布图。

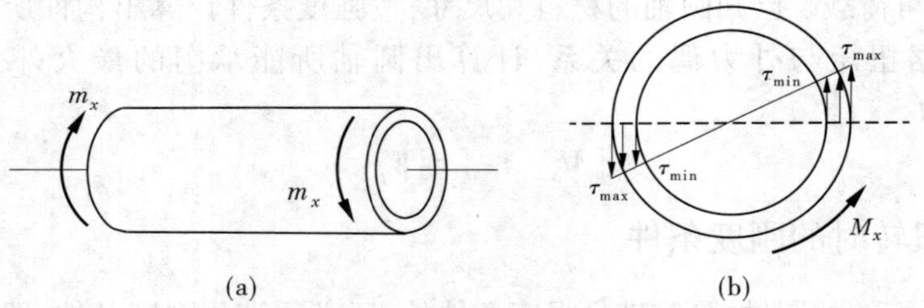

图 5-8

解:(1)确定最大扭矩。

按强度条件计算,有

$$W_\rho = \frac{\pi D^3}{16}(1-\alpha^4) = \frac{3.14\times90^3}{16}\times\left[1-\left(\frac{85}{90}\right)^4\right] = 292\,400(\text{mm}^3)$$

$$M_{x\max} \leqslant [\tau]W_\rho = 60\times10^6\times292\,400\times10^{-9} = 1.75(\text{kN}\cdot\text{m})$$

按刚度条件校核,则有

$$\theta = \frac{M_{x\max}}{GI_\rho}\times\frac{180}{\pi} = \frac{1.75\times10^3}{80\times10^9\times29\,240\times\frac{90}{2}\times10^{-12}}\times\frac{180}{3.14} = 0.95[(°)/\text{m}] < [\theta] = 2\ (°)/\text{m}$$

刚度条件满足要求,所以轴能承受的最大扭矩为 1.75 kN·m。

(2)计算 $\tau_{外}$ 和 $\tau_{内}$。

$$I_\rho=\frac{\pi D^4}{32}(1-\alpha^4)=\frac{3.14\times 90^4}{32}\times\left[1-\left(\frac{85}{90}\right)^4\right]=1.32\times 10^6(\text{mm}^4)$$

在最大扭矩作用下,有

$$\tau_{外}=\tau_{max}=[\tau]=60\ \text{MPa}$$

$$\tau_{内}=\tau_{min}=\frac{M_{xmax}\cdot\rho}{I_\rho}=\frac{1.75\times 10^3\times\frac{85}{2}\times 10^{-3}}{1.32\times 10^6\times 10^{-12}}=56.3(\text{MPa})$$

横截面剪应力的分布如图5-8(b)所示。

【例5-4】 传动圆轴如图5-9(a)所示,已知主动轮 A 输入功率 $P_A=30$ kW,从动轮输出功率 $P_B=5$ kW、$P_C=10$ kW、$P_D=15$ kW,该轴转速 $n=300$ r/min,材料的剪切弹性模量 $G=80$ GPa,许用剪应力$[\tau]=40$ MPa,轴的许用扭转角$[\theta]=1$ (°)/m。试按强度条件及刚度条件设计此轴直径。

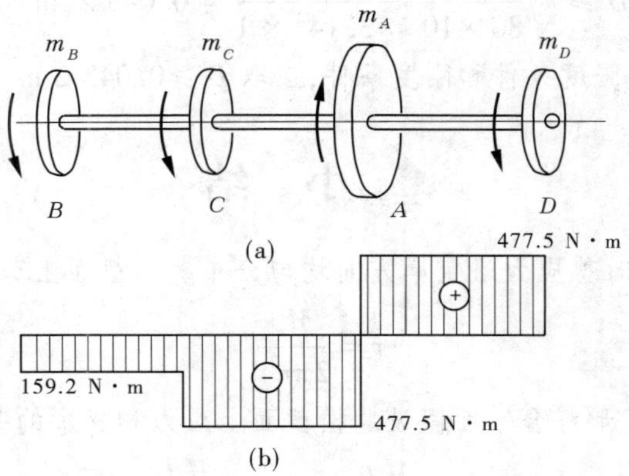

图5-9

解:(1)计算外力偶矩。

$$m_A=9\ 550\frac{P_A}{n}=9\ 550\times\frac{30}{300}=955(\text{N}\cdot\text{m})$$

$$m_B=9\ 550\frac{P_B}{n}=9\ 550\times\frac{5}{300}=159.2(\text{N}\cdot\text{m})$$

$$m_C=9\ 550\frac{P_C}{n}=9\ 550\times\frac{10}{300}=318.3(\text{N}\cdot\text{m})$$

$$m_D=9\ 550\frac{P_D}{n}=9\ 550\times\frac{15}{300}=477.5(\text{N}\cdot\text{m})$$

(2)计算各段扭矩,画扭矩图。

$M_{xBC}=-159.2\ \text{N}\cdot\text{m}$;　　$M_{xCA}=-477.5\ \text{N}\cdot\text{m}$;　　$M_{xAD}=477.5\ \text{N}\cdot\text{m}$

轴的扭矩图如图5-9(b)所示,最大扭矩发生在 CA 段和 AD 段,$M_{xmax}=477.5\ \text{N}\cdot\text{m}$。

(3)按强度条件设计轴径。

$$\tau_{\max}=\frac{M_{x\max}}{W_\rho}=\frac{477.5}{\frac{\pi\times D^3}{16}}\leqslant[\tau]=40\ \text{MPa}$$

整理得

$$D\geqslant\sqrt[3]{\frac{16\times477.5}{3.14\times40\times10^6}}=0.039\ 3(\text{m})$$

(4)按刚度条件设计轴径。

$$\theta_{\max}=\frac{M_{x\max}}{GI_\rho}\times\frac{180}{\pi}=\frac{477.5}{80\times10^9\times\frac{3.14\times D^4}{32}}\times\frac{180}{3.14}\leqslant[\theta]=1\ (°)/\text{m}$$

整理得

$$D\geqslant\sqrt[4]{\frac{32\times477.5\times180}{80\times10^9\times3.14^2\times1}}=0.043\ 2(\text{m})$$

若要使轴同时满足强度条件和刚度条件,应取 $D\geqslant0.043\ 2$ m。

小　结

(1)薄壁圆筒受扭时剪应力沿壁厚方向均匀分布。横截面上剪应力的计算公式为

$$\tau=\frac{M_x}{2\pi r^2t}$$

(2)圆轴扭转时,变形符合平面假设。横截面上应力和变形的基本公式为

$$\tau_\rho=\frac{M_x\rho}{I_\rho},\quad\varphi=\frac{M_xl}{GI_\rho}$$

(3)圆轴扭转时的强度条件、刚度条件为

$$\tau_{\max}=\frac{M_{x\max}}{W_\rho}\leqslant[\tau],\quad\theta_{\max}=\frac{M_{x\max}}{GI_\rho}\times\frac{180}{\pi}\leqslant[\theta]$$

(4)用强度条件、刚度条件解决实际问题的步骤:①求出轴上的外力偶矩;②计算扭矩和作出扭矩图;③分析危险截面;④列出危险截面的强度条件、刚度条件并进行计算。

思考与练习

(一)思考题

1. 直径和长度相同而材料不同的两根轴,在相同的扭矩作用下,它们的最大剪应力是否相同?扭转角是否相同?

2. 试分析如图 5-10 所示的扭转剪应力分布是否正确?为什么?

3. 阶梯轴的最大扭转剪应力是否一定发生在最大扭矩所在的截面上?为什么?

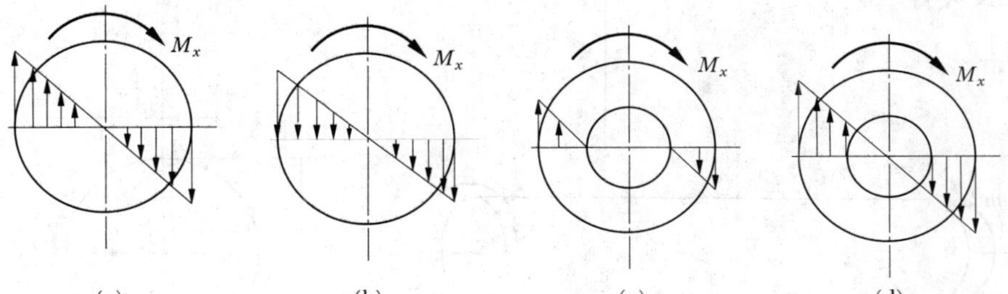

图 5-10

4. 空心圆杆截面如图 5-11 所示,其极惯性矩及抗扭截面模量是否按下式计算？为什么？

$$I_\rho = \frac{\pi D^4}{32} - \frac{\pi d^4}{32}, \qquad W_\rho = \frac{\pi D^3}{16} - \frac{\pi d^3}{16}$$

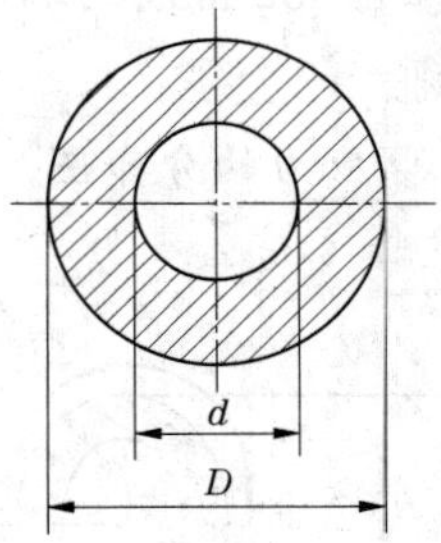

图 5-11

5. 如图 5-12 所示的两种传动轴,试问哪一种轮的布置对提高轴的承载力有利？

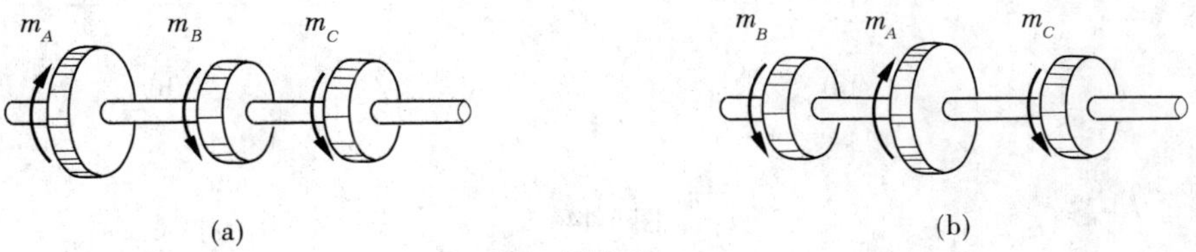

图 5-12

6. 两根圆轴的直径相同,长度相同,一根为钢,另一根为铜,问在相同扭矩作用下,两根轴的最大剪应力是否相同？强度是否一样？扭转角是否相同？刚度是否一样？

(二)一般练习题

1. 圆轴的直径 $d=50$ mm,转速 $n=120$ r/min。若该轴横截面上的最大剪应力 $\tau_{\max}=60$ MPa,试问所传递的功率为多大？

2. 圆轴直径 $d=100$ mm,长 $l=1$ m,两端作用外力偶 $m=14$ kN · m,材料的剪切弹性模量 $G=80$ GPa。

试求:(1)图 5-13 所示截面上 A、B、C 三点处的剪应力及方向。

(2)最大剪应力 τ_{max}。

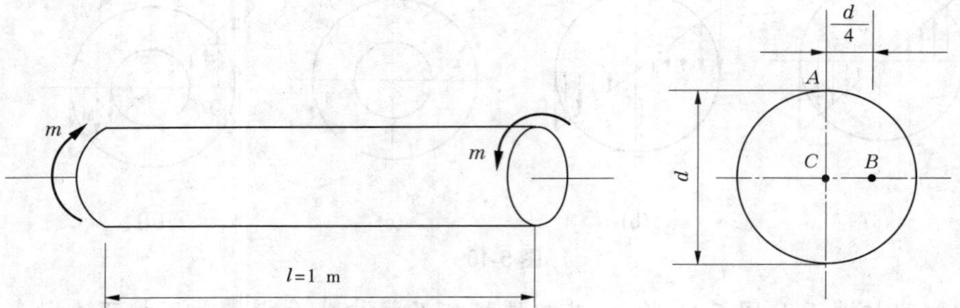

图 5-13

3. 空心圆轴外径 $D=80$ mm,内径 $d=62$ mm,两端承受扭矩 $M_x=1$ kN·m 的作用,试求:(1)最大剪应力和最小剪应力。

(2)在图 5-14(b)上绘横截面上剪应力的分布图。

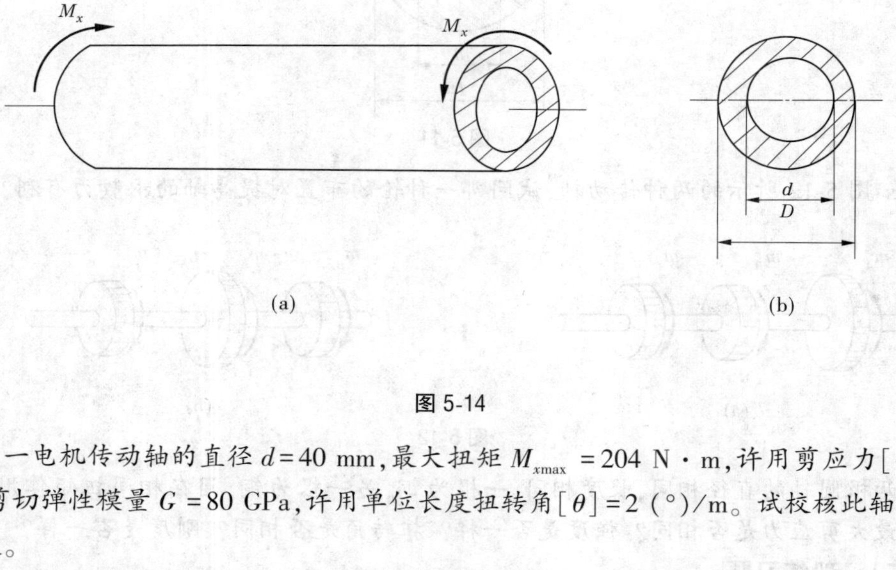

图 5-14

4. 一电机传动轴的直径 $d=40$ mm,最大扭矩 $M_{xmax}=204$ N·m,许用剪应力$[\tau]=40$ MPa,剪切弹性模量 $G=80$ GPa,许用单位长度扭转角$[\theta]=2$ (°)/m。试校核此轴的强度和刚度。

5. 如图 5-15 所示的一实心圆轴,直径 $D=76$ mm,$m_1=4.5$ kN·m,$m_2=2$ kN·m,$m_3=1.5$ kN·m,$m_4=1$ kN·m。设材料的剪切弹性模量 $G=80$ GPa,$[\tau]=60$ MPa,$[\theta]=1.2$ (°)/m。试校核该轴的强度和刚度。

6. 图 5-16 为一连接水轮机与发电机的实心圆轴。已知轴横截面的直径为 650 mm,长度为 6 000 mm,水轮机的功率 $P=10\ 000$ 马力,钢材的剪切弹性模量 $G=79$ GPa。当水轮机的转速 $n=57.7$ r/min,轴内的最大剪应力和轴两端的相对扭转角各为多大?

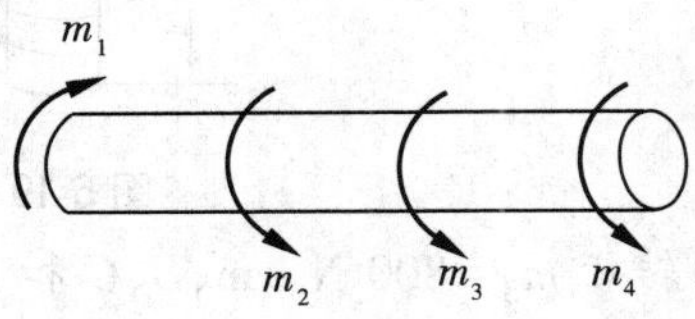

图 5-15

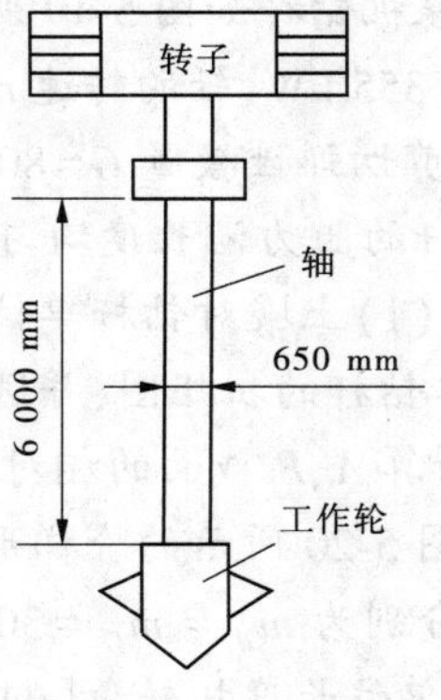

图 5-16

7. 阶梯杆直径分别为 $d_1=40$ mm,$d_2=70$ mm,轴上装有三个轮盘,如图 5-17 所示,轮 B 输入功率 $P_B=30$ kW,轮 A 输出功率 $P_A=13$ kW,轴做匀速转动,轴的转速 $n=200$ r/min,$[\tau]=60$ MPa,$G=80$ GPa,许用单位长度扭转角 $[\theta]=2$ (°)/m。试校核轴的强度与刚度。

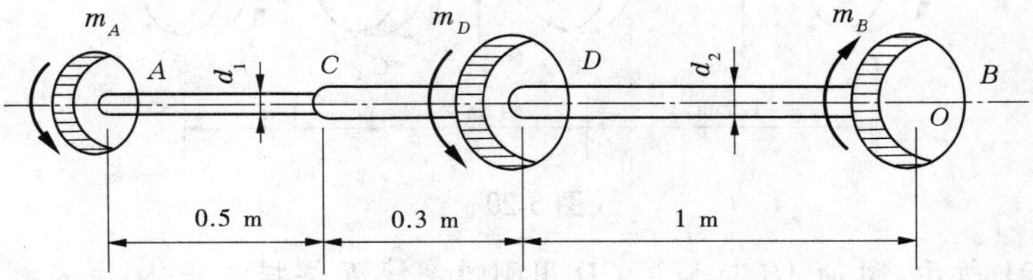

图 5-17

(三)较难练习题

1. 如图 5-18 所示的传动轴,长 $l=510$ mm,直径 $D=50$ mm 。现将此轴的一段钻成内径 $d_1=25$ mm 的内腔,而余下一段钻成 $d_2=38$ mm 的内腔。若材料的许用剪应力 $[\tau]=70$ MPa。

试求:(1)此轴能承受的最大外力偶矩 m_{max}。

(2)若要求两段轴内的扭转角相等,则两段的长度应分别为多少?

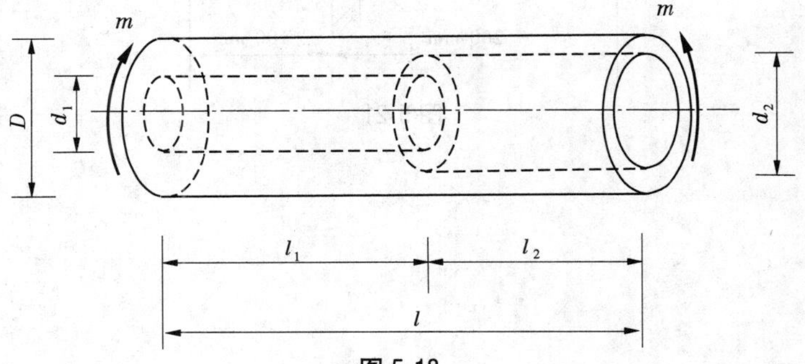

图 5-18

2. 钻探机钻杆如图 5-19 所示，外径 $D=60$ mm，内径 $d=50$ mm，功率 $P=7.355$ kW，轴的转速 $n=180$ r/min，杆钻入土层的深度 $l=40$ m，材料的剪切弹性模量 $G=80$ GPa，许用剪应力$[\tau]=40$ MPa，假设土壤对钻杆的阻力沿长度均匀分布。

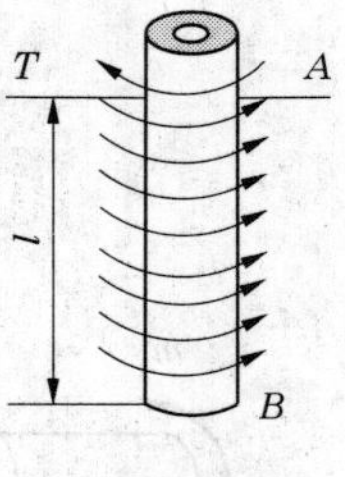

图 5-19

试求：(1) 土壤对钻杆单位长度的阻力矩 m。

(2) 作钻杆的扭矩图，并进行强度校核。

(3) 计算 A、B 截面的相对扭转角。

3. 如图 5-20 所示的阶梯形传动轴中，A 轮输入的转矩 $m_A=800$ N·m，B、C 和 D 轮输出的转矩分别为 $m_B=m_C=300$ N·m，$m_D=200$ N·m。传动轴的许用剪应力$[\tau]=400$ MPa，许用单位长度扭转角$[\theta]=1$ (°)/m，材料的剪切弹性模量 $G=80$ GPa。

试求：(1) 根据轴的强度条件和刚度条件，确定传动轴各段的直径。

(2) 若将传动轴改为等截面空心圆轴，并要求内外直径之比 $\alpha=d/D=0.6$，确定轴的外径，并比较两种情况下轴的质量。

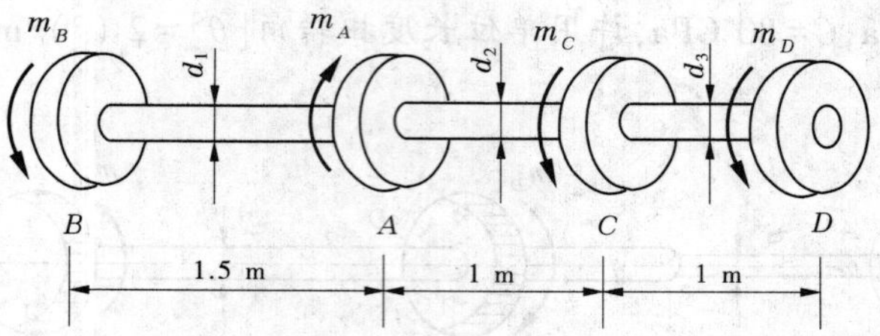

图 5-20

4. 如图 5-21 所示，圆轴 AB 与套管 CD 用刚性突缘 E 焊接成一体，并在截面 A 承受外力偶矩 m 作用。圆轴的直径 $d=56$ mm，许用剪应力$[\tau_1]=80$ MPa，套管的外径 $D=80$ mm，壁厚 $\delta=6$ mm，许用剪应力$[\tau_2]=40$ MPa。试求外力偶矩 m 的许用值。

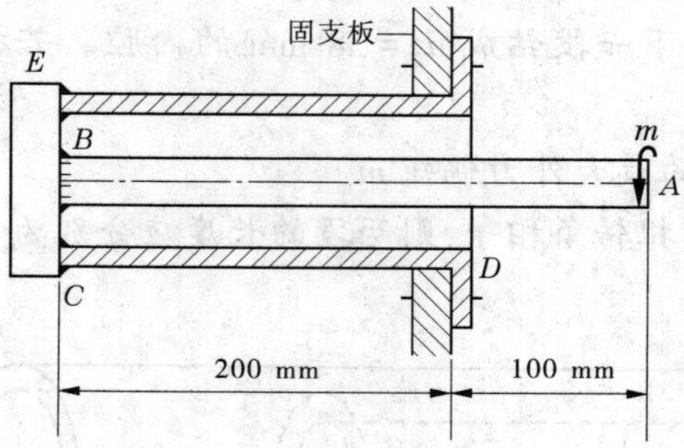

图 5-21

项目六　弯曲的强度和刚度计算

【学习目标】　掌握常见图形面积矩和惯性矩的求法，理解梁横截面上的正应力分布规律，掌握梁横截面上的正应力计算公式及在使用条件下的实际应用。理解梁横截面上的剪应力分布规律，掌握梁横截面上的剪应力计算公式及在使用条件下的实际应用。掌握梁正应力强度条件和剪应力强度条件及其应用，了解提高梁弯曲强度的措施。理解梁的挠度和转角的概念，掌握叠加法计算梁变形的方法，掌握梁的刚度条件及应用。

任务一　梁横截面上的正应力

一、面积矩和惯性矩

（一）面积矩

设任意平面图形（见图 6-1），其面积为 A，在图形平面内取直角坐标系 zOy，并在图形坐标为(z,y)的任意一点处取微面积 dA，定义

$$\left.\begin{aligned} S_z &= \int_A y \cdot dA \\ S_y &= \int_A z \cdot dA \end{aligned}\right\} \tag{6-1}$$

为该图形对 z 轴和 y 轴的面积矩或静矩，量纲是长度的三次方，其单位为 m^3 或 mm^3。

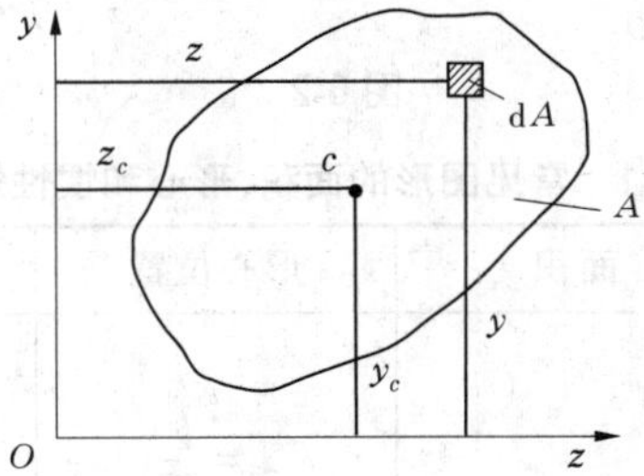

图 6-1

码 6-1　微课-梁横截面上的正应力（一）

码 6-2　微课-梁横截面上的正应力（二）

面积矩与图形形心 z_c 和 y_c 存在如下关系：

$$\left.\begin{aligned} S_z &= A \cdot y_c \\ S_y &= A \cdot z_c \end{aligned}\right\} \tag{6-2}$$

工程结构中有些构件的截面是由几个简单图形组成的，如工字形、T 形和槽形等。这类截面称为组合截面。由面积矩的定义可知，组合截面对某一轴的面积矩等于其各简单图形对该轴面积矩的代数和，即

$$\left.\begin{aligned} S_z &= \sum S_{zi} = \sum A_i \cdot y_{ci} \\ S_y &= \sum S_{yi} = \sum A_i \cdot z_{ci} \end{aligned}\right\} \tag{6-3}$$

(二)惯性矩

任意平面图形(见图 6-2)，在图形平面内取直角坐标系 zOy，并在图形坐标为 (z,y) 的任意一点处取微面积 dA，定义为整个图形对 z 轴和 y 轴的惯性矩，量纲是长度的四次方，其单位为 m^4 或 mm^4。常见图形的面积、形心和惯性矩见表 6-1。

$$\left.\begin{aligned} I_z &= \int_A y^2 \cdot dA \\ I_y &= \int_A z^2 \cdot dA \end{aligned}\right\} \tag{6-4}$$

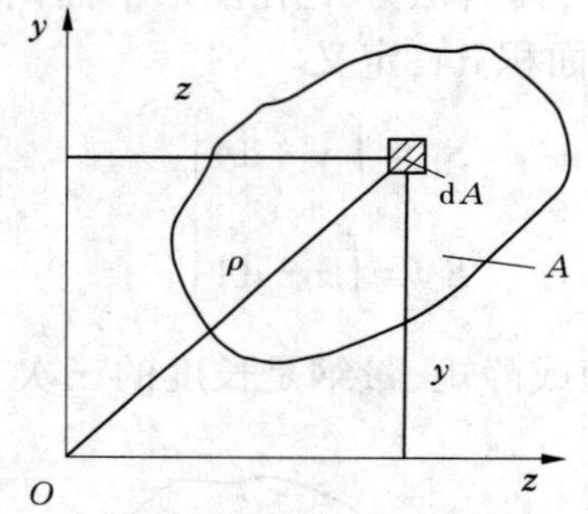

图 6-2

表 6-1　常见图形的面积、形心和惯性矩

序号	图形	面积	形心位置	惯性矩(形心轴)
1	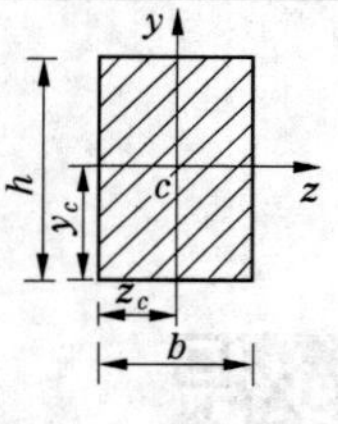	$A=bh$	$z_c=\frac{b}{2}$ $y_c=\frac{h}{2}$	$I_z=\frac{bh^3}{12}$ $I_y=\frac{hb^3}{12}$
2	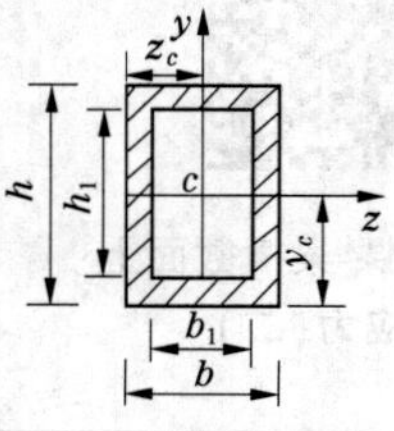	$A=bh-b_1h_1$	$z_c=\frac{b}{2}$ $y_c=\frac{h}{2}$	$I_z=\frac{1}{12}(bh^3-b_1h_1^3)$ $I_y=\frac{1}{12}(hb^3-h_1b_1^3)$

续表 6-1

序号	图形	面积	形心位置	惯性矩(形心轴)
3	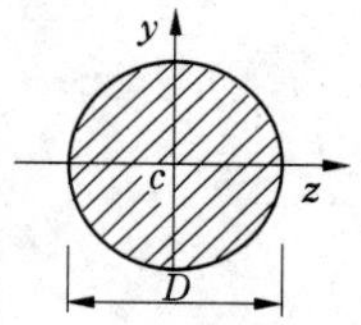	$A=\frac{\pi D^2}{4}$	圆心	$I_z=I_y=\frac{\pi D^4}{64}$
4	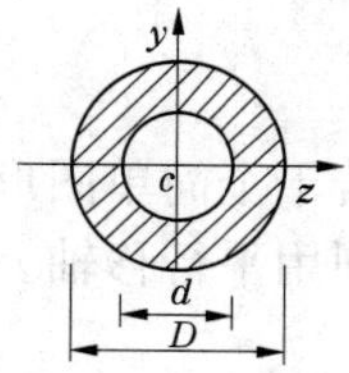	$A=\frac{\pi}{4}(D^2-d^2)$	圆心	$I_z=I_y=\frac{\pi D^4}{64}(1-\alpha^4)$ $\alpha=\frac{d}{D}$
5	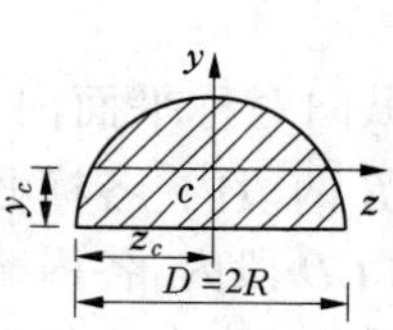	$A=\frac{\pi R^2}{2}$	$z_c=\frac{D}{2}$ $y_c=\frac{4R}{3\pi}$	$I_z=(\frac{1}{8}-\frac{8}{9\pi^2})\pi R^4\approx 0.11R^4$ $I_y=\frac{\pi D^4}{128}=\frac{\pi R^4}{8}$
6	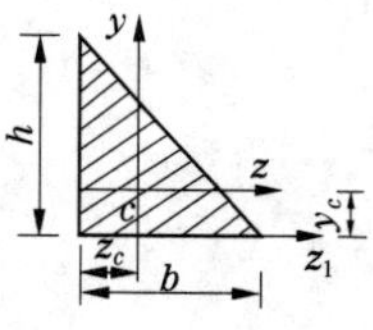	$A=\frac{1}{2}bh$	$z_c=\frac{b}{3}$ $y_c=\frac{h}{3}$	$I_z=\frac{bh^3}{36}$ $I_y=\frac{hb^3}{36}$ $I_{z1}=\frac{bh^3}{12}$

由上面的内容可知，同一截面图形对不同坐标轴的惯性矩一般是不同的。如图 6-3 所示，z、y 为平面图形的一对正交形心轴，z_1、y_1 为与形心轴平行的另一对正交轴，平行轴间的距离分别为 a 和 b。已知该图形对形心轴 z、y 的惯性矩为 I_z 和 I_y，则该图形对 z_1、y_1 轴的惯性矩 I_{z1} 和 I_{y1} 为

$$\left.\begin{aligned} I_{z1} &= I_z + a^2A \\ I_{y1} &= I_y + b^2A \end{aligned}\right\} \tag{6-5}$$

式(6-5)称为惯性矩的平行移轴公式。

根据惯性矩的定义可知，组合图形对某一轴的惯性矩，等于其各组成部分简单图形对该轴惯性矩之和，即

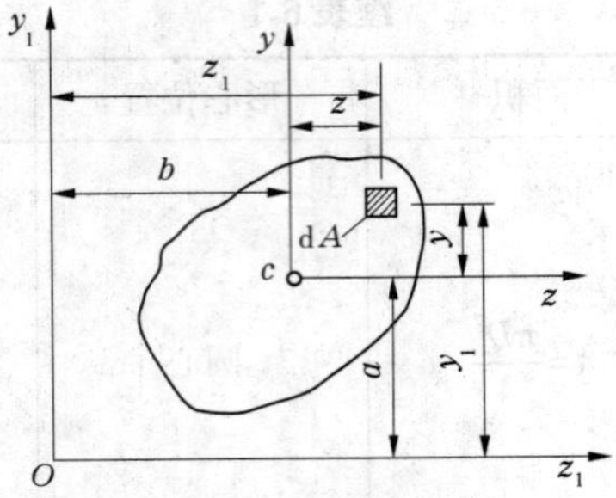

图 6-3

$$\left.\begin{aligned} I_z &= \sum I_{zi} \\ I_y &= \sum I_{yi} \end{aligned}\right\} \tag{6-6}$$

在计算组合图形对 z、y 轴的惯性矩时,应先将组合图形分成若干个简单图形,并计算出每一个简单图形对平行于 z、y 轴的自身形心轴的惯性矩,然后利用平行移轴公式(6-5)计算出各简单图形对 z、y 轴的惯性矩,最后利用式(6-6)求和。

二、正应力计算公式

如图 6-4(a)所示的简支梁,荷载与支座反力都作用在梁的纵向对称平面内,其剪力图和弯矩图如图 6-4(b)、(c)所示。由图 6-4 可知,在梁的 AC、DB 两段内,各横截面上既有剪力又有弯矩,这种弯曲称为横力弯曲(或剪切弯曲)。在梁的 CD 段内,各横截面上只有弯矩而无剪力,这种弯曲称为纯弯曲。为了使研究问题简化,下面首先分析纯弯曲时横截面上的正应力。

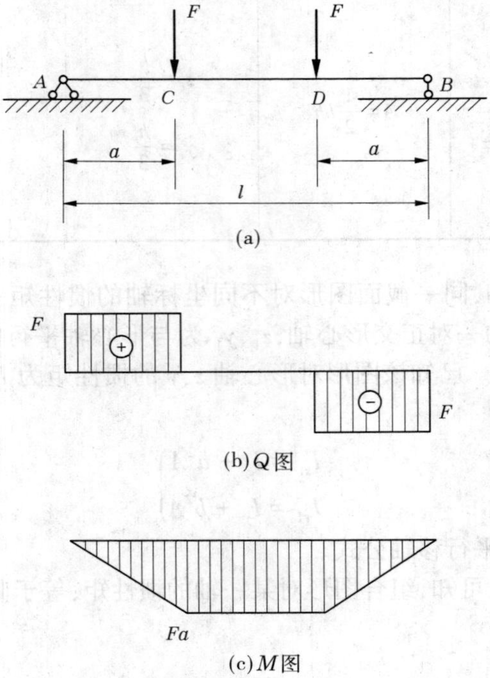

图 6-4

取一矩形截面梁，在其表面画一些与梁轴平行的纵线和与纵线垂直的横线，如图6-5(a)所示。然后，在梁的两端施加一对力偶，梁将发生纯弯曲变形，如图6-5(b)所示。这时将观察到如下的一些现象：

(1)所有纵线都弯成曲线，靠近下部(凸边)的纵线伸长了，而靠近上部(凹边)的纵线缩短了。

(2)所有横线仍保持为直线，只是相互倾斜了一个角度，但仍与弯曲的纵线相垂直。

(3)矩形截面的上部变宽，下部变窄。

根据上面所观察到的现象，推测梁的内部变形，可做出如下的假设和推断：

(1)平面假设。在纯弯曲时，梁的横截面在梁弯曲后仍保持为平面，且仍垂直于弯曲后的梁轴线。

(2)单向受力假设。将梁看成由无数根纵向纤维组成，各纤维只受到轴向拉伸或压缩，不存在相互挤压。

由平面假设可知，梁变形后各横截面仍保持与纵线正交，所以剪应变为零。由应力与应变的相应关系知，纯弯曲梁段无剪应力存在。

上部的纵线缩短，截面变宽，表示上部各根纤维受压缩；下部的纵线伸长、截面变窄，表示下部各根纤维受拉伸。从上部各层纤维缩短到下部各层纤维伸长的连续变化中，中间必有一层长度不变的过渡层称为中性层。中性层与横截面的交线称为中性轴，见图6-5(c)。中性轴将横截面分为受压和受拉两个区域。

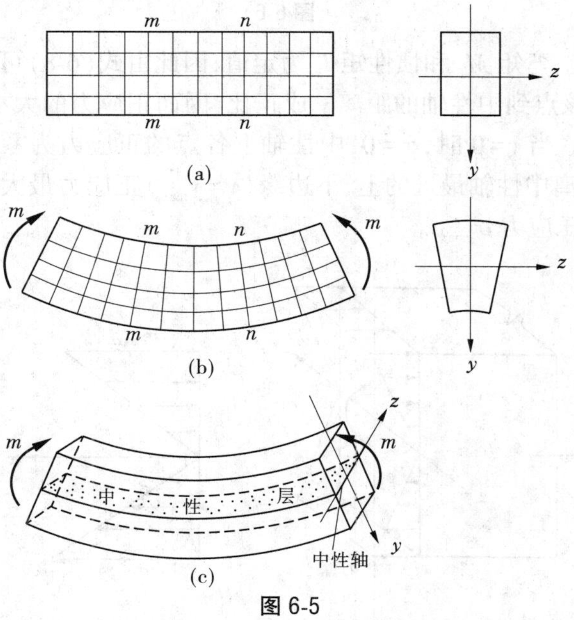

图 6-5

根据上述的假设和推断，可以通过变形的几何关系、物理关系和静力平衡关系，推导梁变形的基本公式，即

$$\frac{1}{\rho}=\frac{M_z}{EI_z} \tag{6-7}$$

式中：$1/\rho$ 为中性层的曲率，由于梁轴线位于中性层，因此 $1/\rho$ 也是变形后的轴线在该截

面处的曲率，它反映了梁的变形程度，弯曲后轴线的曲率与弯矩 M_z 成正比，而与 EI_z 成反比；E 为弹性模量；I_z 为横截面对中性轴的惯性矩。

EI_z 愈大，$1/\rho$ 就愈小，说明梁变形小，刚度就大，故称 EI_z 为梁的抗弯刚度。

利用上述梁变形的基本公式可推出纯弯曲梁横截面上任一点正应力的计算公式为

$$\sigma = \frac{M_z \cdot y}{I_z} \tag{6-8}$$

式(6-8)表明：梁横截面上任一点的正应力 σ，与该截面上的弯矩 M_z 和该点到中性轴的距离 y 成正比，而与该截面对中性轴的惯性矩 I_z 成反比。

在使用式(6-8)计算正应力大小时，M_z、y 以绝对值代入，求得 σ 的大小。正应力的性质(拉或压)可由弯矩 M_z 的正负及所求点的位置来判断。当 M_z 为正时，中性轴以上各点为压应力，取负值；中性轴以下各点为拉应力，取正值，见图 6-6(a)。当 M_z 为负时则相反，见图 6-6(b)。

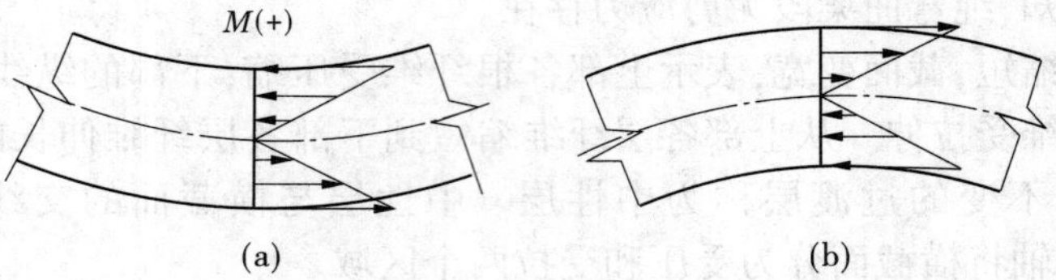

图 6-6

在同一横截面上，弯矩 M_z 和惯性矩 I_z 为定值，因此由式(6-8)可以看出，梁横截面上某点的正应力 σ 与该点到中性轴的距离 y 成正比，因而正应力的大小沿截面高度呈线性变化，如图 6-7 所示。当 $y=0$ 时，$\sigma=0$，中性轴上各点的正应力为零。中性轴两侧，一侧受拉，另一侧受压。离中性轴最远的上、下边缘($y=y_{\max}$)正应力最大，一边为最大拉应力 $\sigma_{t\max}$，另一边为最大压应力 $\sigma_{c\max}$。

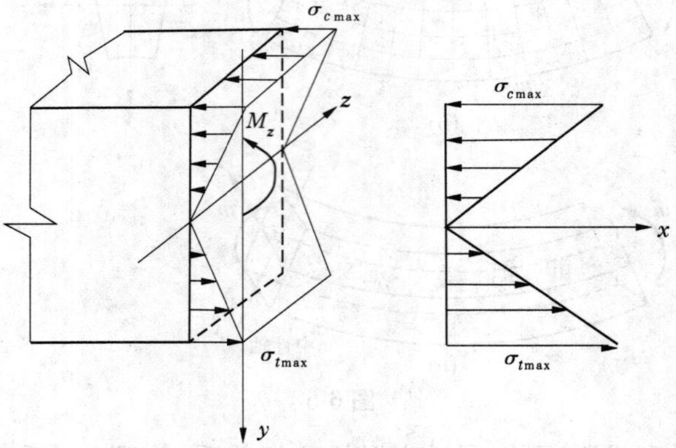

图 6-7

式(6-7)和式(6-8)是梁在纯弯曲情况下导出的，它的适用条件是：①纯弯曲梁；②梁的最大正应力不超过材料的比例极限。对于发生横力弯曲的梁，若其跨度 l 与截面高度 h

之比 l/h 大于 5,由弹性力学的分析可证明,按上述公式来计算正应力和变形,产生的误差不大,可以忽略不计。由于工程中常用梁的 l/h 值远大于 5,因此常将以上公式推广用于横力弯曲。另外,对于横截面为其他对称形状的梁,如圆形、圆环形、工字形和 T 形截面等,在发生平面弯曲时,均适用。

【例 6-1】 一悬臂梁的截面为矩形,自由端受集中力 F 的作用,如图 6-8(a)所示。已知 $F=4$ kN,$h=60$ mm,$b=40$ mm,$l=2.5$ m。求固定端截面上 a、b 两点的正应力及固定端截面上的最大正应力。

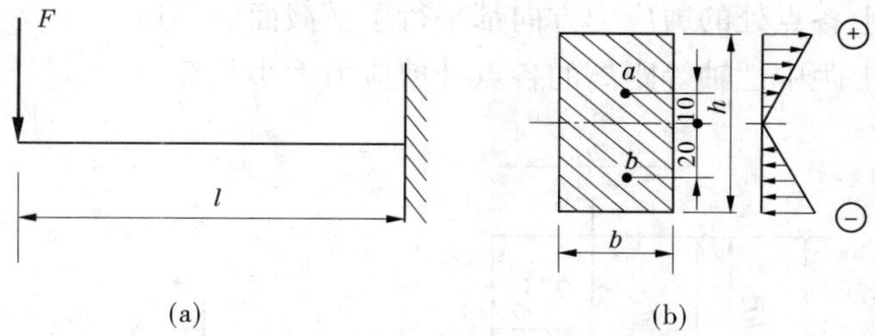

图 6-8 (单位:mm)

解:(1)计算固定端截面上的弯矩 M_z。

$$M_z=-4\times2.5=-10(\text{kN}\cdot\text{m})$$

使截面上侧受拉,下侧受压。

(2)计算固定端截面上 a、b 两点的正应力。

$$I_z=\frac{bh^3}{12}=\frac{40\times60^3}{12}=72\times10^4(\text{mm}^4)$$

因 a 点在受拉侧,则

$$\sigma_a=\frac{M_z\cdot y_a}{I_z}=\frac{10\times10^3\times10\times10^{-3}}{72\times10^4\times10^{-12}}=139(\text{MPa})(拉)$$

因 b 点在受压侧,则

$$\sigma_b=\frac{M_z\cdot y_b}{I_z}=-\frac{10\times10^3\times20\times10^{-3}}{72\times10^4\times10^{-12}}=-278(\text{MPa})(压)$$

(3)计算固定端截面上的最大正应力。

固定端截面的最大正应力发生在当 y 为最大值 $y_{\max}$ 时即该截面的上、下边缘。由梁的固定端弯矩可知,上边缘产生最大拉应力,下边缘产生最大压应力,其应力分布如图 6-8(b)所示。最大正应力值为

$$\sigma_{\max}=\frac{M_z\cdot y_{\max}}{I_z}=\frac{10\times10^3\times30\times10^{-3}}{72\times10^4\times10^{-12}}=417(\text{MPa})$$

任务二　梁横截面上的剪应力

工程中的梁,大多数不是纯弯曲。也就是说,梁的内力除弯矩外还有剪力,因而截面上除有正应力外还会产生剪应力。在弯曲问题中,一般对细长梁来说,正应力是强度计算

的主要因素。但在某些情况下,如跨度短而截面大的梁、腹板较薄的工字梁、荷载距支座较近的梁等,可能发生由弯曲剪应力引起的破坏,因此需要计算梁弯曲时的剪应力。

码 6-3 微课-梁横截面上的剪应力

一、矩形截面梁横截面上的剪应力

如图 6-9(a)所示矩形截面梁的高度为 h,宽度为 b,截面上的剪力为 Q,沿截面的对称轴为 y。对横截面上剪应力分布做如下两个假设:

(1)横截面上各点处的剪应力方向都平行于横截面的侧边。

(2)横截面上距中性轴等距离的各点处剪应力大小相等。

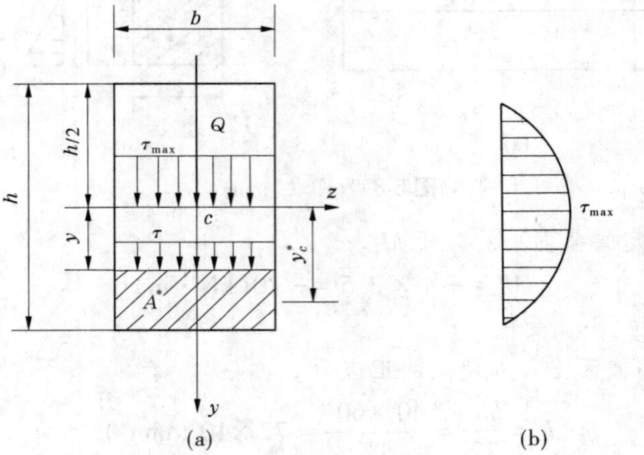

图 6-9

根据以上假设,可以导出横截面上离中性轴为 y 点的弯曲剪应力计算公式为

$$\tau = \frac{QS_z^*}{I_z b} \tag{6-9}$$

式中:Q 为横截面上的剪力;S_z^* 为横截面上所求剪应力点所在横线以外部分的面积 A^*[如图 6-9(a)中所示阴影线部分面积]对中性轴 z 的面积矩,即 $S_z^* = A^* y_c^*$,其中 y_c^* 是面积为 A^* 的阴影线图形的形心到中性轴的距离;I_z 为横截面对中性轴的惯性矩;b 为横截面的宽度。

在使用式(6-9)计算剪应力时,Q、S_z^* 均用绝对值代入,求得 τ 的大小,而 τ 的指向则与剪力 Q 的指向相同。

下面研究横截面上剪应力沿截面高度的变化规律。由面积矩公式可得离中性轴为 y 处的横线以外的面积 A^* 对中性轴 z 的面积矩为

$$S_z^* = A^* \times y_c^* = b\left(\frac{h}{2} - y\right) \times \left[y + \frac{1}{2}\left(\frac{h}{2} - y\right)\right] = \frac{b}{2}\left(\frac{h^2}{4} - y^2\right)$$

代入式(6-9),得

$$\tau = \frac{3}{2} \cdot \frac{Q}{bh}\left(1 - \frac{4y^2}{h^2}\right)$$

由上式可知，矩形截面梁横截面上的剪应力沿截面高度按抛物线规律变化，如图 6-9(b) 所示。

在上、下边缘 $y = \pm \frac{h}{2}$ 处，有

$$\tau = 0$$

在中性轴 $y=0$ 处，有

$$\tau_{\max} = \frac{3}{2} \cdot \frac{Q}{A} \tag{6-10}$$

式中：A 为矩形截面的面积，$A=bh$。

由式(6-10)可知，矩形截面梁横截面上的最大剪应力值等于截面上平均剪应力值的 1.5 倍，最大剪应力发生在中性轴上各点处。

二、其他截面梁横截面上的剪应力

(一)工字形截面梁横截面上的剪应力

工字形截面由上下翼缘和中间腹板组成，如图 6-10(a) 所示。腹板是狭长矩形，所以腹板上的剪应力可按式(6-9)进行计算，将公式中的 b 换成腹板的宽度 d 即可。剪应力沿腹板高度的分布规律如图 6-10(b) 所示，仍是按抛物线规律分布，最大剪应力仍发生在截面的中性轴上且腹板上的最大剪应力与最小剪应力相差不大。特别是当腹板的厚度比较小时，两者相差就更小。因此，当腹板的厚度很小时，常将横截面上的剪力 Q 除以腹板面积，近似地作为工字形截面梁的最大剪应力，即

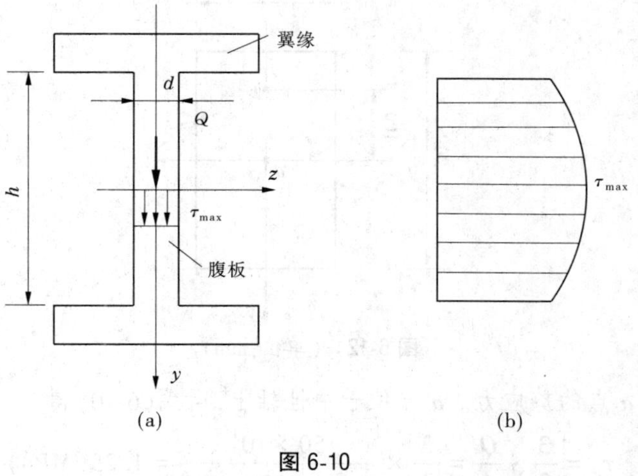

图 6-10

$$\tau = \frac{QS_z^*}{I_z d} \approx \frac{Q}{hd} \tag{6-11}$$

(二)圆形截面和圆环形截面梁横截面上的剪应力

圆形截面和圆环形截面分别如图 6-11(a)、(b)所示。可以证明,梁横截面上的最大剪应力均发生在中性轴上各点处,并沿中性轴均匀分布,其值分别为

圆形截面梁:

$$\tau_{max} = \frac{4}{3} \cdot \frac{Q}{A} \tag{6-12}$$

圆环形截面梁:

$$\tau_{max} = 2 \cdot \frac{Q}{A} \tag{6-13}$$

式中:Q 为横截面上的剪力;A 为横截面的面积。

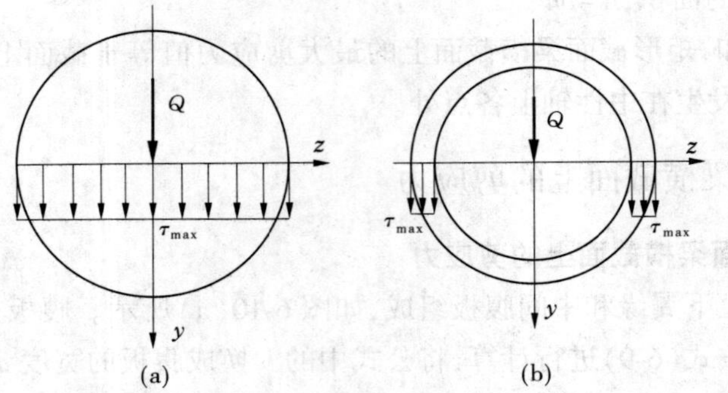

图 6-11

【例 6-2】 已知图 6-12 所示梁横截面上的剪力 Q=50 kN,试计算横截面上 a 点、b 点的剪应力。

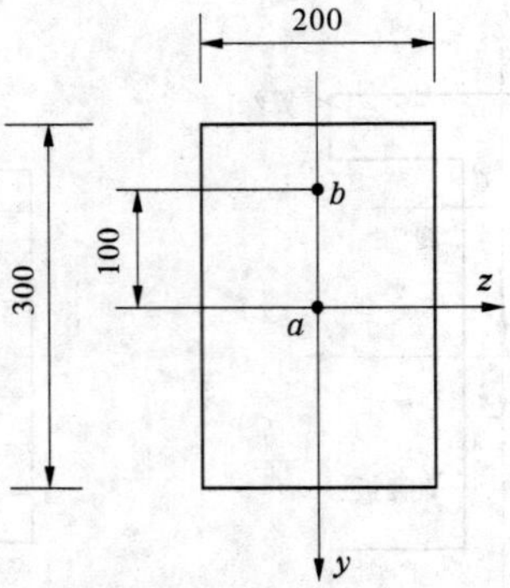

图 6-12 (单位:mm)

解:(1)计算 a 点的剪应力。a 点位于中性轴上,由式(6-10)得

$$\tau_a = \frac{3}{2} \cdot \frac{Q}{A} = \frac{3}{2} \times \frac{50 \times 10^3}{200 \times 300 \times 10^{-6}} = 1.25(\text{MPa})$$

(2)计算 b 点的剪应力。

横截面对 z 轴的惯性矩为

$$I_z = \frac{bh^3}{12} = \frac{1}{12} \times 0.2 \times 0.3^3 = 4.5 \times 10^{-4}(\text{m}^4)$$

b 点所在横线以外部分面积对 z 轴的面积矩为

$$S_z^* = A^* \cdot y_c^* = 0.2 \times (0.15 - 0.1) \times (0.1 + \frac{0.15 - 0.1}{2}) = 1.25 \times 10^{-3}(\text{m}^3)$$

由式(6-9)得

$$\tau_b = \frac{QS_z^*}{I_z b} = \frac{50 \times 10^3 \times 1.25 \times 10^{-3}}{4.5 \times 10^{-4} \times 0.2} = 0.70(\text{MPa})$$

任务三　梁的强度计算

一、正应力强度条件

码 6-4　微课-梁的强度计算(一)

码 6-5　微课-梁的强度计算(二)

对于等直梁,弯曲时的最大正应力一定在弯矩最大的截面的上、下边缘。该截面称为危险截面。其上、下边缘的点称为危险点。限制梁的最大工作应力 $\sigma_{\max}$,不超过材料的许用弯曲正应力$[\sigma]$,就可以保证梁的安全。因此,梁弯曲时的正应力强度条件如下。

(1)当材料的抗拉能力和抗压能力相同时,则等直梁的正应力强度条件为

$$\sigma_{\max} = \frac{M_{z\max} y_{\max}}{I_z} = \frac{M_{z\max}}{W_z} \leqslant [\sigma] \tag{6-14}$$

式中,$W_z = \dfrac{I_z}{y_{\max}}$ 称为抗弯截面系数,是衡量截面抗弯能力的一个几何量,与截面的形状和尺寸有关,其单位为长度单位的三次方。矩形截面(宽为 b、高为 h),$W_z = \dfrac{bh^2}{6}$;圆形截面(直径为 d),$W_z = \dfrac{\pi d^3}{32}$;圆环形截面(外径为 D,内径为 d,$\dfrac{d}{D} = \alpha$),$W_z = \dfrac{\pi D^3}{32}(1 - \alpha^4)$;各种型钢截面的抗弯截面系数可从附录中查得。

利用强度条件,可以解决梁的强度校核、设计截面尺寸和确定许可荷载三类问题。

①强度校核。在已知梁的材料和横截面的形状、尺寸,以及所受荷载的情况下,可以检查梁是否满足应力强度条件。

②截面设计。当已知荷载和梁的材料时,可根据强度条件,计算所需的抗弯截面系数

$$W_z \geqslant \frac{M_{z\max}}{[\sigma]} \tag{6-15}$$

再根据梁的截面形状进一步确定截面的具体尺寸。

③确定许可荷载。当已知梁的材料和截面尺寸时,先根据强度条件,计算出梁所能承受的最大弯矩

$$M_{z\max} \leqslant W_z[\sigma] \tag{6-16}$$

再由 $M_{z\max}$ 与荷载间的关系计算出许可荷载。

(2)当材料的抗拉能力和抗压能力不相同时,则等直梁的正应力强度条件为

$$\left.\begin{aligned} \sigma_{\max}^{+} &= \frac{M_{z1}y_{1\max}}{I_z} \leqslant [\sigma]^{+} \\ \sigma_{\max}^{-} &= \frac{M_{z2}y_{2\max}}{I_z} \leqslant [\sigma]^{-} \end{aligned}\right\} \tag{6-17}$$

式中:$\sigma_{\max}^{+}$、$\sigma_{\max}^{-}$ 为最大拉应力和最大压应力;M_{z1}、M_{z2} 为产生最大拉应力和最大压应力截面上的弯矩;$[\sigma]^{+}$、$[\sigma]^{-}$ 为材料的许用拉应力和许用压应力;$y_{1\max}$、$y_{2\max}$ 为产生最大拉应力和最大压应力截面上的点到中性轴的距离。

利用上述强度条件同样可以解决有关强度方面的三类问题。

二、剪应力强度条件

最大剪应力 $\tau_{\max}$ 一定位于最大剪力 $Q_{\max}$ 所在的横截面的中性轴上。所以,梁的剪应力强度条件为

$$\tau_{\max} = \frac{Q_{\max}S_{z\max}^{*}}{I_z b} \leqslant [\tau] \tag{6-18}$$

式中:$S_{z\max}^{*}$ 为中性轴一侧的面积对中性轴的面积矩;$[\tau]$ 为材料在剪切弯曲时的许用剪应力。

对梁进行强度计算时,必须同时满足正应力强度条件和剪应力强度条件。一般情况下,先按正应力强度条件选择截面,或确定许可荷载,然后再按剪应力强度条件进行校核。但在某些情况下剪应力强度也可能成为控制因素。例如:跨度较小的梁或者梁在支座附近有较大的集中力作用,这时梁的弯矩往往较小,而剪力却较大;有些材料如木材的顺纹抗剪强度比较低,可能沿顺纹方向发生剪切破坏;如组合截面(工字形等),当腹板的高度较大而厚度较小时,则剪应力也可能很大。所以,在这样一些情况下,剪应力有可能成为引起破坏的主要因素,此时梁的承载能力将由剪应力强度条件来确定。

【例 6-3】 如图 6-13 所示的一个 20a 号工字钢截面的外伸梁,已知钢材的许用应力 $[\sigma]=160$ MPa,许用剪应力 $[\tau]=100$ MPa,$S_{z\max}^{*}=136.1\ \text{cm}^3$,试校核此梁强度。

解:(1)计算支座反力。

$$F_A = 19.75\ \text{kN}(\uparrow), \qquad F_B = 22.25\ \text{kN}(\uparrow)$$

(2)绘制梁的内力图,确定最大弯矩和最大剪力。

绘制梁的剪力图和弯矩图,见图 6-13(b)、(c)。由剪力图和弯矩图可得

$$M_{z\max} = 39\ \text{kN}\cdot\text{m}, \qquad Q_{\max} = 20.25\ \text{kN}$$

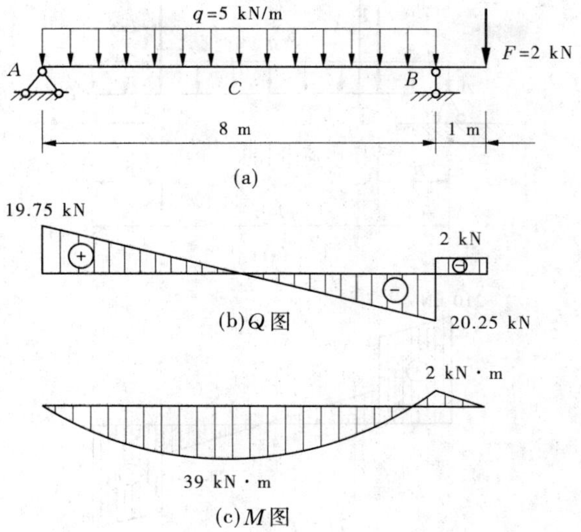

图 6-13

(3)校核正应力强度。

查附表 1 确定工字钢 20a 有关的量:

$$W_z = 237\ \text{cm}^3, d = 7.0\ \text{mm}, I_z = 2\ 370\ \text{cm}^4$$

最大弯矩所在的横截面的上、下边缘为正应力危险点,其正应力为

$$\sigma_{\max} = \frac{M_{z\max}}{W_z} = \frac{39 \times 10^6}{237 \times 10^3} = 164.6(\text{MPa})$$

虽然 $\sigma_{\max} > [\sigma] = 160$ MPa,但工程设计上允许最大正应力略超过许用应力。只要最大正应力超过许用应力的相对值小于 5%,仍认为是安全的。

$$\frac{\sigma_{\max} - [\sigma]}{[\sigma]} = \frac{164.6 - 160}{160} = 0.029 < 5\%$$

所以,认为该梁仍满足正应力强度条件。

(4)校核剪应力强度。

最大剪力所在截面的中性轴处各点为剪应力危险点,其剪应力为

$$\tau_{\max} = \frac{Q_{\max} S^*_{z\max}}{I_z d} = \frac{20.25 \times 10^3 \times 136.1 \times 10^{-6}}{2\ 370 \times 10^{-8} \times 7.0 \times 10^{-3}} = 16.6(\text{MPa}) < [\tau] = 100\ \text{MPa}$$

所以,该梁满足剪应力强度条件。

【例 6-4】 简支梁 *AB* 如图 6-14(a)所示。已知 $l = 2$ m, $a = 0.2$ m,梁上的荷载 $q = 20$ kN/m,$F = 190$ kN,材料的许用应力$[\sigma] = 160$ MPa,$[\tau] = 100$ MPa。试选择工字钢梁的型号。(22a 号工字钢的 $S^*_{z\max} = 177.7\ \text{cm}^3$,25a 号工字钢的 $S^*_{z\max} = 230.7\ \text{cm}^3$,25b 号工字钢的 $S^*_{z\max} = 246.3\ \text{cm}^3$)

解:(1)计算支座反力。

$$F_A = F_B = 210\ \text{kN}(\uparrow)$$

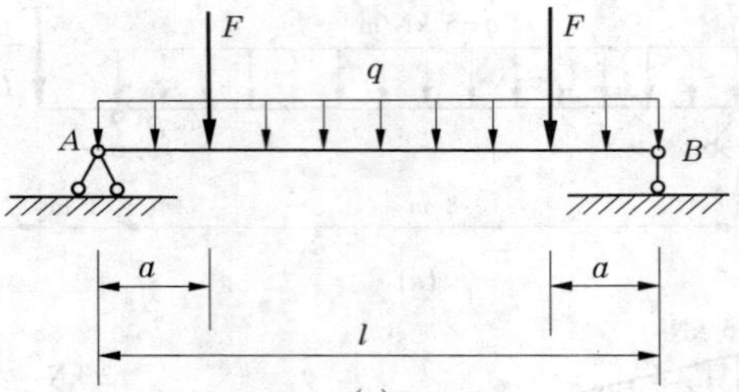

(a)

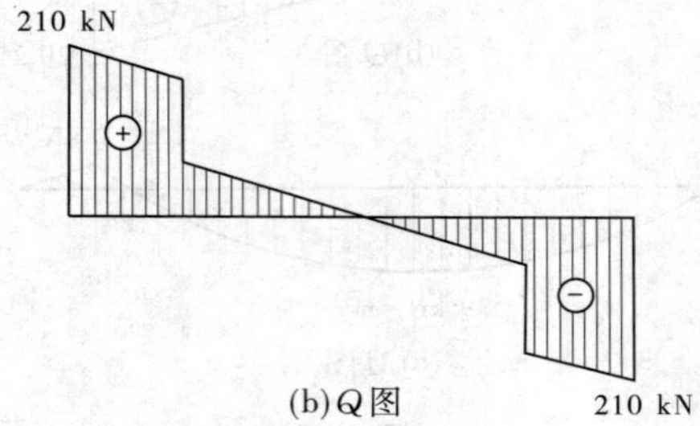

(b)Q图

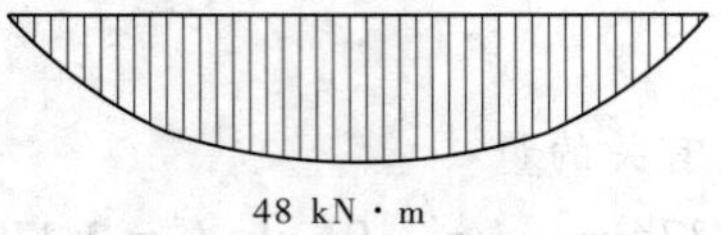

(c)M图

图 6-14

(2)绘制梁的内力图,确定最大弯矩和最大剪力。

梁的剪力图和弯矩图如图 6-14(b)、(c)所示。

$$M_{z\max} = 48 \text{ kN} \cdot \text{m}, \quad Q_{\max} = 210 \text{ kN}$$

(3)根据正应力强度条件选择工字钢型号。

由正应力强度条件:$W_z \geqslant \dfrac{M_{z\max}}{[\sigma]} = \dfrac{48 \times 10^3}{160 \times 10^6} = 300 \times 10^{-4}(\text{m}^3) = 300 \text{ cm}^3$

查附表 1,选用 22a 号工字钢,其 $W_z = 309 \text{ cm}^3$。

(4)剪应力强度校核。

由附表 1 查出 22a 号工字钢的 $I_z = 3\ 400 \text{ cm}^3$,$d = 0.75$ cm,则 $\dfrac{I_z}{S_{z\max}^*} = 19.1$ cm。

由剪应力强度条件得:

$$\tau_{\max} = \frac{Q_{\max}}{\dfrac{I_z}{S_{z\max}^*} \cdot d} = \frac{210 \times 10^3}{19.1 \times 10^{-2} \times 0.75 \times 10^{-2}} = 147(\text{MPa}) > [\tau] = 100 \text{ MPa}$$

因 $\tau_{\max}$ 远大于$[\tau]$,应重新选择更大的截面。现以 25b 号工字钢进行试算,由附表 1 查得:$I_z = 5\ 280 \text{ cm}^3$,$d = 1$ cm,则$\dfrac{I_z}{S_{z\max}^*} = 21.4$ cm。再次进行剪应力强度校核:

$$\tau_{max}=\frac{Q_{max}}{\frac{I_z}{S_{zmax}^*}\cdot d}=\frac{210\times10^3}{21.4\times10^{-2}\times1\times10^{-2}}=98.1(\text{MPa})<[\tau]=100\text{ MPa}$$

最后确定选用 25b 号工字钢。

三、提高梁弯曲强度的措施

在工程实际中,为使梁达到既经济又安全的要求,所采用的材料量应较少且价格便宜,同时梁又要具有较高的强度。由于弯曲正应力是控制梁强度的主要因素,因此主要依据正应力强度条件来讨论提高梁强度的措施。

从弯曲正应力公式中看出,提高梁强度的主要措施是:减小 $|M_z|_{max}$ 的数值和增大抗弯截面系数 W_z 的数值,并充分发挥材料的力学性能。

(一)减小 $|M_z|_{max}$ 的措施

(1)合理安排梁的支承。例如图 6-15(a)所示的简支梁,其最大弯矩 $M_{max}=\frac{ql^2}{8}=0.125ql^2$,若两端支承均向内移动 $0.2l$[见图 6-15(b)],则最大弯矩 $M_{max}=0.025ql^2$,只为前者的 1/5。工程中门式起重机大梁的支座,锅炉筒体的支承,都向内移动一定距离,其原因就在于此。

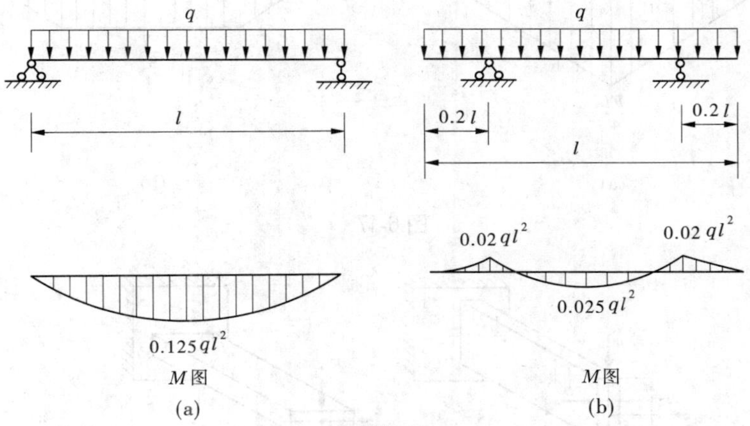

图 6-15

(2)合理布置荷载。比较图 6-16(a)、(b)的最大弯矩 M_{max} 的数值,可知后者大约为前者的 1/3。因此,在结构允许的条件下,应尽可能把荷载安排得靠近支座。还可以把一个集中力分为几个较小的集中力,分散布置,梁的最大弯矩就明显减小,如图 6-17(a)、(b)所示。

(二)合理选择截面

合理的截面应该是,用最小的截面面积 A(少用材料),得到大的抗弯截面系数 W_z。可采用下列措施:

(1)形状和面积相同的截面放置方式不同,则 W_z 值就有可能不同,如图 6-18 所示。

矩形截面梁($h>b$),竖放时承载能力大,不易弯曲;而平放时承载能力小,易弯曲。两

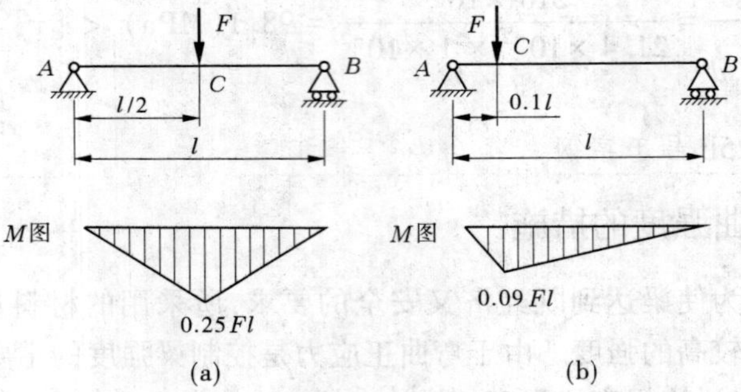

图 6-16

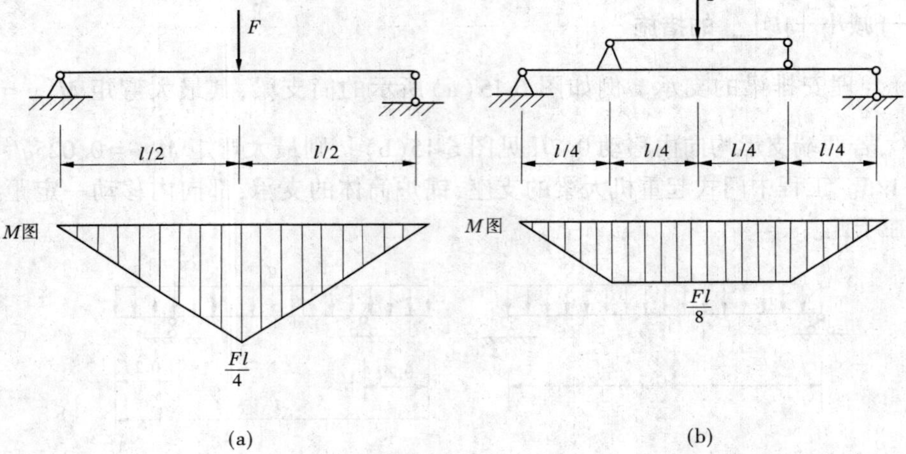

图 6-17

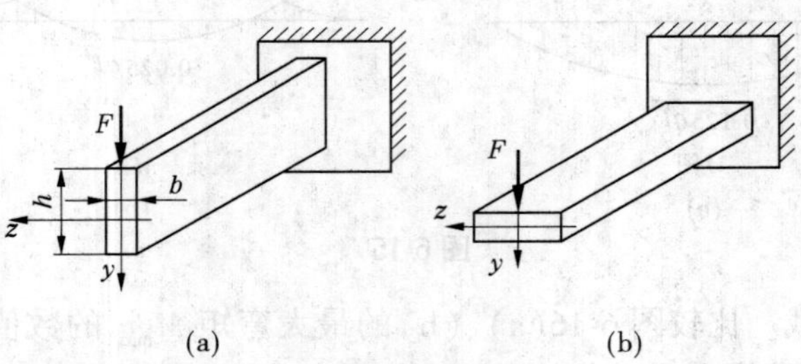

图 6-18

者抗弯截面系数 W_z 之比为

$$\frac{W_{z竖}}{W_{z平}}=\frac{\dfrac{bh^2}{6}}{\dfrac{hb^2}{6}}=\frac{h}{b}>1$$

即 $$W_{z竖}>W_{z平}$$

因此,对于静荷载作用下的梁强度而言,矩形截面长边竖放比平放合理。

(2)面积相等而形状不同的截面。为了便于比较各种截面的经济程度,用抗弯截面系数 W_z 与截面面积 A 的比值(W_z/A)来衡量,比值愈大,经济性就愈好。常用截面的比值 W_z/A 已列入表 6-2 中。

表 6-2　常用截面的比值 W_z/A

截面形状	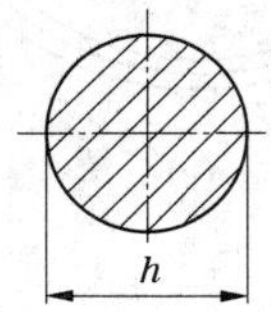	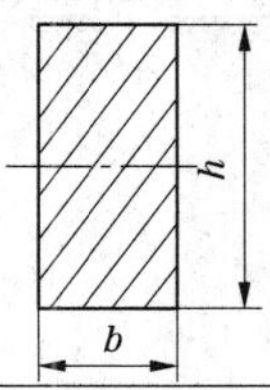	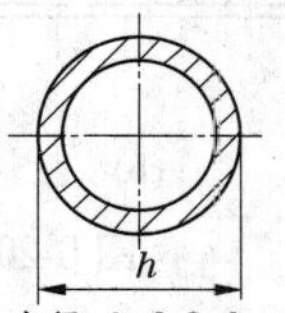 内径 $d=0.8h$	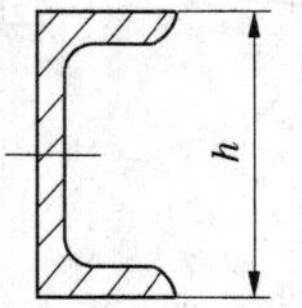	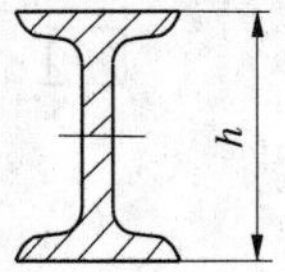
W_z/A	$0.125h$	$0.167h$	$0.205h$	$(0.27\sim0.31)h$	$(0.27\sim0.31)h$

由表 6-2 可知,槽钢和工字钢最佳,圆形截面最差,所以工程结构中抗弯杆件的截面常为槽形、工字形或箱形等。实际上,从正应力分布规律可知,当离中性轴最远处的 σ_{max} 达到许用应力时,中性轴上及其附近处的正应力分别为零和很小值,材料没有充分发挥作用。为了充分利用材料,应尽可能地把材料放置到离中性轴较远处,如实心圆截面改成空心圆截面;对于矩形截面,则可把中性轴附近的材料移置到上、下边缘处而形成工字形截面;采用槽形或箱形截面也是同样的道理。

(3)截面形状应与材料特性相适应。对抗拉强度和抗压强度相等的塑性材料,宜采用中性轴对称的截面,如圆形、矩形、工字形等。对抗拉强度小于抗压强度的脆性材料,宜采用中性轴偏向受拉一侧的截面形状,如图 6-19 中的一些截面。

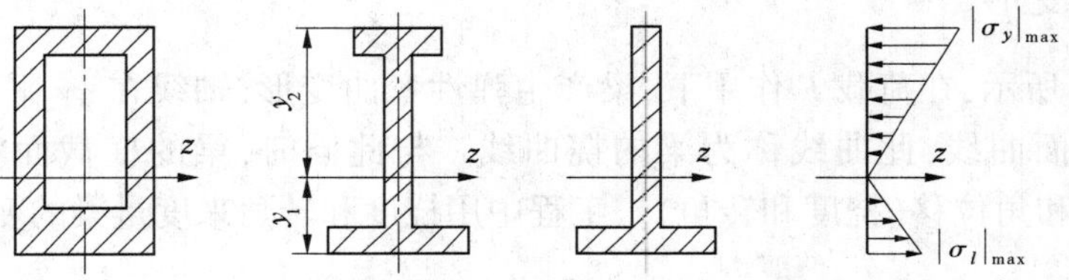

图 6-19

如能使 y_1 和 y_2 之比接近下列关系

$$\frac{\sigma_{max}^{+}}{\sigma_{max}^{-}}=\frac{y_1}{y_2}=\frac{[\sigma^{+}]}{[\sigma^{-}]}$$

则最大拉应力和最大压应力便可同时接近许用应力。

(三)变截面梁

一般情况下,梁上各个截面上的弯矩并不相等,而截面尺寸是由最大弯矩来确定的。因此,对于等截面梁而言,除危险截面外,其余截面上的最大应力都未达到许用应力,材料未得到充分利用。为了节省材料,就应按各个截面上的弯矩来设计各个截面的尺寸,使截面几何尺寸随弯矩的变化而变化,即变截面梁。如果变截面梁各个横截面上的最大正应力都相等,并等于许用应力,则该梁称为等强度梁。等强度梁是最合理的结构形式,但是,由于等强度梁外形复杂,加工制造困难,因此工程中一般只采用近似等强度的变截面梁。图 6-20(a)所示的雨篷悬臂梁、图 6-20(b)所示的薄腹梁、图 6-20(c)所示的鱼腹式吊车梁等,都是近似地按等强度原理设计的。

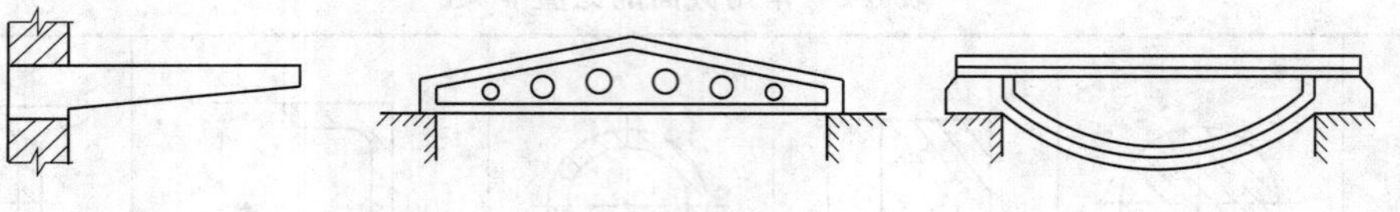

图 6-20

任务四　梁的变形和刚度计算

任务三讨论了梁的内力和应力,并对梁进行了强度计算,目的是保证梁在荷载作用下不被破坏。但是,只考虑这一方面还是不够的。因为梁在荷载作用下还会发生变形。如果变形过大,就会影响梁的正常使用。梁在外力作用下将产生弯曲变形,如果弯曲变形过大,就会影响结构的正常工作。例如,楼面梁若变形过大,将会使下面的抹灰层开裂或脱落;吊车梁若变形过大,将影响吊车的正常运行;水闸上的工作闸门若变形过大,将会影响闸门的正常启闭。因此,在工程中进行梁的设计时,除必须满足强度条件外,还必须限制梁的变形,使其不超过许用的变形值。此外,研究梁的变形还是求解超静定梁不可缺少的内容。

码 6-6　微课-梁的变形和刚度计算

一、梁的变形

如图 6-21 所示,在荷载 F 作用下,梁产生弹性弯曲变形,轴线在 xy 平面内变成一条光滑连续的平面曲线,此曲线称为梁的挠曲线。与此同时,梁的横截面将产生两种位移——线位移和角位移(挠度和转角)。工程中用挠度和转角来度量梁的变形。

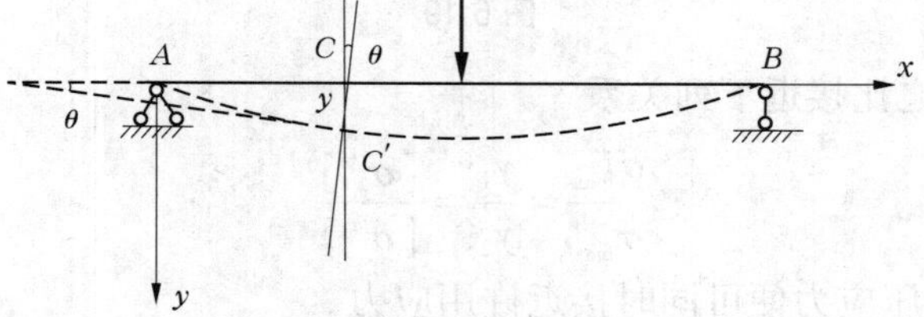

图 6-21

(一)挠度 y

挠度是指梁的某一截面(x 截面)形心沿垂直于梁轴线方向的线位移。实际上,截面形心还有 x 方向的线位移。但 x 方向的线位移极小,可略去不计。挠度用 y 表示,其单位为 mm 或 m,向下为正。

(二)转角 θ

梁变形时,横截面还将绕其中性轴转过一定的角度,即角位移。梁任意一个横截面绕其中性轴转过的角度称为该截面的转角,用符号 θ 表示,单位为弧度(rad),并以顺时针转动为正。根据平面假设,变形后梁的横截面仍正交于梁的轴线。因此,转角 θ 就是曲线的法线与 y 轴的夹角,它等于挠曲线在该点的切线与 x 轴的夹角。

(三)挠度与转角的关系

由图6-21可知,挠度 y 与转角 θ 的数值随截面的位置 x 而变,y 为 x 的函数,即

$$y=f(x)$$

此为挠曲线方程的一般形式。由微分学知,挠曲线上任一点的切线斜率 $\tan\theta$ 等于曲线函数 $y=f(x)$ 在该点的一阶导数,即

$$\tan\theta=\frac{\mathrm{d}y}{\mathrm{d}x}$$

工程中梁的变形很小,转角 θ 也很小,则 $\tan\theta\approx\theta$,代入上式得

$$\theta\approx\frac{\mathrm{d}y}{\mathrm{d}x}\tag{6-19}$$

即梁上任一截面的转角等于该截面的挠度对 x 的一阶导数。

二、叠加法计算梁的位移

工程上常用叠加法来求梁某一截面的位移。所谓叠加法,就是首先将梁上所承受的复杂荷载分解为几种简单荷载,然后分别计算梁在每种简单荷载单独作用下产生的位移,最后将这些位移代数相加。由于梁在各种简单荷载作用下计算位移的公式均有表可查,因而用叠加法计算梁的位移就比较简单。梁在简单荷载作用下的转角和挠度可从表6-3中查得。

【例6-5】 如图6-22(a)所示的悬臂梁。求自由端 A 截面的挠度和转角。

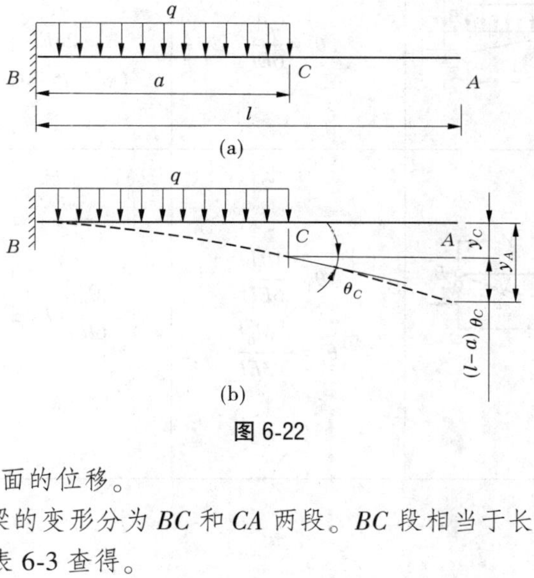

图6-22

解:(1)计算 C 截面的位移。

由图6-22可见,梁的变形分为 BC 和 CA 两段。BC 段相当于长度为 a 的悬臂梁,截面 C 的挠度和转角可由表6-3查得。

$$y_C = \frac{qa^4}{8EI_z}, \qquad \theta_C = \frac{qa^3}{6EI_z}$$

表 6-3　简单荷载作用下梁的变形

序号	梁的简图	端截面转角	挠曲线方程	绝对值最大的挠度
1	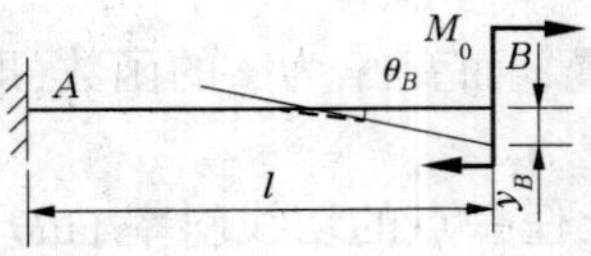	$\theta_B = \frac{M_0 l}{EI}$	$y = \frac{M_0 x^2}{2EI}$	$y_B = \frac{M_0 l^2}{2EI}$
2	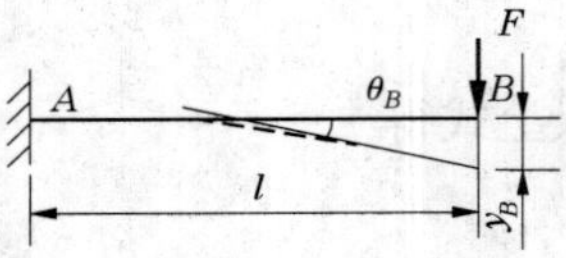	$\theta_B = \frac{Fl^2}{2EI}$	$y = \frac{Fx^2}{6EI}(3l-x)$	$y_B = \frac{Fl^3}{3EI}$
3	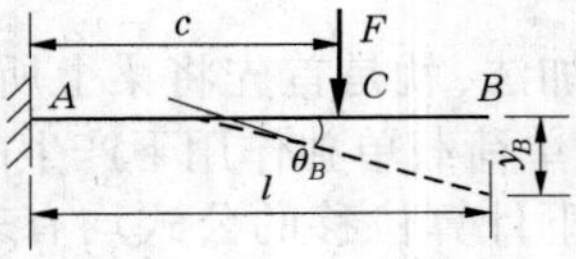	$\theta_B = \frac{Fc^2}{2EI}$	$0 \leqslant x \leqslant c$: $y = \frac{Fx^2}{6EI}(3c-x)$ $c \leqslant x \leqslant l$: $y = \frac{Fc^2}{6EI}(3x-c)$	$y_B = \frac{Fc^2}{6EI}(3l-c)$
4	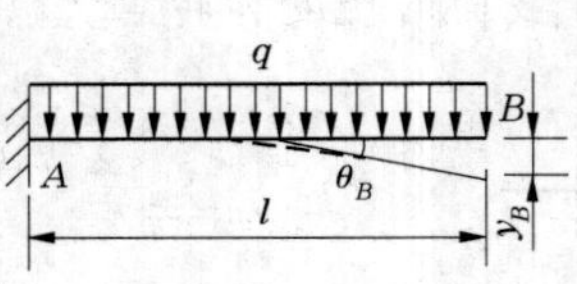	$\theta_B = \frac{ql^3}{6EI}$	$y = \frac{qx^2}{24EI} \times$ (x^2+6l^2-4lx)	$y_B = \frac{ql^4}{8EI}$
5	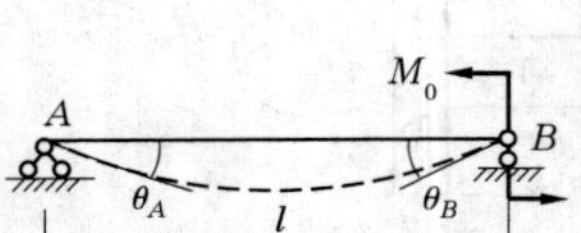	$\theta_A = \frac{M_0 l}{6EI}$ $\theta_B = -\frac{M_0 l}{3EI}$	$y = \frac{M_0 x}{6lEI}(l^2-x^2)$	$x = \frac{l}{\sqrt{3}}$处： $y = \frac{M_0 l^2}{9\sqrt{3}EI}$ $x = \frac{l}{\sqrt{2}}$处： $y_{\frac{l}{2}} = \frac{M_0 l^2}{16EI}$

续表 6-3

序号	梁的简图	端截面转角	挠曲线方程	绝对值最大的挠度
6	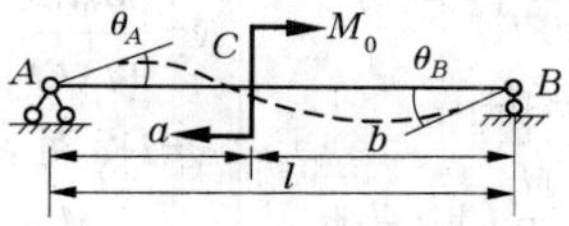	$\theta_A=\frac{M_0}{-6lEI}(l^2-3b^2)$ $\theta_B=\frac{M_0}{-6lEI}(l^2-3a^2)$ $\theta_C=\frac{M_0}{6lEI}(3a^2+3b^2-l^2)$	$0\leqslant x<a$： $y=\frac{M_0x}{-6lEI}(l^2-3b^2-x^2)$ $a<x\leqslant l$： $y=\frac{M_0(l-x)}{6lEI}[l^2-3a^2-(l-x)^2]$	$x=\sqrt{\frac{l^2-3b^2}{3}}$处： $y=-\frac{M_0(l^2-3b^2)^{\frac{3}{2}}}{9\sqrt{3}lEI}$ $x=l-\sqrt{\frac{l^2-3a^2}{3}}$处： $y=\frac{M_0(l^2-3a^2)^{\frac{3}{2}}}{9\sqrt{3}lEI}$
7	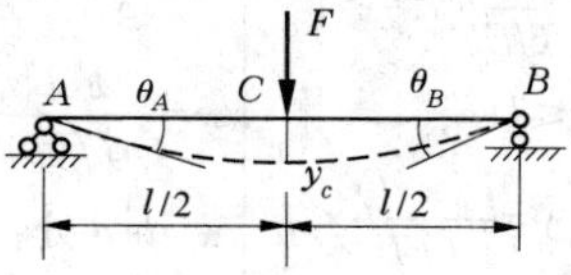	$\theta_A=-\theta_B=\frac{Fl^2}{16EI}$	$0\leqslant x\leqslant\frac{l}{2}$： $y=\frac{Fx}{48EI}(3l^2-4x^2)$	$y_C=\frac{Fl^3}{48EI}$
8	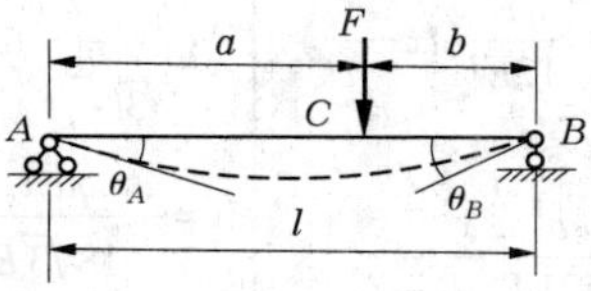	$\theta_A=\frac{Fab(l+b)}{6lEI}$ $\theta_B=-\frac{Fab(l+a)}{6lEI}$	$0\leqslant x\leqslant a$： $y=\frac{Fbx}{6lEI}(l^2-x^2-b^2)$ $a\leqslant x\leqslant l$： $y=\frac{Fb}{6lEI}[(l^2-b^2)x-x^3+\frac{l}{b}(x-a)^3]$	若 $a>b$ $x=\sqrt{\frac{l^2-b^2}{3}}$处： $y=\frac{\sqrt{3}Fb}{27lEI}(l^2-b^2)^{\frac{3}{2}}$ $x=\frac{l}{2}$处： $y_{\frac{l}{2}}=\frac{Fb}{48EI}(3l^2-4b^2)$
9	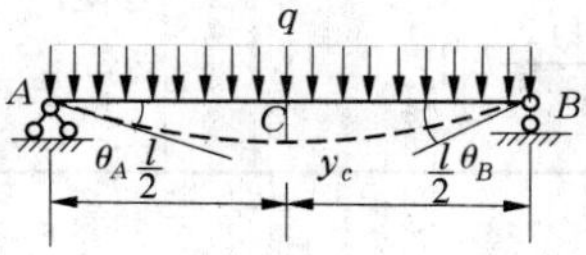	$\theta_A=-\theta_B=\frac{ql^3}{24EI}$	$y=\frac{qx}{24EI}(l^3-2lx^2+x^3)$	$y_C=\frac{5ql^4}{384EI}$
10	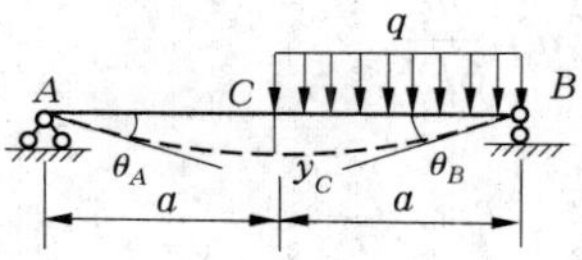	$\theta_A=\frac{7qa^3}{48EI}$ $\theta_B=-\frac{3qa^3}{16EI}$	$0\leqslant x\leqslant a$： $y=\frac{qa}{24EI}(\frac{7}{2}a^2x-x^3)$ $a\leqslant x\leqslant 2a$： $y=\frac{q}{24EI}[\frac{7}{2}a^3x+(x-a)^4-ax^3]$	$x=a$处： $y_C=\frac{5qa^4}{48EI}$

续表 6-3

序号	梁的简图	端截面转角	挠曲线方程	绝对值最大的挠度
11	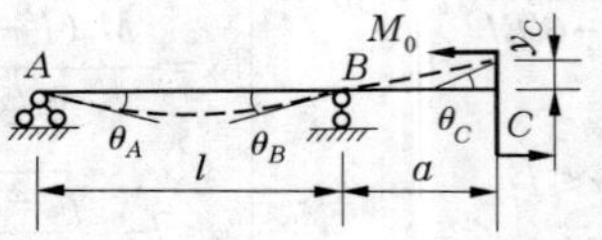	$\theta_A=\frac{M_0l}{6EI}$ $\theta_B=-\frac{M_0l}{3EI}$ $\theta_C=-\frac{M_0}{3EI}(l+3a)$	$0\leqslant x\leqslant l$: $y=\frac{M_0x}{6lEI}(l^2-x^2)$ $l\leqslant x\leqslant l+a$: $y=-\frac{M_0}{6EI}(3x^2-4lx+l^2)$	$x=\frac{l}{\sqrt{3}}$处: $y=\frac{M_0l^2}{9\sqrt{3}EI}$ $x=l+a$ 处: $y_C=-\frac{M_0a}{6EI}(2l+3a)$
12	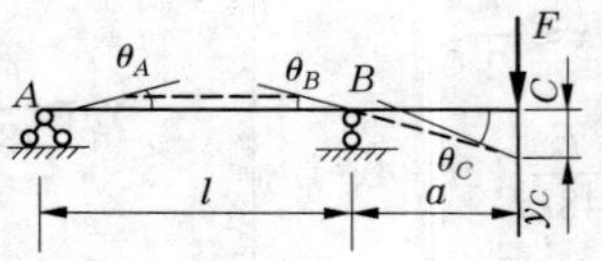	$\theta_A=-\frac{Fal}{6EI}$ $\theta_B=\frac{Fal}{3EI}$ $\theta_C=\frac{Fa}{6EI}(2l+3a)$	$0\leqslant x\leqslant l$: $y=-\frac{Fax}{6lEI}(l^2-x^2)$ $l\leqslant x\leqslant l+a$: $y=\frac{F(x-l)}{6EI}\times$ $[a(3x-l)-(x-l)^2]$	$x=\frac{l}{\sqrt{3}}$处: $y=-\frac{Fal^2}{9\sqrt{3}EI}$ $x=l+a$ 处: $y_C=\frac{Fa^2}{3EI}(l+a)$
13	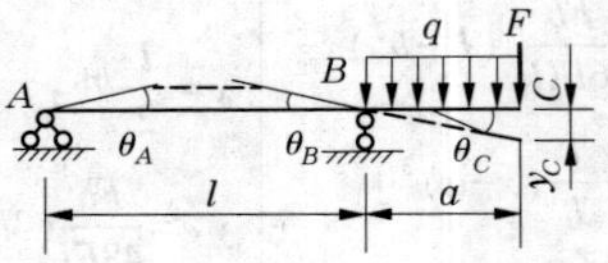	$\theta_A=-\frac{qa^2l}{12EI}$ $\theta_B=\frac{qa^2l}{6EI}$ $\theta_C=\frac{qa^2}{6EI}(l+a)$	$0\leqslant x\leqslant l$: $y=-\frac{qa^2}{12EI}(lx-\frac{x^2}{l})$ $l\leqslant x\leqslant l+a$: $y=\frac{qa^2}{12EI}[\frac{x^2}{l}-\frac{(2l+a)(x-l)^2}{al}+\frac{(x-l)^4}{2a^2}-lx]$	$x=\frac{l}{\sqrt{3}}$处: $y=-\frac{qa^2l^2}{18\sqrt{3}EI}$ $x=l+a$ 处: $y_C=\frac{qa^3}{24EI}(3a+4l)$

(2)计算 A 截面的位移。

CA 段梁上无荷载,它随着 BC 段的变形做刚性转动。所以,CA 段梁变形后仍应保持直杆。从变形的连续性可知,A 截面的转角与 C 截面的转角相同,而 A 点处的挠度应由 C 点处的挠度 y_C 再加上由于 C 截面转角的影响。考虑到小变形,$\tan\theta\approx\theta$。所以有

$$y_A=y_C+(l-a)\theta_C=\frac{qa^4}{8EI_z}+(l-a)\frac{qa^3}{6EI_z}$$

$$\theta_A=\theta_C=\frac{qa^3}{6EI_z}$$

三、梁的刚度条件

根据梁的强度条件设计了梁的截面以后,还需要按梁的刚度条件检查梁的变形是否在

允许的范围内,以保证梁的正常工作。土建工程中常以允许的挠度与梁跨长的比值[f/l]作为校核的标准。梁的刚度条件可写为

$$\frac{|y|_{max}}{l} \leqslant \left[\frac{f}{l}\right] \tag{6-20}$$

梁应同时满足强度条件和刚度条件,但在一般情况下,强度条件起控制作用。所以,在设计梁时,一般先由强度条件选择截面或确定许可荷载,再按刚度条件校核,若不满足,则需按刚度条件重新设计。

【例 6-6】 如图 6-23(a)所示的一矩形截面悬臂梁,$q=10$ kN/m,$l=3$ m,许用单位跨长挠度值 $[f/l]=1/250$,材料的许用应力 $[\sigma]=12$ MPa,弹性模量 $E=2\times10^4$ MPa,截面尺寸比 $h/b=2$。试确定截面尺寸 h、b。

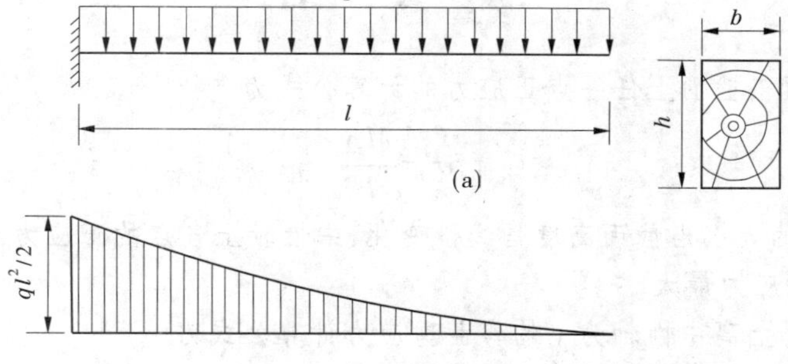

(b)M图

图 6-23

解:该梁既要满足强度条件,又要满足刚度条件,这时可分别按强度条件和刚度条件来设计截面尺寸,取其较大者。

(1)绘制弯矩图,确定最大弯矩,如图 6-23(b)所示。

$$M_{zmax} = \frac{ql^2}{2} = 45(\text{kN}\cdot\text{m})$$

(2)按强度条件 $\sigma_{max}=\frac{M_{zmax}}{W_z}\leqslant[\sigma]$ 设计截面尺寸。

抗弯截面系数分别为

$$W_z = \frac{bh^2}{6} = \frac{2b^3}{3}$$

把 M_{zmax} 及 W_z 代入强度条件,得

$$b \geqslant \sqrt[3]{\frac{3M_{max}}{2[\sigma]}} = \sqrt[3]{\frac{3\times45\times10^6}{2\times12}} = 178(\text{mm})$$

$$h = 2b = 356(\text{mm})$$

(3)按刚度条件 $\frac{|f|_{max}}{l}\leqslant\left[\frac{f}{l}\right]$ 设计截面尺寸。查表 6-3 得

$$f_{max} = \frac{ql^4}{8EI_z}$$

又
$$I_z = \frac{bh^3}{12} = \frac{2}{3}b^4$$

把 $f_{\max}$ 及 I_z 代入刚度条件，得

$$b \geqslant \sqrt[4]{\frac{3ql^3}{16\left[\frac{f}{l}\right]E}} = \sqrt[4]{\frac{3 \times 10 \times 3\ 000^3 \times 250}{16 \times 2 \times 10^4}} = 159(\mathrm{mm})$$

$$h = 2b = 318(\mathrm{mm})$$

综上，所要求的截面尺寸按大者选取，即 $h = 356$ mm，$b = 178$ mm。另外，工程上的截面尺寸应符合模数要求，取整数即 $h = 360$ mm，$b = 180$ mm。

小 结

(1) 纯弯曲梁横截面上任一点正应力的计算公式为

$$\sigma = \frac{M_z y}{I_z}$$

梁的正应力的大小沿截面高度呈线性变化，中性轴上各点的正应力为零，离中性轴最远的上、下边缘正应力最大。

(2) 梁横截面上离中性轴为 y 的弯曲剪应力计算公式为

$$\tau = \frac{QS_z^*}{I_z b}$$

梁横截面上的剪应力沿截面高度按抛物线规律变化，在截面上、下边缘剪应力为零，最大剪应力发生在中性轴上各点。

(3) 等直梁的正应力强度条件为

$$\sigma_{\max} = \frac{M_{z\max} y_{\max}}{I_z} = \frac{M_{z\max}}{W_z} \leqslant [\sigma]$$

剪应力强度条件为

$$\tau_{\max} = \frac{Q_{\max} S_{z\max}^*}{I_z b} \leqslant [\tau]$$

利用强度条件，可以解决梁的强度校核、设计截面尺寸和确定许可荷载三类问题。

(4) 工程中用挠度和转角来度量梁的变形，常用叠加法来计算。梁的刚度条件可写为

$$\frac{|y|_{\max}}{l} \leqslant \left[\frac{f}{l}\right]$$

在设计梁时，一般先由强度条件选择截面或确定许可荷载，再按刚度条件校核，若不满足，则需按刚度条件重新设计。

思考与练习

(一)思考题

1. 如图 6-24 所示各梁的横截面形状,当梁发生平面弯曲时,试绘出截面上沿直线 1—1 和 2—2 的正应力分布图(c 点为截面形心)。

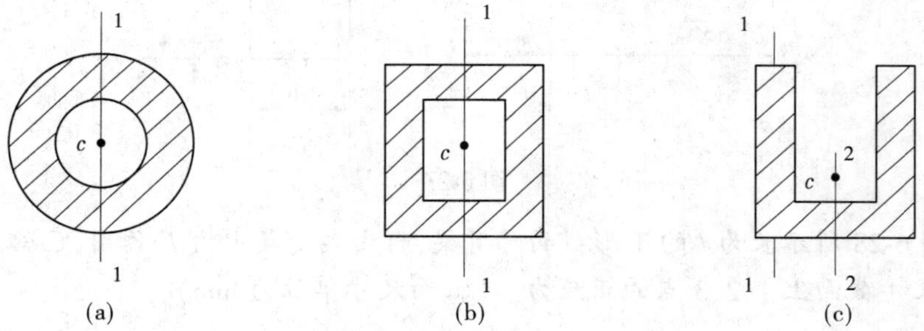

图 6-24

2. 铸铁梁的荷载及横截面形状如图 6-25 所示,若荷载不变,但将 T 形横截面倒置,问是否合理?

图 6-25

3. 请指出图 6-26 中各梁 $m—m$ 截面中性轴的位置,标出该截面的受拉区和受压区,并说明各梁的最大拉应力和最大压应力分别发生在何处。

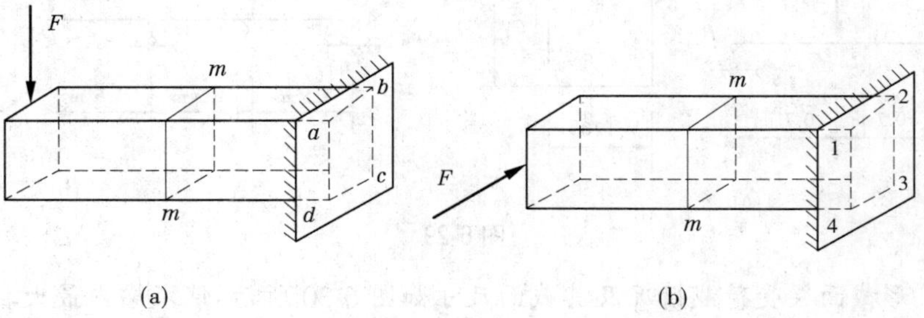

图 6-26

4. 弯矩最大的截面,是否一定就是梁的最危险截面?

5. 用塑性材料和脆性材料制成的梁,在强度校核和合理截面形式的选择上有何不同?

6. 为了提高梁的弯曲强度,需采取哪些措施?

(二)一般练习题

1. 矩形截面简支梁如图 6-27 所示,试求 C 截面上 a、b、c、d 四点的正应力,并画出该截面上的正应力分布图。(截面尺寸单位为 mm)

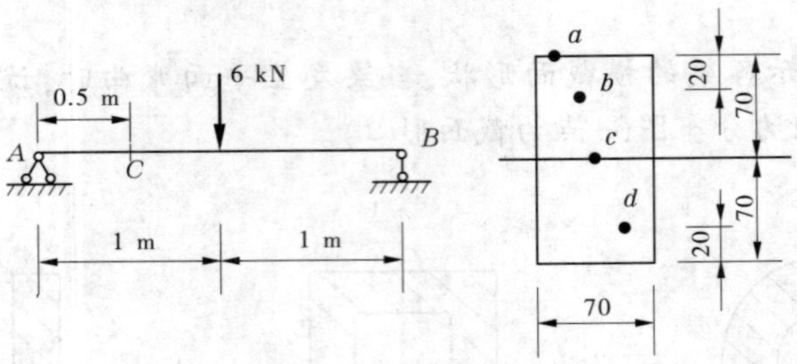

图 6-27

2. 如图 6-28 所示长为 l 的 T 形截面悬臂梁,自由端受集中力 F 作用,已知 $F=15$ kN,$l=1$ m,试求 A 截面上 1、2、3 点的正应力。(截面尺寸单位为 mm)

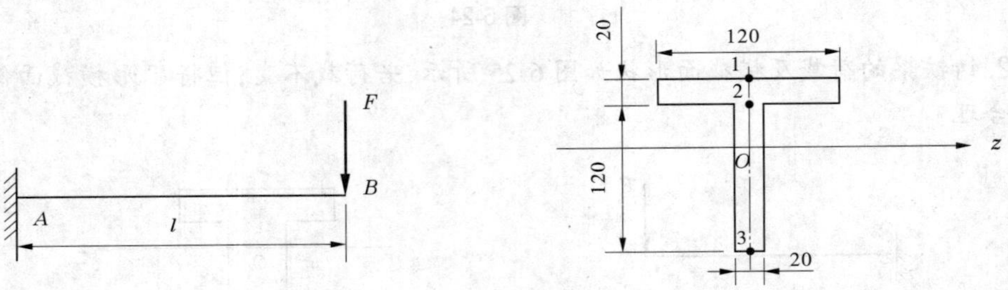

图 6-28

3. 试求图 6-29 中各梁的最大正应力及所在位置。(截面尺寸单位为 mm)

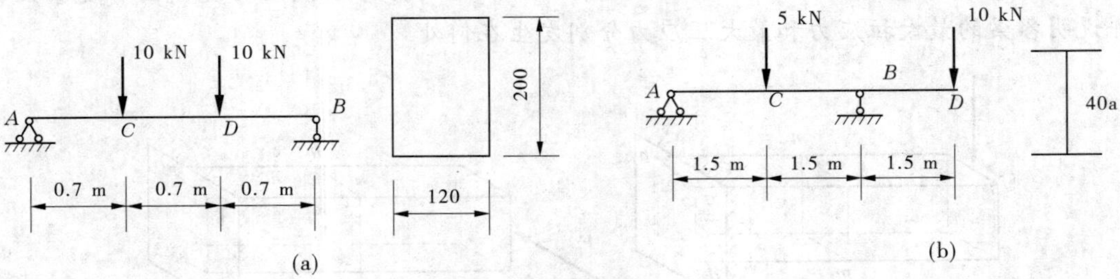

图 6-29

4. 倒 T 形截面梁受荷载情况及其截面尺寸如图 6-30 所示,试求梁内最大拉应力和最大压应力,并说明它们分别发生在何处。(截面尺寸单位为 mm)

5. 如图 6-31 所示矩形截面简支梁,已知 $l=2$ m,$h=15$ cm,$b=10$ cm,$y_1=5$ cm,$F=10$ kN。求 m—m 截面上 K 点的剪应力。

6. 一简支梁的受力及截面尺寸如图 6-32 所示,试求此梁的最大剪应力及其所在截面上腹板与翼缘交界处 C 的剪应力。(截面尺寸单位为 mm)

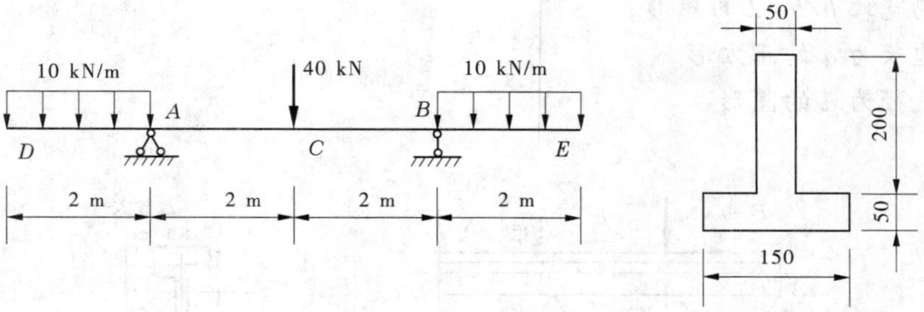

图 6-30

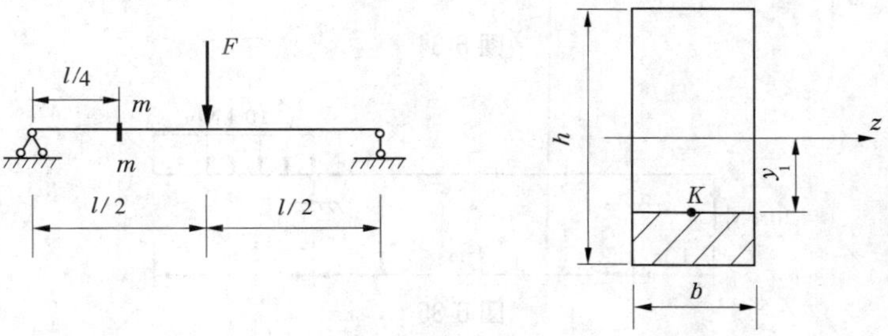

图 6-31

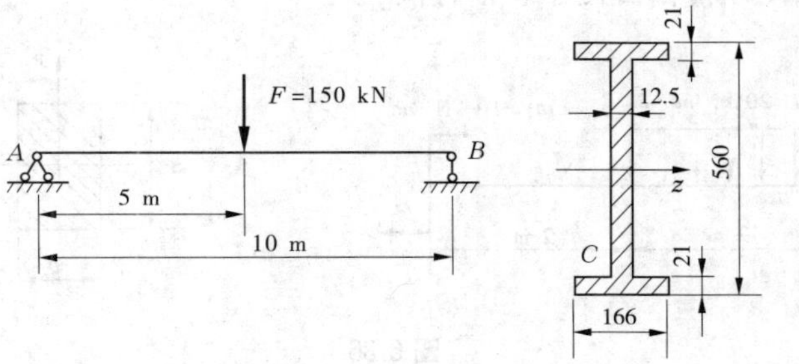

图 6-32

7. 图 6-33 为一受均布荷载作用的圆截面梁,其跨度 $l=3.0$ m,梁截面直径 $d=30$ mm,许用正应力 $[\sigma]=150$ MPa。试确定梁的许用均布荷载 $[q]$。

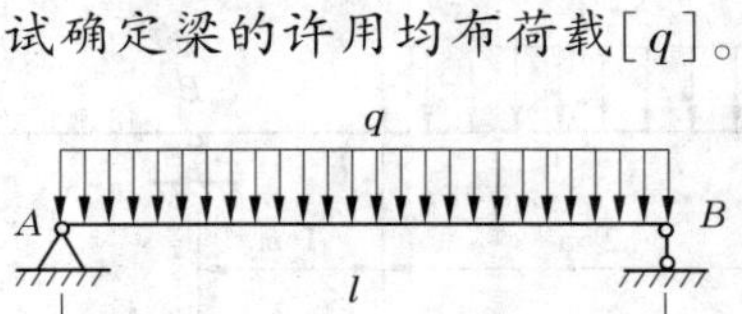

图 6-33

8. 如图 6-34 所示,一 T 形截面铸铁梁。铸铁的抗拉许用应力 $[\sigma^+]=30$ MPa,抗压许用应力 $[\sigma^-]=50$ MPa。已知截面对形心轴 z 的惯性矩 $I_z=763\ \text{cm}^4$,且 $y_1=52$ mm。试校核梁的强度。(截面尺寸单位为 mm)

9. 木梁的荷载如图 6-35 所示,材料的许用正应力 $[\sigma]=10$ MPa,试设计如下三种截面尺寸,并比较用料量。

(1)高宽比 $h/b=2$ 的矩形。

(2)边长为 a 的正方形。

(3)直径为 d 的圆形。

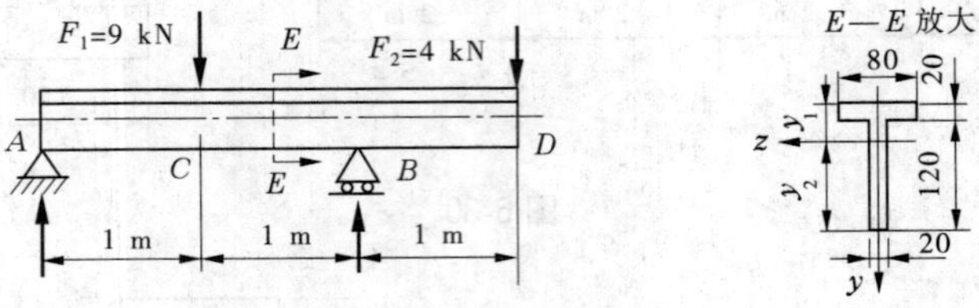

图 6-34

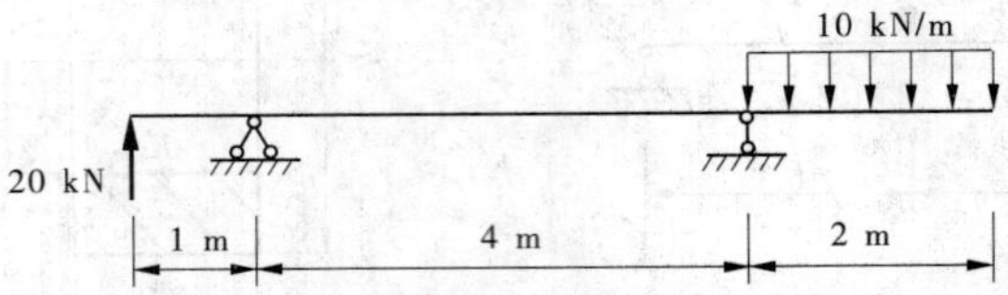

图 6-35

10. 矩形截面悬臂梁,$h=2b$,受力如图 6-36 所示,材料的许用正应力 $[\sigma]=160$ MPa。按正应力强度条件设计横截面尺寸 b、h 的值。

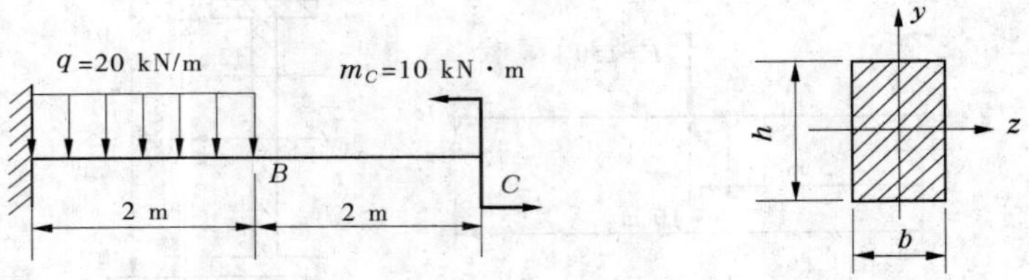

图 6-36

11. 外伸梁 AC 承受荷载如图 6-37 所示,$m_C=40$ kN · m,$q=20$ kN/m。材料的许用弯曲正应力 $[\sigma]=170$ MPa,许用剪应力 $[\tau]=100$ MPa。试选择工字钢的型号。

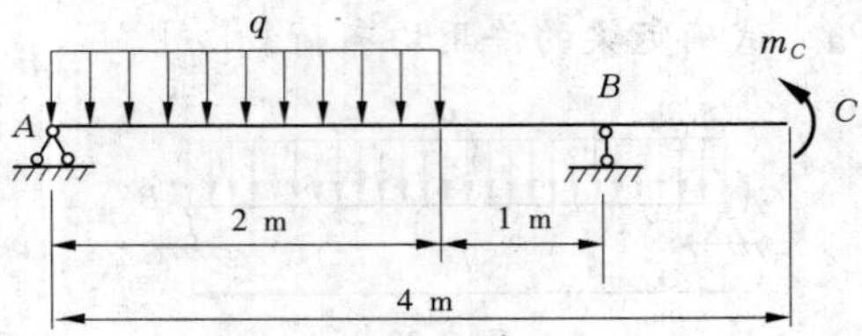

图 6-37

12. 一矩形截面的木梁,其截面尺寸及荷载如图 6-38 所示,已知 $q=1.5$ kN/m,许用应力 $[\sigma]=10$ MPa,许用剪应力 $[\tau]=2$ MPa。试校核梁的强度。(截面尺寸单位为 mm)

13. 简支梁 AB 承受如图 6-39 所示的均布荷载,其集度 $q=407$ kN/m。梁横截面的形状及尺寸如图 6-39(b)所示。梁材料的许用正应力 $[\sigma]=210$ MPa,许用剪应力 $[\tau]=130$ MPa。试校核梁的强度。(截面尺寸单位为 mm)

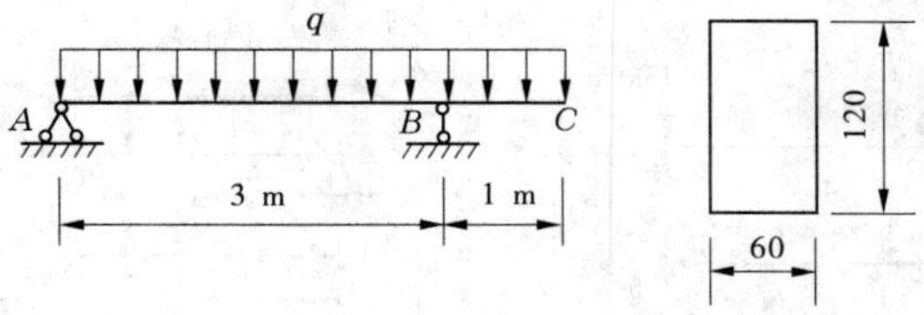

图 6-38

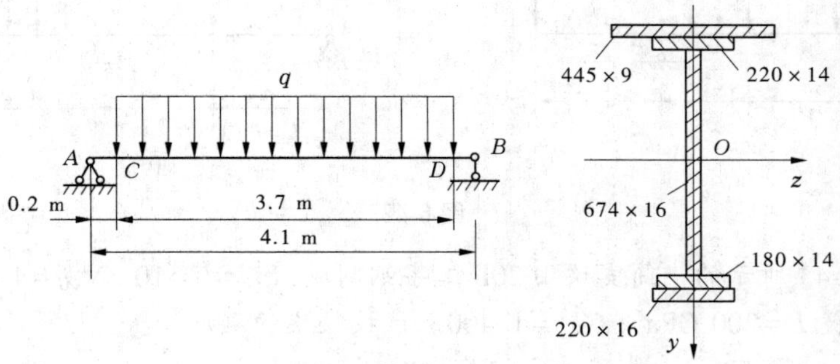

图 6-39

14. 两个 16a 槽钢组成的外伸梁所受荷载如图 6-40 所示。已知 $l=2$ m，钢材许用正应力 $[\sigma]=140$ MPa，试求此梁所能承受的最大荷载 F。

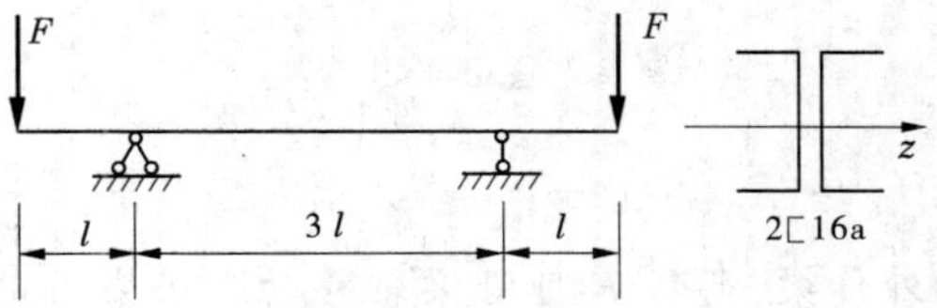

图 6-40

15. 试为图 6-41 所示施工用的钢轨枕木选择矩形截面尺寸。已知矩形截面的宽高比 $b:h=3:4$，枕木的许用应力 $[\sigma]=6.4$ MPa，$[\tau]=2.5$ MPa，钢轨传给枕木的压力 $F=98$ kN。

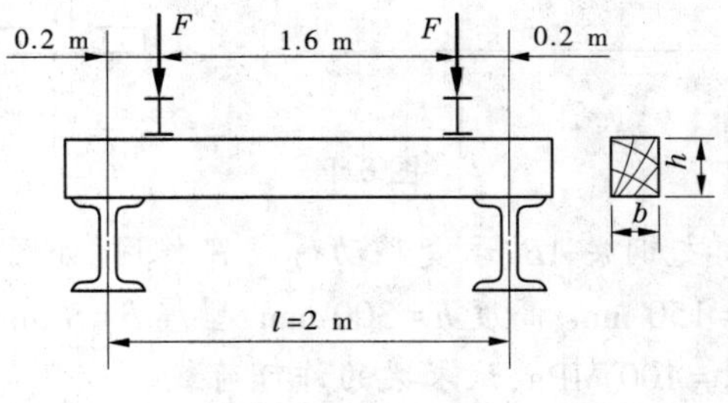

图 6-41

16. 用叠加法求图 6-42 所示各梁指定截面的挠度和转角。各梁 EI 为常数。

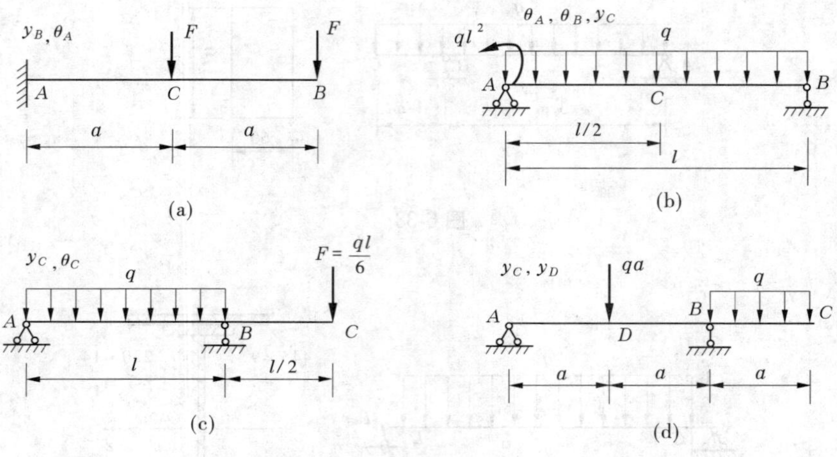

图 6-42

17. 如图 6-43 所示的一简支梁由 20b 工字钢制成,已知 $F=10$ kN,$q=4$ kN/m,$l=6$ m,材料的弹性模量 $E=200$ GPa,$[f/l]=1/400$。试校核梁的刚度。

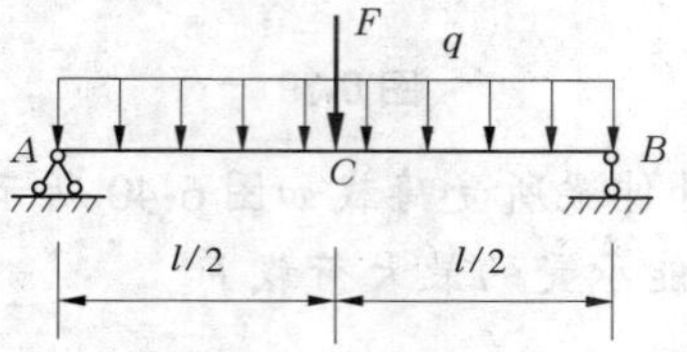

图 6-43

(三)较难练习题

1. 如图 6-44 所示的外伸梁,荷载 F 可沿梁轴移动。若梁用 18a 号工字钢制成,材料的许用弯曲正应力$[\sigma]=170$ MPa,许用弯曲剪应力$[\tau]=60$ MPa。试校核此梁的强度。

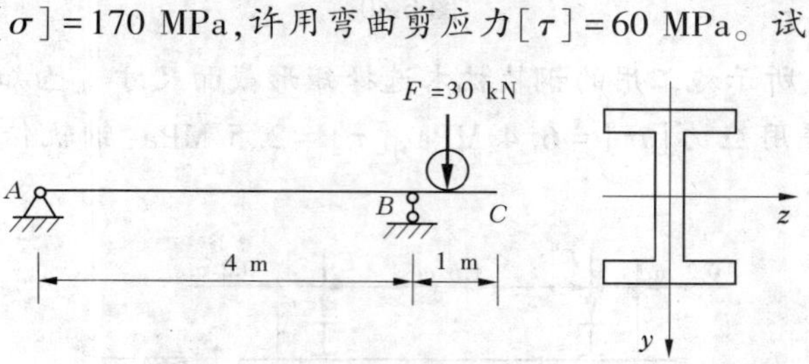

图 6-44

2. 一薄壁箱形截面简支钢梁 AB,承受移动荷载 F 作用,如图 6-45 所示。已知梁的长度 $l=2$ m,横截面宽度 $b=150$ mm、高度 $h=300$ mm、壁厚 $\delta=3$ mm,钢的许用正应力$[\sigma]=160$ MPa,许用剪应力$[\tau]=100$ MPa,试求梁的许可荷载。

3. 跨长 $l=11.5$ m 的临时桥的主梁,由两根 50b 号工字钢相叠铆接而成,如图 6-46 所示。梁受均布荷载 q 作用,能够在许用正应力$[\sigma]=165$ MPa 下工作。已知铆钉直径 $d=23$ mm,许用剪应力$[\tau]=95$ MPa,试按剪切强度条件计算铆钉间的最大间距 s_{max}。

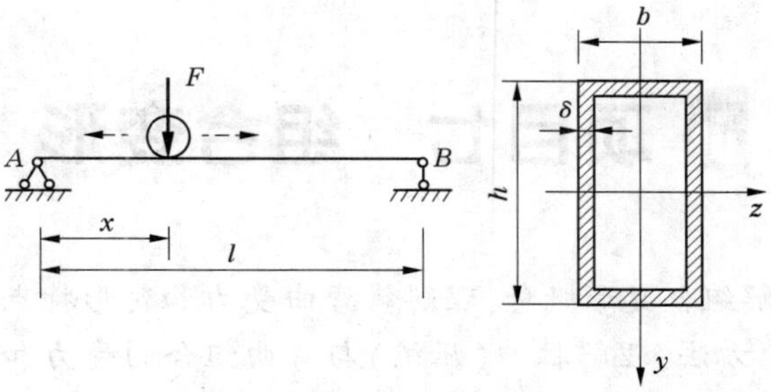

图 6-45

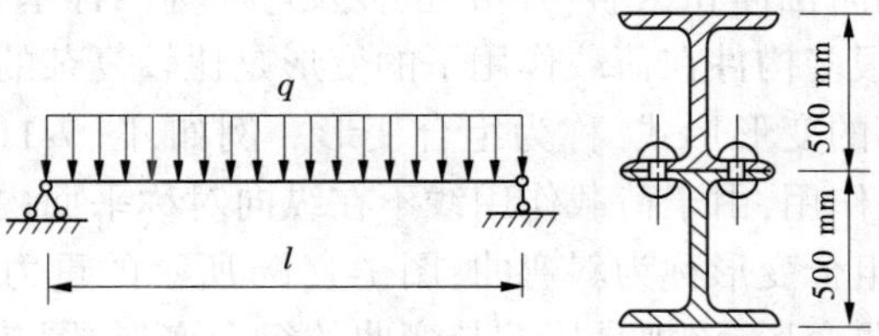

图 6-46

4. 由 10 号工字钢制成的 ABD 梁，如图 6-47 所示。左端 A 处为固定铰支座，B 处用铰链与钢制圆截面杆 BC 连接，BC 杆在 C 处用铰链悬挂。已知圆截面杆直径 $d=20$ mm，梁和杆的许用应力均为$[\sigma]=160$ MPa，试求结构的许用均布荷载集度$[q]$。

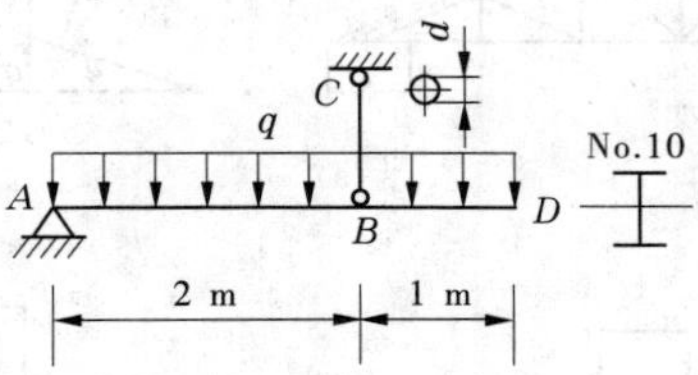

图 6-47

5. 试求图 6-48 所示梁的支座反力。设弯曲刚度 EI 为常数。

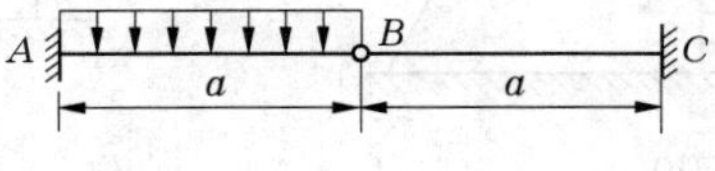

图 6-48

项目七　组合变形

【学习目标】　理解组合变形概念，理解斜弯曲受力和变形特点，掌握利用叠加原理进行强度、挠度计算的方法；理解拉伸（压缩）与弯曲组合的受力和变形特点，掌握拉伸（压缩）与弯曲组合的强度计算；理解偏心压缩（拉伸）的受力和变形特点，掌握偏心压缩（拉伸）的强度计算，了解截面核心的意义。

此前的项目研究了轴向拉伸和压缩、剪切、扭转及弯曲等四种基本变形时的内力和应力计算。在实际工程中，很多构件在荷载作用下的变形是比较复杂的，常常是同时产生两种或两种以上的基本变形的变形形式，称为组合变形。例如，图 7-1(a)所示屋架上的檩条受到屋面传来的荷载 q 作用，由于荷载作用线不在纵向对称平面内，檩条将在 y、z 两个方向发生平面弯曲，这种组合变形称为斜弯曲；图 7-1(b)所示的重力坝，自重使坝底受压力，水压力使坝体产生弯曲变形，该坝是压缩与弯曲的组合变形；图 7-1(c)所示工业厂房的承重柱同时承受屋架传来的荷载 F_1 和吊车荷载 F_2 的作用，因其合力作用线与柱子的轴线不重合，柱子发生偏心压缩。

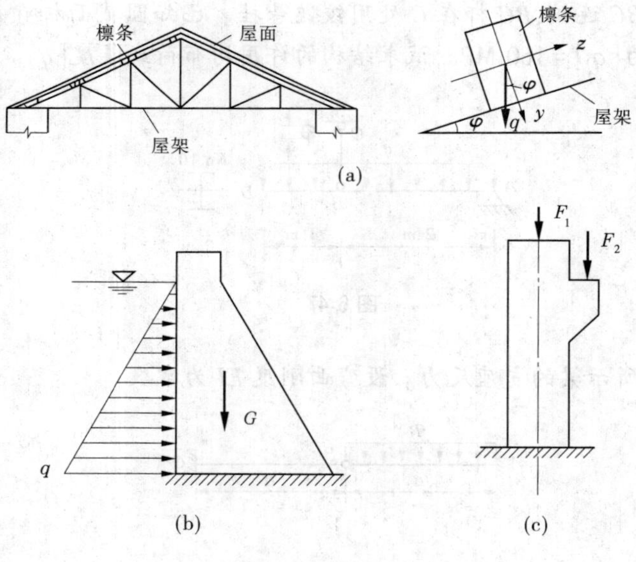

图 7-1

组合变形一般用叠加法进行分析。所谓叠加原理，是在材料服从胡克定律和小变形条件下，内力、应力、变形等参量均与荷载呈线性关系，因此各荷载分别单独作用所产生的应力、变形等可叠加计算。利用叠加原理计算组合变形时，其步骤是“先分解，后叠加”。“先分解”就是先将组合变形分解为各基本变形，分别计算各基本变形的应力或变形。

“后叠加”就是将基本变形计算的应力或变形叠加，即得组合变形的应力或变形。

任务一　斜弯曲

一、受力和变形的特点

对于横截面具有竖向对称轴的梁，当外力作用在梁的纵向对称平面内(形心主惯性平面)，变形后梁的挠曲线仍在此对称平面内，即发生平面弯曲，如图 7-2(a)所示。

如果外力通过梁的截面形心，且垂直于梁的轴线，但外力作用线并不与两形心主轴重合，如图 7-2(b)所示屋面的檩条。如果将外力沿两形心主轴分解，如图 7-2(c)所示，此时梁在两个分力作用下，分别在横向对称平面(xOz 平面)和纵向对称平面(xOy 平面)内发生平面弯曲，此时梁弯曲变形后的挠曲线并不位于外力作用平面内，这种弯曲变形称为斜弯曲，它是两个互相垂直方向的平面弯曲的组合，也称为双向平面弯曲。

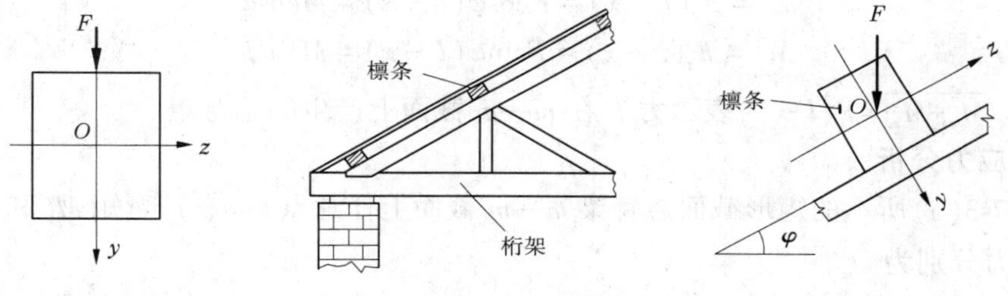

(a)　(b)　(c)

图 7-2

码 7-1　动画-斜弯曲

码 7-2　斜弯曲学习指导和内容

码 7-3　微课-斜弯曲(一)

码 7-4　微课-斜弯曲(二)

二、强度计算和刚度计算

(一)外力分析

如图 7-3(a)所示的矩形截面悬臂梁，矩形截面的 z、y 轴为形心主轴，作用于梁自由端的外力 F 通过截面形心，且与形心主轴 y 的夹角为 φ。将外力 F 沿 y 轴和 z 轴分解得

$$F_y = F\cos\varphi \qquad F_z = F\sin\varphi$$

F_y 将使梁在纵向对称平面 xOy 内发生平面弯曲，而 F_z 将使梁在横向对称平面 xOz 内发生平面弯曲，即该悬臂梁发生斜弯曲变形。

(二)内力分析

梁发生平面弯曲时，横截面上有剪力和弯矩两种内力。剪力影响较小，忽略其影响，

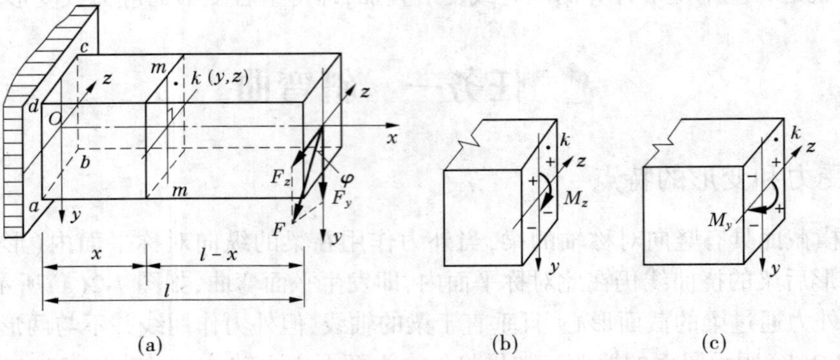

图 7-3

故只计算弯矩。在距固定端为 x 的 $m—m$ 截面处，F 的两个分力 F_y 和 F_z 所产生的弯矩分别为

$$M_z = F_y(l - x) = F\cos\varphi(l - x) = M\cos\varphi$$
$$M_y = F_z(l - x) = F\sin\varphi(l - x) = M\sin\varphi$$

式中，$M=\sqrt{M_y^2+M_z^2}=F(l-x)$，表示力 F 在 $m—m$ 截面上产生的总弯矩。

（三）应力分析

在图 7-3(a)所示的矩形截面悬臂梁 $m—m$ 截面上任意点 $k(y,z)$，弯矩 M_z 和 M_y 所对应的正应力分别为

$$\sigma' = \frac{M_z \cdot y}{I_z} \qquad \sigma'' = \frac{M_y \cdot z}{I_y}$$

式中：I_z 和 I_y 分别为截面对 z 轴和 y 轴的惯性矩；y 和 z 分别是 k 点到 z 轴和 y 轴的距离。

根据叠加原理，k 点总的弯曲正应力，应为上述两个正应力的代数和，即

$$\sigma = \sigma' + \sigma'' = \frac{M_z \cdot y}{I_z} + \frac{M_y \cdot z}{I_y}$$

对于其他各点及其他支承形式和荷载情况，分析方法与上述相同，故可得计算斜弯曲应力的一般公式为

$$\sigma = \sigma' + \sigma'' = \pm\frac{M_z \cdot y}{I_z} \pm \frac{M_y \cdot z}{I_y} \tag{7-1}$$

计算时，M_z、M_y、y、z 都取绝对值代入，公式中的正、负号分别由弯矩 M_z 和 M_y 在 k 点引起正应力的性质直接由观察确定，拉应力为正号，压应力为负号，如图 7-3(b)、(c)所示。

（四）强度计算

进行强度计算时，首先应确定危险截面，然后确定危险截面上的危险点。危险截面即为最大弯矩所在的截面；截面上的中性轴位置确定后，用两条平行于中性轴的直线与截面周边相切，则其切点为最大应力点，即危险点。

对于图 7-3(a)所示的悬臂梁，当 $x=0$ 时，弯矩 M_z 和 M_y 同时达到最大值。因此，固

定端截面就是危险截面，根据对变形的判断，可知棱角 c 点和 a 点是危险点，其中 c 点有最大拉应力，a 点有最大压应力，最大正应力的数值为

$$\sigma_{\max} = \frac{M_{z\max} \cdot y_{\max}}{I_z} + \frac{M_{y\max} \cdot z_{\max}}{I_y}$$

因此，若材料的抗拉强度和抗压强度相等，则其强度条件为

$$\sigma_{\max} = \frac{M_{z\max}}{W_z} + \frac{M_{y\max}}{W_y} \leqslant [\sigma] \tag{7-2}$$

式中：W_z 和 W_y 分别为截面对 z 轴和 y 轴的抗弯截面系数，$W_z = \frac{I_z}{y_{\max}}$，$W_y = \frac{I_y}{z_{\max}}$。

若材料的抗拉强度和抗压强度不相等，则其强度条件为

$$\left.\begin{aligned} \sigma_{t\max} &= \frac{M_{z\max}}{W_z} + \frac{M_{y\max}}{W_y} \leqslant [\sigma_t] \\ |\sigma_{c\max}| &= \left| -\frac{M_{z\max}}{W_z} - \frac{M_{y\max}}{W_y} \right| \leqslant [\sigma_c] \end{aligned}\right\} \tag{7-3}$$

运用上述强度条件，可对斜弯曲梁进行强度校核、选择截面和确定许可荷载三类问题的计算。但是，在设计截面尺寸时，因上述公式不能同时确定 W_z 和 W_y 两个未知量，故需首先假设 W_z/W_y 的值，然后和上述公式联解求出 W_z 和 W_y，选出截面后再按上述公式进行强度校核。一般情况下，在工程上，对于矩形截面取 $W_z/W_y = 1.2 \sim 2$；工字形截面取 $W_z/W_y = 8 \sim 10$。

（五）刚度计算

y、z 方向的挠度分别为 f_y 和 f_z，根据叠加原理，总挠度就是 f_y 和 f_z 的几何相加：

$$f = \sqrt{f_y^2 + f_z^2}$$

设挠度 f 与 y 轴的夹角为 α，则可用下式求得

$$\tan\alpha = \frac{f_z}{f_y}$$

刚度条件为

$$f_{\max} \leqslant [f] \tag{7-4}$$

【例 7-1】 矩形截面木檩条如图 7-4 所示，跨长 $L = 3.3$ m，简支在坡度为 1∶2 的屋架上，受集度 $q = 800$ N/m 的均布力作用，檩条截面宽和高分别为 $b = 80$ mm，$h = 120$ mm，$[\sigma] = 12$ MPa，容许挠度 $[f] = L/200$，$E = 9$ GPa，试校核此梁的强度和刚度。

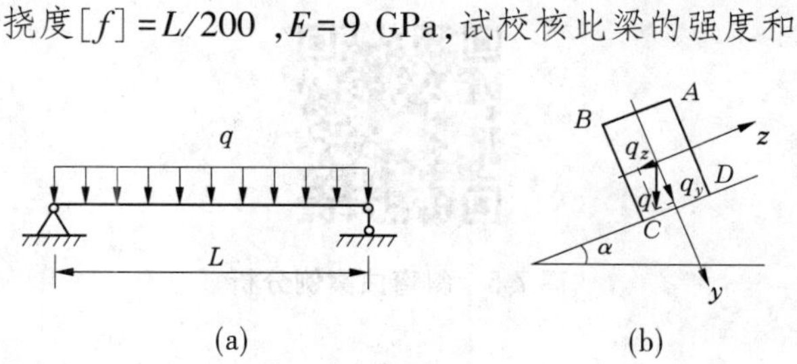

图 7-4

解:(1)外力分析。

屋架坡度为1:2,即 $\tan\alpha=\frac{1}{2}$,$\alpha=26°34'$,将均布荷载 q 沿对称轴 y 轴和 z 轴分解,得

$$q_y=q\cos\alpha=800\times0.894=715(\mathrm{N/m})$$
$$q_z=q\sin\alpha=800\times0.447=358(\mathrm{N/m})$$

(2)内力分析。

危险截面为跨中截面。

$$M_{z\max}=\frac{q_yL^2}{8}=\frac{715\times3.3^2}{8}=973(\mathrm{N\cdot m})$$

$$M_{y\max}=\frac{q_zL^2}{8}=\frac{358\times3.3^2}{8}=487(\mathrm{N\cdot m})$$

(3)强度计算。

跨中截面离中性轴最远的 A 点有最大压应力,C 点有最大拉应力,它们的值大小相等,是危险点。

$$\sigma_{\max}=\frac{M_{z\max}}{W_z}+\frac{M_{y\max}}{W_y}=\frac{973\times10^3}{\frac{1}{6}\times80\times120^2}+\frac{487\times10^3}{\frac{1}{6}\times120\times80^2}=8.87(\mathrm{MPa})<[\sigma]$$

因此,该梁的强度足够。

(4)刚度计算。

$$f_{z\max}=\frac{5q_zL^4}{384EI_y}=\frac{5\times358\times10^{-3}\times3.3^4\times10^{12}}{384\times9\times10^3\times\frac{1}{12}\times120\times80^3}=11.99(\mathrm{mm})$$

$$f_{y\max}=\frac{5q_yL^4}{384EI_z}=\frac{5\times715\times10^{-3}\times3.3^4\times10^{12}}{384\times9\times10^3\times\frac{1}{12}\times80\times120^3}=10.65(\mathrm{mm})$$

$$f_{\max}=\sqrt{f_{z\max}^2+f_{y\max}^2}=\sqrt{11.99^2+10.65^2}=16.04(\mathrm{mm})<[f]=\frac{3.3\times10^3}{200}=16.5(\mathrm{mm})$$

因此,该梁的刚度足够。

$$\tan\alpha=\frac{f_z}{f_y}=\frac{11.99}{10.65},\quad \alpha=48.39°$$

码 7-5　斜弯曲案例分析

任务二 拉伸(压缩)与弯曲的组合

一、受力和变形的特点

当杆件同时受轴向外力和横向外力作用时,杆件将产生拉伸(压缩)与弯曲的组合变形。如图 7-5(a)所示的挡土墙,在墙的自重作用下发生轴向压缩变形;在土的推力作用下发生弯曲变形,即挡土墙发生压缩和弯曲的组合变形。由于挡土墙抗弯刚度 EI 较大,土的推力作用发生的弯曲变形而产生的挠度,远小于其横截面的尺寸,则自重由此而产生的弯矩可以略去不计。这样,可认为自重仅产生压缩变形,土的推力仅产生弯曲变形,两者各自独立。因此,可以应用叠加原理进行分析计算。

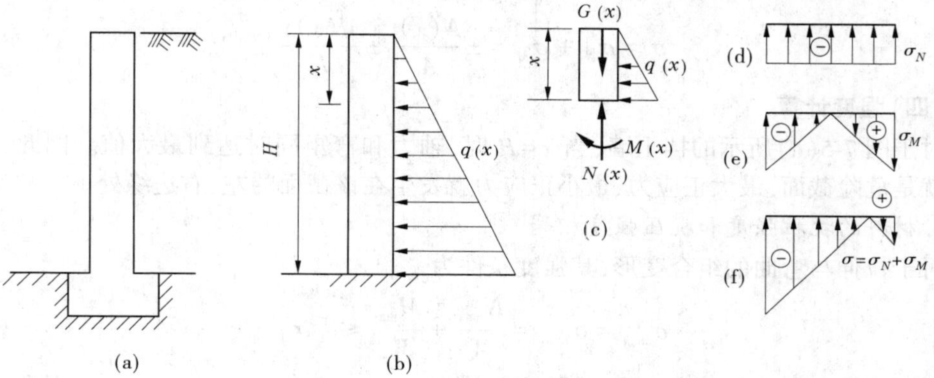

图 7-5

码 7-6 拉伸(压缩)与弯曲的学习指导和内容

码 7-7 微课-拉(压)与弯曲的组合

二、强度计算

(一)外力分析

如图 7-5(b)所示的挡土墙计算简图,其上所受荷载有水平方向的土压力 $q(x)$ 和垂直方向的自重 $G(x)$。土压力使挡土墙产生弯曲变形,自重使其产生压缩变形。

(二)内力分析

在距挡土墙顶端为 x 的截面处,自重 $G(x)$ 和土压力 $q(x)$ 分别在挡土墙横截面上产生轴力 $N(x)$ 和弯矩 $M(x)$ 两种内力分量,如图 7-5(c)所示。

（三）应力分析

在距挡土墙顶端为 x 的截面处，轴力 $N(x)$ 和弯矩 $M(x)$ 对应的压应力和弯曲正应力分别为

$$\sigma_N = -\frac{N(x)}{A}, \qquad \sigma_M = \pm\frac{M(x)y}{I_z}$$

根据叠加原理，该截面上任一点的总应力为压应力和弯曲正应力的叠加，如图 7-5(d)、(e)、(f)（图中为 $|\sigma_{M\max}| > |\sigma_N|$ 的情况）所示，即

$$\sigma = \sigma_N + \sigma_M = -\frac{N(x)}{A} \pm \frac{M(x)y}{I_z}$$

上式中的第一项对于拉伸与弯曲的组合变形则为正号，第二项正负号由计算点处弯曲正应力的性质来决定，即弯曲在该点产生拉应力时取正，反之取负。

这样，可得计算拉伸（压缩）与弯曲组合变形应力的一般公式为

$$\sigma = \sigma_N + \sigma_M = \pm\frac{N(x)}{A} \pm \frac{M(x)y}{I_z} \tag{7-5}$$

（四）强度计算

对于图 7-5(a) 所示的挡土墙，当 $x = H$ 时，轴力和弯矩同时达到最大值。因此，底部截面就是危险截面，最大正应力、最小正应力就发生在该截面的左、右边缘处。

1. 材料的抗拉强度和抗压强度相等

对于拉伸与弯曲的组合变形，其强度条件为

$$\sigma_{\max} = \sigma_{t\max} = \frac{N_{\max}}{A} + \frac{M_{\max}}{W_z} \leqslant [\sigma] \tag{7-6}$$

对于压缩与弯曲的组合变形，其强度条件为

$$\sigma_{\max} = |\sigma_{c\max}| = \left| -\frac{N_{\max}}{A} - \frac{M_{\max}}{W_z} \right| \leqslant [\sigma] \tag{7-7}$$

2. 材料的抗拉强度和抗压强度不相等

对于拉伸与弯曲的组合变形，其强度条件为

$$\left.\begin{aligned} \sigma_{t\max} &= \frac{N_{\max}}{A} + \frac{M_{\max}}{W_z} \leqslant [\sigma_t] \\ |\sigma_{c\max}| &= \left| \frac{N_{\max}}{A} - \frac{M_{\max}}{W_z} \right| \leqslant [\sigma_c] \end{aligned}\right\} \tag{7-8}$$

式(7-8)中的第二式，若计算结果为正，即为拉应力，则无须校核该点抗压强度。

对于压缩与弯曲的组合变形，其强度条件为

$$\left.\begin{aligned} \sigma_{t\max} &= -\frac{N_{\max}}{A} + \frac{M_{\max}}{W_z} \leqslant [\sigma_t] \\ |\sigma_{c\max}| &= \left| -\frac{N_{\max}}{A} - \frac{M_{\max}}{W_z} \right| \leqslant [\sigma_c] \end{aligned}\right\} \tag{7-9}$$

式(7-9)中的第一式若计算结果为负，即为压应力，则无须校核该点抗拉强度。

【例 7-2】　如图 7-6 所示一浆砌块石挡土墙，墙高 4 m，已知墙背承受的土压力 $F=137$ kN，并且与铅垂线的夹角 $\alpha=45.7°$，浆砌石的密度为 2.35×10^3 kg/m^3，其他尺寸如图 7-6 所示。取 1 m 长的墙体作为计算对象，试计算作用在截面 AB 上 A 点和 B 点处的正应力。砌体的许用压应力 $[\sigma_c]=3.5$ MPa，许用拉应力 $[\sigma_t]=0.14$ MPa，试对砌体的强度进行校核。

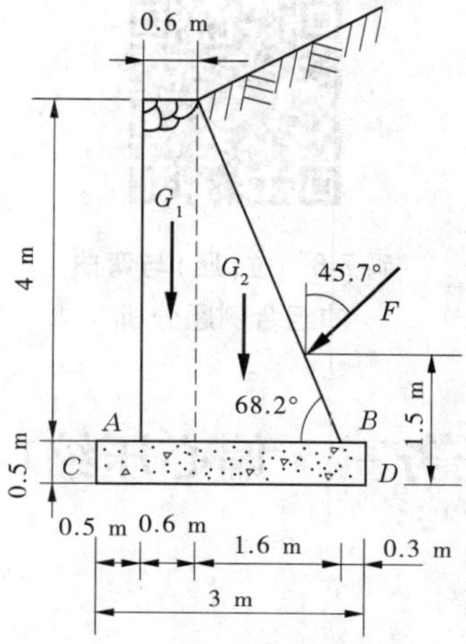

图 7-6

解：(1) 外力分析。

沿墙长方向取 1 m 作为计算单元，分块计算砌体的重量：

$$G_1=(0.6\times1\times4)\times2.35\times10^3\times9.8=55.272(\text{kN})$$

$$G_2=(\frac{1}{2}\times1.6\times4\times1)\times2.35\times10^3\times9.8=73.696(\text{kN})$$

(2) 内力分析。

各力到 AB 截面形心的距离分别如下：

G_1 到 AB 截面形心的距离 $e_1=1.1-0.3=0.8(\text{m})$

G_2 到 AB 截面形心的距离 $e_2=(0.6+\frac{1.6}{3})-1.1=0.0333(\text{m})$

F_y 到 AB 截面形心的距离 $e_3=(2.2-1\times\cot68.2°)-1.1=0.70(\text{m})$

F_x 到 AB 截面形心的距离 $e_4=1.5-0.5=1(\text{m})$

将上述各力向 AB 截面形心平移，挡土墙发生压缩与弯曲组合变形，则 AB 截面的内力为：

$$N=G_1+G_2+F\cos45.7°=55.272+73.696+137\times\cos45.7°=224.651(\text{kN})$$

$$\begin{aligned}M&=G_1e_1-G_2e_2-F_ye_3+F_xe_4\\&=55.272\times0.8-73.696\times0.0333-137\times\cos45.7°\times0.70+137\times\sin45.7°\times1\\&=72.835(\text{kN}\cdot\text{m})\end{aligned}$$

(3) 应力分析。

$$\sigma_A=-\frac{N}{A}-\frac{M}{W_z}=-\frac{224.651}{2.2\times1}-\frac{72.835}{\frac{1}{6}\times1\times2.2^2}=-0.192(\text{MPa})$$

$$\sigma_B=-\frac{N}{A}+\frac{M}{W_z}=-\frac{224.651}{2.2\times 1}+\frac{72.835}{\frac{1}{6}\times 1\times 2.2^2}=-0.012(\text{MPa})$$

(4) 强度校核。

因为 $|\sigma_A|<[\sigma_c]$，$|\sigma_B|<[\sigma_c]$，所以砌体强度足够。

码 7-8　拉(压)与弯曲的组合例题分析

任务三　偏心压缩(拉伸)

一、受力和变形的特点

当作用在杆件上的外力与杆轴平行而不重合时，杆件发生轴向压缩(拉伸)与纯弯曲组合的变形，称为偏心压缩(拉伸)。偏心压缩(拉伸)是工程实际中常见的组合变形形式。图 7-7 为厂房建筑中的边柱，作用在边柱上的压力不与边柱的轴线重合，但与边柱的轴线平行，边柱产生轴向压缩与纯弯曲的变形组合，即偏心压缩，压力 F 称为偏心压力，偏心压力的作用点到截面形心的距离 e 称为偏心距。再例如，混凝土重力坝刚建成还未挡水时，坝的水平截面仅受不通过形心的重力作用，也属于偏心压缩。对这类问题，仍然运用叠加原理来解决。

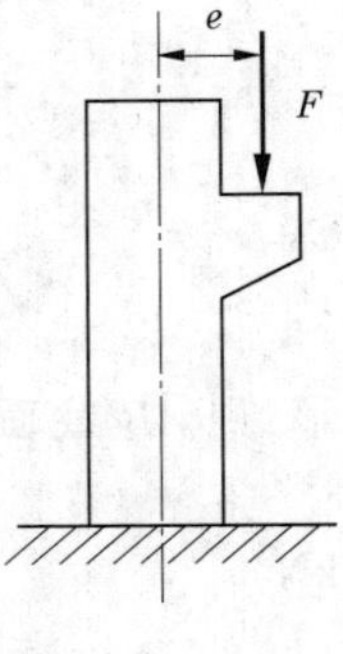

图 7-7

码 7-9　偏心压缩(拉伸)学习指导及学习内容

码 7-10　微课-偏心压缩(一)

码 7-11　微课-偏心压缩(二)

二、强度计算

(一) 单向偏心压缩

偏心压力 F 作用在截面的对称轴上且其作用线与杆件轴线平行时，称为单向偏心压缩。

1. 外力分析

如图 7-8(a)所示的柱子,若将偏心压力 F 平移到截面形心 O 点,应用力的平移定理,则得到一个轴向压力 F 和一个附加力偶 m,且 $m=Fe$,如图 7-8(b)所示。F 使杆件发生轴向压缩变形,m 使杆件在 xOy 平面内产生纯弯曲,z 轴为中性轴。

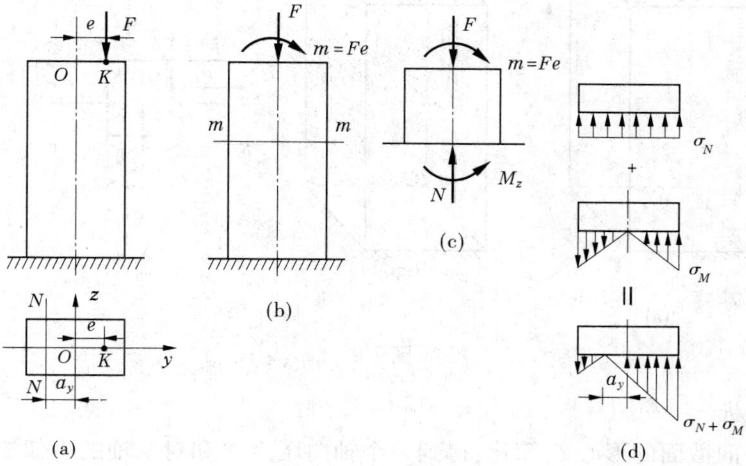

图 7-8

2. 内力分析

如图 7-8(c)所示,柱子 $m—m$ 截面的内力为轴力 N 和弯矩 M_z,其值分别为

$$N=F(\text{压力}) \qquad M_z=Fe$$

3. 应力分析

利用叠加原理,将轴力 N 对应的正应力 σ_N 与弯矩 M 对应的正应力 σ_M 叠加起来,如图 7-8(d)所示,可得单向偏心压缩时任意横截面上任一点正应力的计算式:

$$\sigma=\sigma_N+\sigma_M=-\frac{N}{A}\pm\frac{M_z y}{I_z}=-\frac{F}{A}\pm\frac{Fey}{I_z} \tag{7-10}$$

应用式(7-10)时,各量均以绝对值代入,式(7-10)中第二项前的正负号通过弯曲正应力的性质来确定,即弯曲在该点产生拉应力时取正,反之取负。

4. 强度计算

由图 7-8(d)可知,偏心压缩时的中性轴不再通过截面形心,是一条与 z 轴平行的直线 $N—N$。最大正应力和最小正应力分别发生在横截面上距中性轴 $N—N$ 最远的左、右两边缘。因此,其强度条件为

$$\left.\begin{aligned}|\sigma_{c\max}|&=\left|-\frac{N}{A}-\frac{M_z}{W_z}\right|\leqslant[\sigma_c]\\ \sigma_{t\max}&=-\frac{N}{A}+\frac{M_z}{W_z}\leqslant[\sigma_t]\end{aligned}\right\} \tag{7-11}$$

式(7-11)中第二式若计算结果为负,即为压应力,则无须校核抗拉强度。

(二)双向偏心压缩

当偏心压力 F 的作用线与柱轴线平行,但不通过横截面任一形心主轴时,称为双向

偏心压缩。如图 7-9(a)所示,偏心压力 F 至 z 轴的偏心距为 e_y,至 y 轴的偏心距为 e_z。

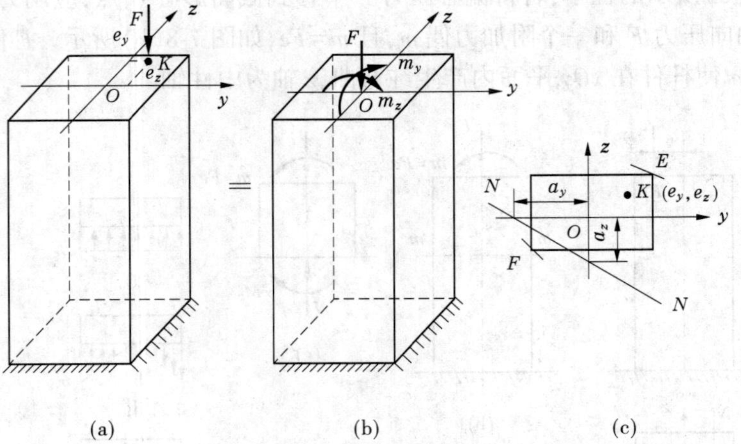

图 7-9

1. 外力分析

将压力 F 向截面的形心 O 简化,得到一个轴向压力 F 和对 y 轴的力偶矩 $m_y=Fe_z$,对 z 轴的力偶矩 $m_z=Fe_y$,如图 7-9(b)所示。

2. 内力分析

图 7-9 中柱子任一截面上的内力有轴力 $N=F$(压力)、弯矩 $M_y=Fe_z$ 和 $M_z=Fe_y$。因此,双向偏心压缩实质上是压缩与两个方向纯弯曲的组合变形,或压缩与斜弯曲的组合变形。

3. 应力分析

根据叠加原理,将轴力 N、弯矩 M_y 与弯矩 M_z 分别对应的正应力叠加起来,可得双向偏心压缩时任意横截面上任一点正应力的计算式:

$$\sigma=\sigma_N+\sigma_{M_y}+\sigma_{M_z}=-\frac{N}{A}\pm\frac{M_y}{I_y}z\pm\frac{M_z}{I_z}y=-\frac{F}{A}\pm\frac{Fe_z}{I_y}z\pm\frac{Fe_y}{I_z}y \tag{7-12}$$

应用上式时,各量均以绝对值代入,公式中第二、三项前的正负号通过弯曲正应力的性质来确定,即弯曲在该点产生拉应力时取正,反之取负。

4. 强度计算

如图 7-9(c)所示,最大正应力和最小正应力分别发生在截面距中性轴 $N—N$ 最远的角点 E、F 处。因此,其强度条件为:

$$\left.\begin{aligned}|\sigma_{c\max}|&=\left|-\frac{N}{A}-\frac{M_y}{W_y}-\frac{M_z}{W_z}\right|\leqslant[\sigma_c]\\ \sigma_{t\max}&=-\frac{N}{A}+\frac{M_y}{W_y}+\frac{M_z}{W_z}\leqslant[\sigma_t]\end{aligned}\right\} \tag{7-13}$$

式(7-13)中第二式若计算结果为负,即为压应力,则无须校核该点抗拉强度。

三、截面核心

由前面分析可知,当偏心压力 F 和截面形状、尺寸确定后,应力的分布只与偏心距有关。偏心距愈小，横截面上拉应力的数值也就愈小。因此，总可以找到包含截面形心在内的一个特定区域，当偏心压力作用在该区域内时，截面上只产生压应力，不出现拉应力，这个区域称为截面核心。工程中常用的砖、石、混凝土等脆性材料，它们的抗拉强度远远小于抗压强度，对于这类材料做成的偏心受压构件，应当力求整个截面上只出现压应力，而不出现拉应力，这就要求荷载必须作用在截面核心内。

如图 7-10 所示的矩形截面单向偏心压缩杆件，要使横截面上不出现拉应力，即要求应力满足下式：

$$-\frac{F}{A}+\frac{Fe}{W_z}\leqslant 0$$

即

$$-\frac{F}{bh}+\frac{Fe}{\frac{bh^2}{6}}\leqslant 0$$

可得

$$e\leqslant\frac{h}{6}$$

这表明当偏心压力作用在 y 轴上 $\pm\frac{h}{6}$ 范围内时，截面上不会出现拉应力。同理，当偏心压力作用在 z 轴上 $\pm\frac{b}{6}$ 的范围内时，截面上就不会出现拉应力。当偏心压力不作用在对称轴上时，可以证明将图中 1、2、3、4 点顺次用直线连接所得的菱形，即为矩形截面核心。常见截面的截面核心如图 7-11 所示。

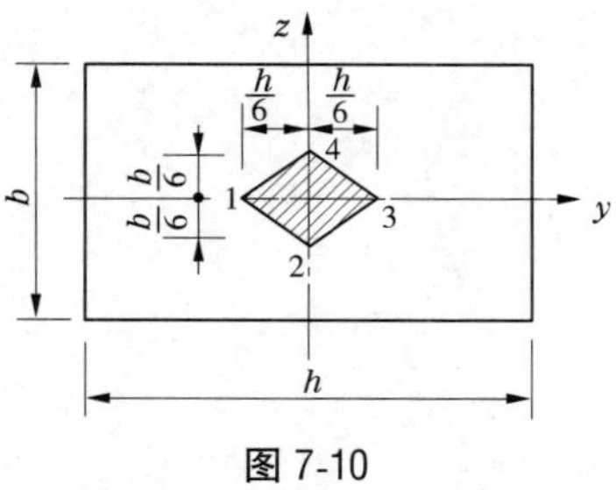

图 7-10

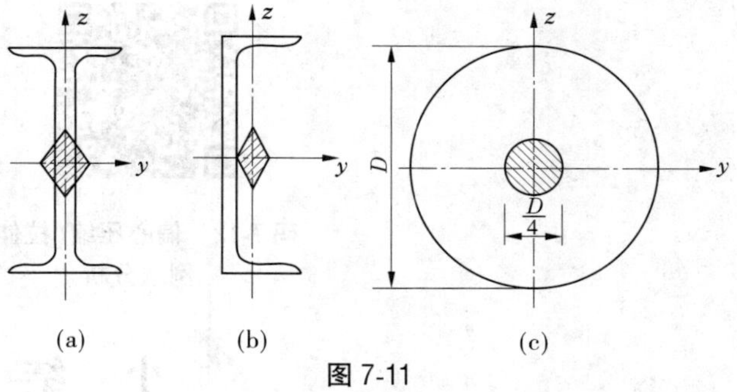

图 7-11

由于截面核心的形状和大小可以由截面形状和尺寸确定，因此可以根据截面核心的形状和尺寸来控制偏心压力的作用位置，从而保证截面上只产生压应力。

【例 7-3】 如图 7-12 所示砖柱的横截面面积 $bh=0.3\ \text{m}^2$，柱顶荷载作用在离形心 $b/6$ 的 A 点，柱的自重 $G=40\ \text{kN}$。材料的许用压应力 $[\sigma_c]=1.05\ \text{MPa}$。按压应力强度条件确定柱顶的许可荷载 $[F]$。

解：(1) 外力分析。

荷载 F 的作用线与柱的轴线平行，且作用在一条形心主轴 y 上，距截面形心 $b/6$，故该砖柱产生单向偏心压缩变形。将荷载 F 向砖柱顶面形心平移，得到一轴向压力 F 和附加力偶矩 $Fb/6$。

(2) 内力分析。

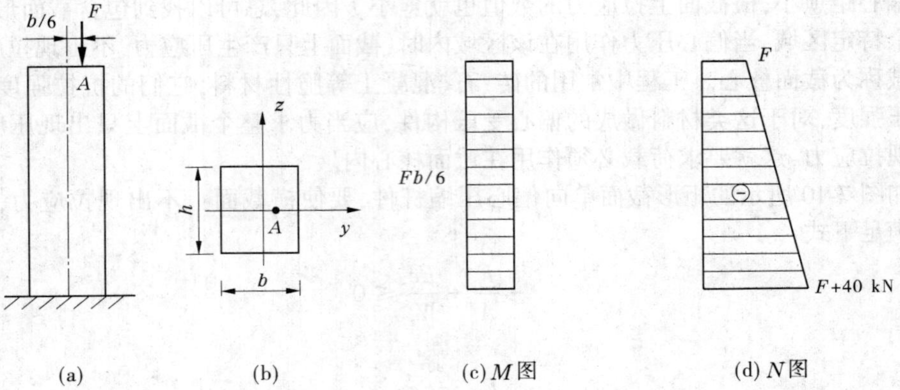

图 7-12

作砖柱的弯矩图和轴力图，如图 7-12(c)、(d)所示。

(3)应力分析，确定许可荷载。

由内力图可判断出柱底截面为危险截面，右侧边缘的各点为最大压应力所在的危险点。

$$|\sigma_{\mathrm{cmax}}| = \left| -\frac{N_{\max}}{A} - \frac{M_{z\max}}{W_z} \right| = \frac{F+40}{bh} + \frac{\frac{Fb}{6}}{\frac{hb^2}{6}} = \frac{F+40}{bh} + \frac{F}{bh} \leqslant [\sigma_c]$$

得 $F \leqslant 137.5$ kN，即 $[F] = 137.5$ kN。

码 7-12　偏心压缩(拉伸)例题分析

小　结

(1)组合变形是同时产生两种或两种以上的基本变形组合而成的变形形式。组合变形一般用叠加法进行分析。

(2)组合变形的计算步骤是“先分解，后叠加”。

①外力分析。将组合变形分解为各基本变形，通常是将横向力沿截面形心主轴分解，纵向力向截面形心平移，使每一个外力分量只产生一种基本变形。

②内力分析。按分解后的基本变形计算内力，明确危险截面位置及危险截面上的内力方向。

③应力分析。分别计算各基本变形的应力或变形，将其叠加即得组合变形的应力或变形。通过明确危险点的位置，进行强度和刚度计算。

(3)主要计算公式。

①斜弯曲是两个互相垂直方向的平面弯曲的组合,也称为双向平面弯曲。

若材料的抗拉强度和抗压强度相等,则其强度条件为

$$\sigma_{\max} = \frac{M_{z\max}}{W_z} + \frac{M_{y\max}}{W_y} \leqslant [\sigma]$$

若材料的抗拉强度和抗压强度不相等,则其强度条件为

$$\left.\begin{aligned} \sigma_{t\max} &= \frac{M_{z\max}}{W_z} + \frac{M_{y\max}}{W_y} \leqslant [\sigma_t] \\ |\sigma_{c\max}| &= \left| -\frac{M_{z\max}}{W_z} - \frac{M_{y\max}}{W_y} \right| \leqslant [\sigma_c] \end{aligned}\right\}$$

②拉伸(压缩)与弯曲的组合变形是轴向拉伸(压缩)和平面弯曲的组合变形。

对于拉伸与弯曲的组合变形,则其强度条件为

$$\left.\begin{aligned} \sigma_{t\max} &= \frac{N_{\max}}{A} + \frac{M_{\max}}{W_z} \leqslant [\sigma_t] \\ |\sigma_{c\max}| &= \left| \frac{N_{\max}}{A} - \frac{M_{\max}}{W_z} \right| \leqslant [\sigma_c] \end{aligned}\right\}$$

对于压缩与弯曲的组合变形,则其强度条件为

$$\left.\begin{aligned} \sigma_{t\max} &= -\frac{N_{\max}}{A} + \frac{M_{\max}}{W_z} \leqslant [\sigma_t] \\ |\sigma_{c\max}| &= \left| -\frac{N_{\max}}{A} - \frac{M_{\max}}{W_z} \right| \leqslant [\sigma_c] \end{aligned}\right\}$$

③偏心压缩(拉伸)是轴向压缩(拉伸)与纯弯曲组合的变形。

单向偏心压缩强度条件为

$$\left.\begin{aligned} |\sigma_{c\max}| &= \left| -\frac{N}{A} - \frac{M_z}{W_z} \right| \leqslant [\sigma_c] \\ \sigma_{t\max} &= -\frac{N}{A} + \frac{M_z}{W_z} \leqslant [\sigma_t] \end{aligned}\right\}$$

双向偏心压缩强度条件为

$$\left.\begin{aligned} |\sigma_{c\max}| &= \left| -\frac{N}{A} - \frac{M_y}{W_y} - \frac{M_z}{W_z} \right| \leqslant [\sigma_c] \\ \sigma_{t\max} &= -\frac{N}{A} + \frac{M_y}{W_y} + \frac{M_z}{W_z} \leqslant [\sigma_t] \end{aligned}\right\}$$

应用上述公式计算应力时,各量均以绝对值代入,各基本变形的应力正负号根据变形情况直接确定,然后再叠加。

(4)截面核心。

当偏心压力作用点位于截面形心周围的一个区域内时,横截面上只有压应力而没有拉应力,这个区域就是截面核心。工程中常用的砖、石、混凝土等脆性材料做成的偏心受压构件,要求荷载必须作用在截面核心内。

思考与练习

(一)思考题

1. 何谓组合变形？如何计算组合变形杆件横截面上任一点的应力？

2. 何谓单向偏心拉伸(压缩)？何谓双向偏心拉伸(压缩)？

3. 斜弯曲变形与平面弯曲变形的受力变形特点有什么不同？

4. 对斜弯曲和拉(压)弯组合变形杆进行强度计算时，为何只考虑正应力而不考虑剪应力？

5. 什么叫偏心受压柱的截面核心？它与截面的形状和尺寸及外力的大小是否有关？它在工程中有什么实际意义？

(二)一般练习题

1. 如图 7-13 所示木制悬臂梁在水平对称平面内受力 $F_1=1.6$ kN，竖直对称平面内受力 $F_2=0.8$ kN 的作用，梁的矩形截面尺寸为 9 cm×18 cm，$E=10$ GPa，试求梁的最大拉压应力数值及其位置。

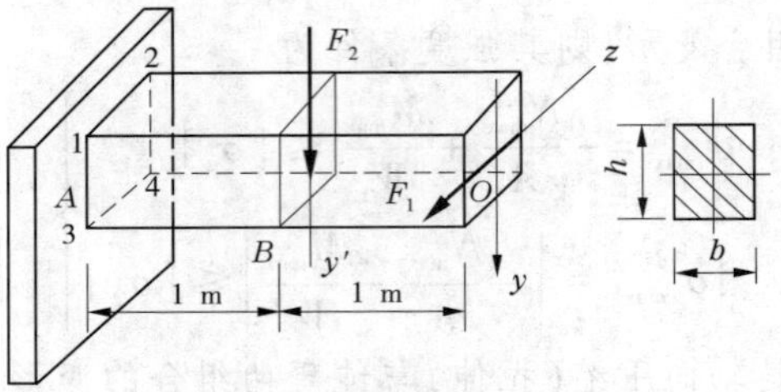

图 7-13

2. 受集度 $q=2$ kN/m 的均布荷载作用的矩形截面简支梁，其荷载作用面与梁的纵向对称面间的夹角 $\alpha=30°$，如图 7-14 所示。已知该梁材料的弹性模量 $E=10$ GPa，梁的尺寸为 $l=4$ m、$h=160$ mm、$b=120$ mm，许用应力 $[\sigma]=12$ MPa，容许挠度 $\left[\dfrac{f}{l}\right]=l/150$。试校核梁的强度和刚度。

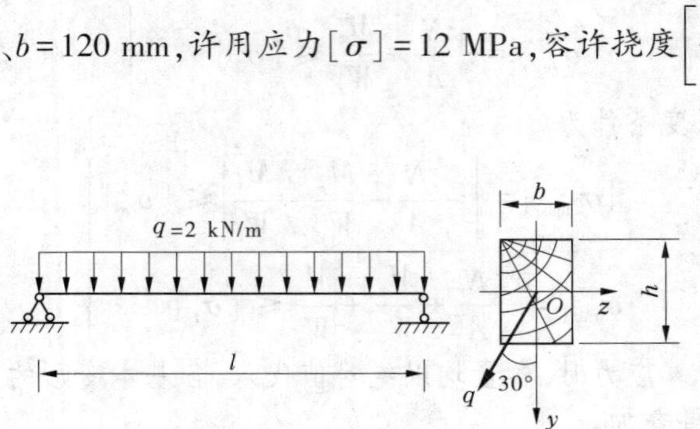

图 7-14

3. 如图 7-15 所示桥式起重机大梁材料为 32a 工字钢，$l=4$ m，行进时由于某种原因，偏离纵向对称面一个角度 φ，若 $\varphi=15°$，荷载 $F=30$ kN，$[\sigma]=160$ MPa，试校核梁的强度。

4. 如图 7-16 所示某厂房柱子，受到吊车梁的铅垂轮压 $F=220$ kN，屋架传给柱顶的水

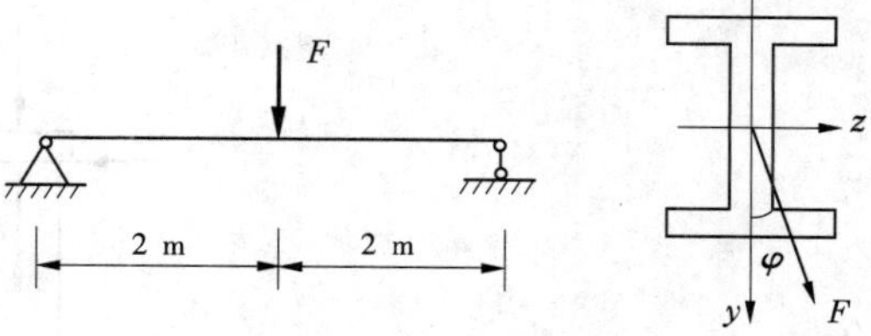

图 7-15

平力 $Q=8$ kN，风荷载 $q=1$ kN/m 的作用。F 作用线离柱的轴线距离 $e=0.4$ m，柱子高 9.5 m，柱子底部截面为矩形，尺寸为 1 m×0.3 m，试计算柱子底部危险点的应力。

5. 如图 7-17 所示起重用悬臂式吊车，梁 AC 由 18 号工字钢制成，材料的许用正应力 $[\sigma]=100$ MPa。当吊起物重(包括小车重) $F=25$ kN，并作用于梁的中点 D 时，试校核梁 AC 的强度。

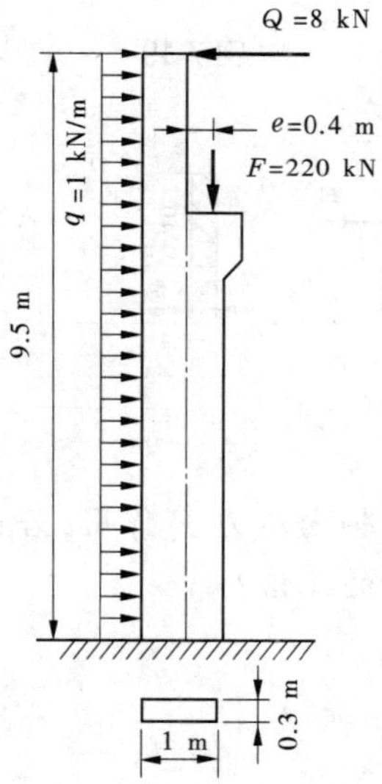

图 7-16

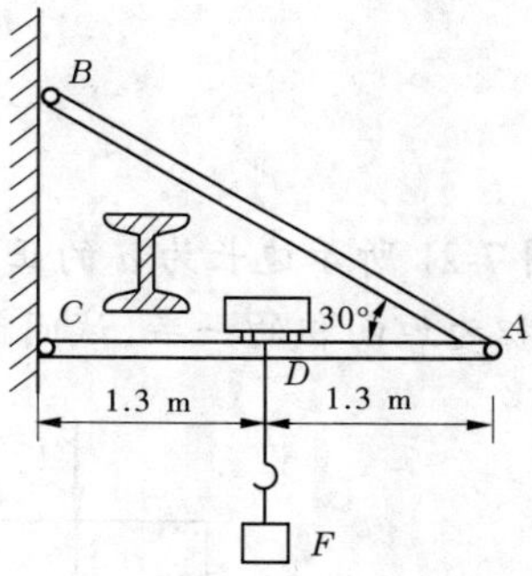

图 7-17

6. 如图 7-18 所示渡槽空心墩。已知墩上受渡槽与水的重量为 $G_1=4\ 543$ kN，截面 AB 以上墩身自重 $G_2=5\ 115$ kN，风压力对截面 AB 上 y—y 轴产生的力矩 $m=7\ 514$ kN·m，截面 AB 的面积 $A=4.67\ m^2$。抗弯截面系数 $W_y=6.42\ m^3$。求 AB 截面上的最大压应力。

7. 矩形截面杆受力如图 7-19 所示，F_1 和 F_2 的作用线均与杆的轴线重合，F_3 垂直杆轴线且作用在杆的对称平面内，已知 $F_1=5$ kN，$F_2=10$ kN，$F_3=1.2$ kN，$l=2$ m，$b=12$ cm，$h=18$ cm，试求杆中的最大压应力。

8. 受拉构件形状如图 7-20 所示，已知截面尺寸为 40 mm×5 mm，承受轴向拉力 $F=12$ kN。现拉杆开有切口，如不计应力集中影响，当材料的 $[\sigma]=100$ MPa 时，试确定切口的最大许可深度 x 的值。

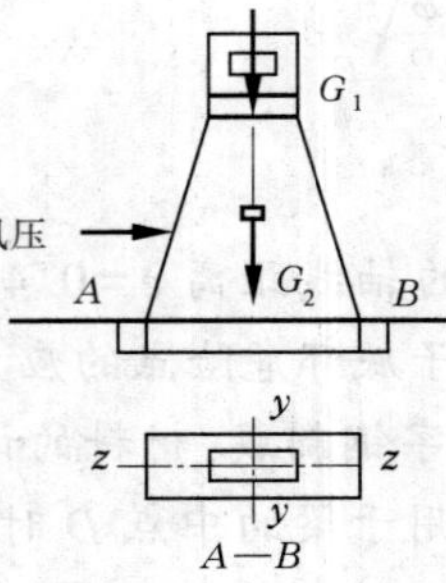

图 7-18

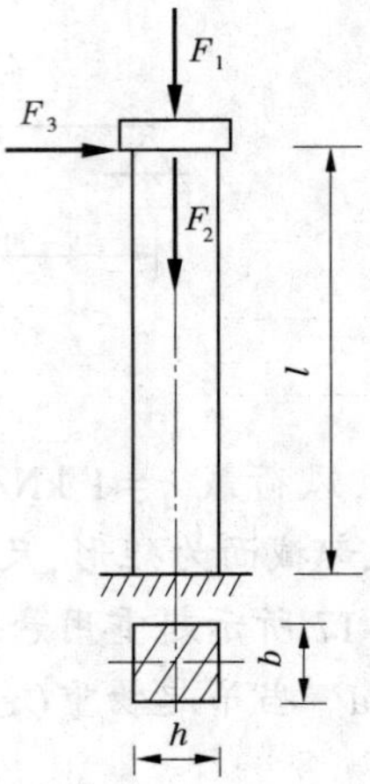

图 7-19

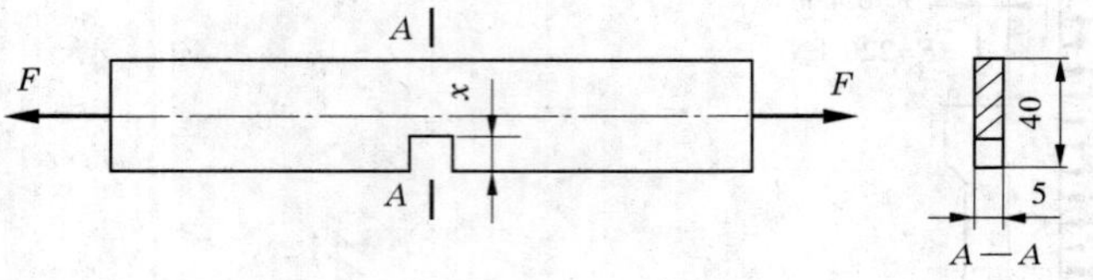

图 7-20

9. 如图 7-21 所示边长为 a 的正方形截面短柱，受到轴向压力 F 作用，若在中间开一切槽，其面积为原面积的一半，试问最大压应力是不开槽的几倍？

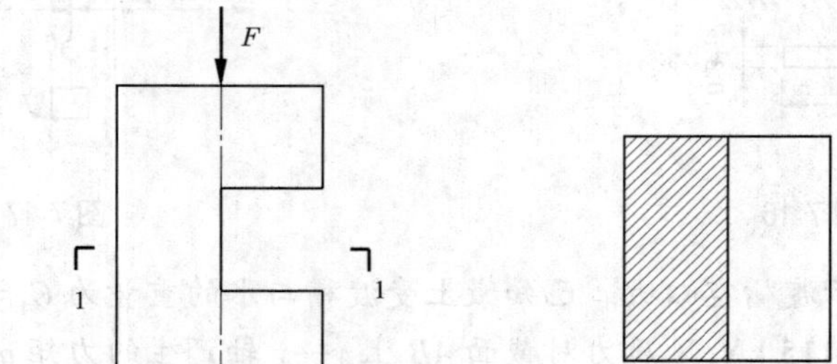

图 7-21

10. 求图 7-22 所示杆在 $F=100$ kN 作用下的 σ_{tmax} 数值，并指明所在位置。（图中尺寸单位为 mm）

11. 如图 7-23 所示一混凝土重力坝，坝高 $H=30$ m，底宽 $B=19$m，受水压力和自重作用。已知坝前水深 $H=30$ m，坝体材料容重 $\gamma=24$ kN/m^3，许用应力 $[\sigma_c]=10$ MPa，坝体底面不允许出现拉应力，试校核该截面正应力强度。

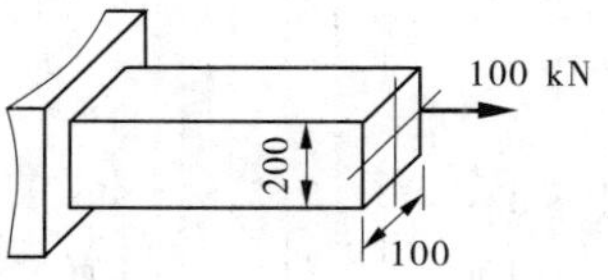

图 7-22

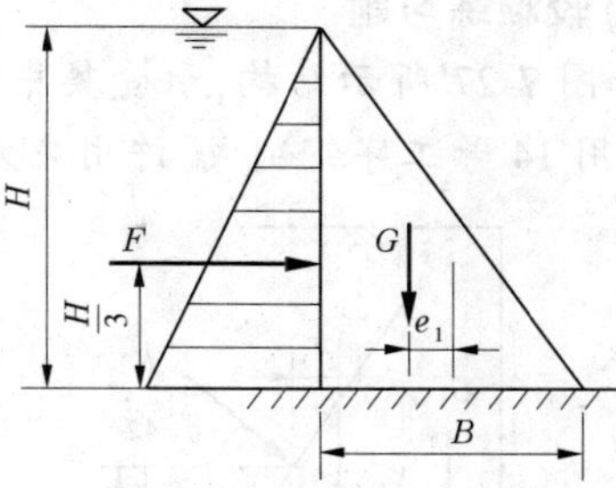

图 7-23

12. 如图 7-24 所示的偏心受压杆，已知 $h=300$ mm，$b=200$ mm，$F=42$ kN，偏心距 $y_P=100$ mm，$z_P=80$ mm，试求阴影截面上 A、B、C、D 各点的正应力。

13. 如图 7-25 所示矩形截面柱，屋架传来的压力 $F_1=100$ kN，吊车梁传来的压力 $F_2=50$ kN，均作用在 y 轴上，F_2 的偏心距为 0.2 m。已知截面宽 b 为 200 mm。

试求：(1) 若高 $h=300$ mm，则柱截面中的最大拉应力和最大压应力各为多少？

(2) 欲使柱截面不产生拉应力，截面高度 h 应为多少？在确定的尺寸下，柱截面中的最大压应力为多少？

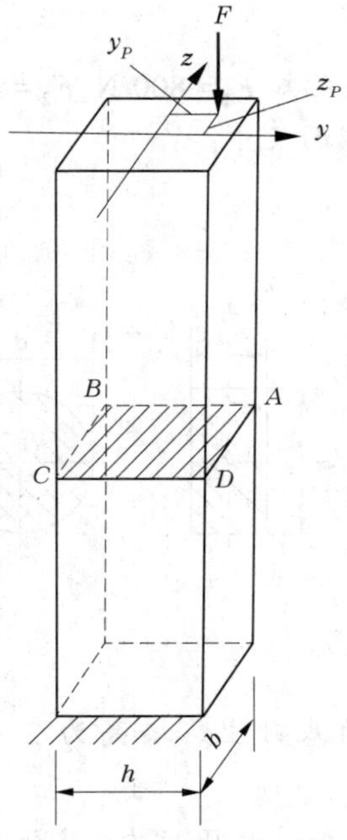

图 7-24

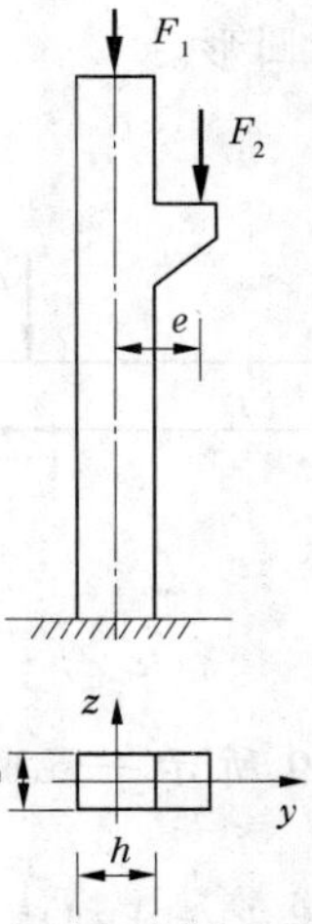

图 7-25

14. 浆砌块石挡土墙如图 7-26 所示，在计算所取的 1 m 长墙体内，受有自重 $G_1=72$ kN、$G_2=77$ kN、总土压力 $F=95$ kN 的作用，力 F 的作用线与水平方向夹角为 42°，各力作用线到墙底截面 BC 形心 O 的距离分别为：$x_1=0.8$ m，$x_2=0.03$ m，$x_3=0.43$ m，$y_3=1.67$ m，且知砌石体许用应力 $[\sigma_t]=0.14$ MPa、$[\sigma_c]=3.5$ MPa，试求墙底截面上 B、C 两点的

正应力，并进行正应力强度校核。

（三）较难练习题

1. 如图 7-27 所示结构，承受集中荷载 F 作用，试校核横梁的强度。已知荷载 $F=12$ kN，横梁用 14 号工字钢制成，许用应力 $[\sigma]=160$ MPa。

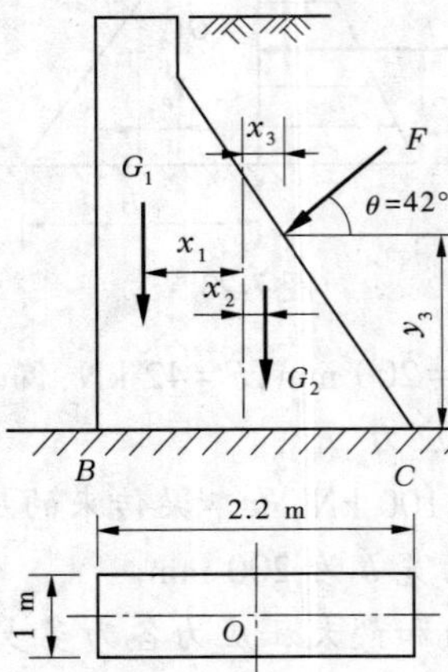

图 7-26

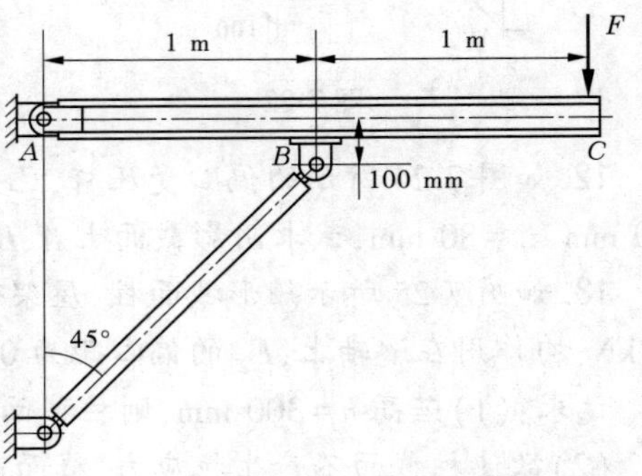

图 7-27

2. 如图 7-28 所示的悬臂梁，承受荷载 F_1 与 F_2 作用，已知 $F_1=800$ N，$F_2=1.6$ kN，$l=1$ m，许用应力 $[\sigma]=160$ MPa。试分别按下列要求确定截面尺寸：

（1）截面为矩形，$h=2b$。

（2）截面为圆形。

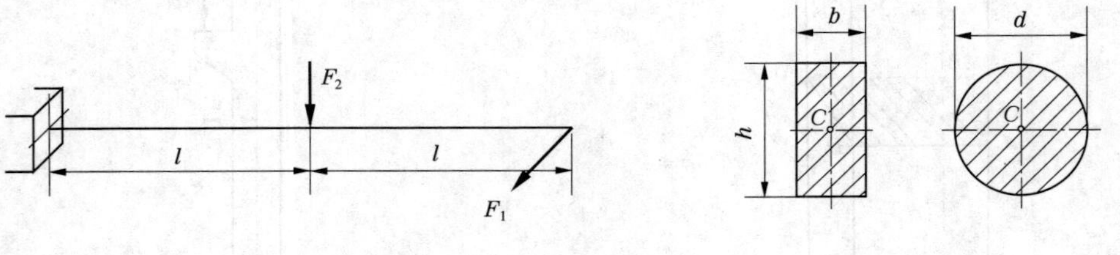

图 7-28

3. 如图 7-29 所示一混凝土挡水墙，浇筑于牢固的基础上。墙高为 2 m，墙厚为 0.5 m。

试求：（1）当水位达到墙顶时，墙底处的最大拉应力和最大压应力（混凝土容重 $\gamma=24\ kN/m^3$）。

（2）如果要求混凝土中不出现拉应力，试求最大允许水深 h 为多少？

4. 如图 7-30 所示一楼梯木料梁的长度 $l=4$ m，截面为 0.2 m×0.1 m 的矩形，受均布荷载作用 $q=2$ kN/m。试求横截面上的最大拉应力与最大压应力。

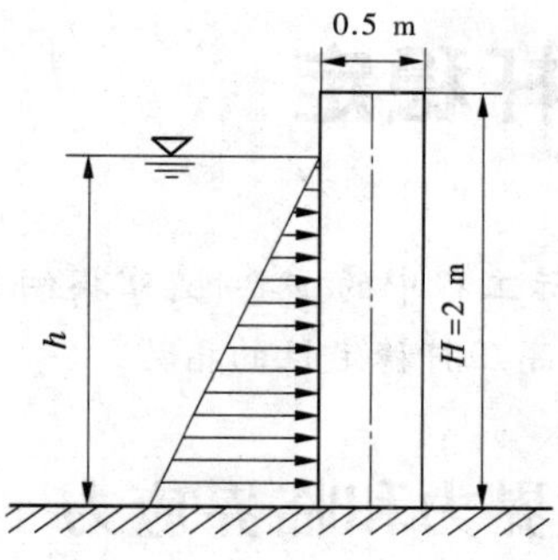

图 7-29

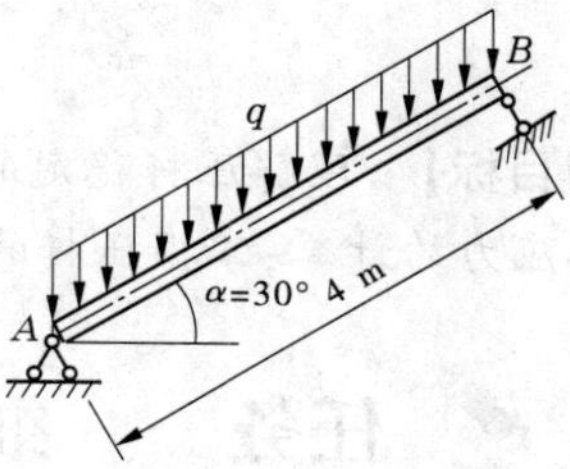

图 7-30

5. 长为 $6a$、高为 $a/2$、宽为 $a/4$ 的矩形截面梁静置在水平支点 A 和 B 上，如图 7-31(a) 所示。梁的单位长度重量为 q，将该梁用绳索连接后匀速起吊，如图 7-31(b)、(c)所示。

试问：(1)梁静置在支点 A 和 B 上时，见图 7-31(a)，梁中的最大正应力是多少？

(2)根据梁的内力分析，起吊时两种梁与绳索的连接方式[见图 7-31(b)、(c)]，哪一种最合理？其中，$\cot\alpha=3/2$。

(3)按最合理的连接方式起吊梁时，梁中的最大拉应力和最大压应力分别是多少？

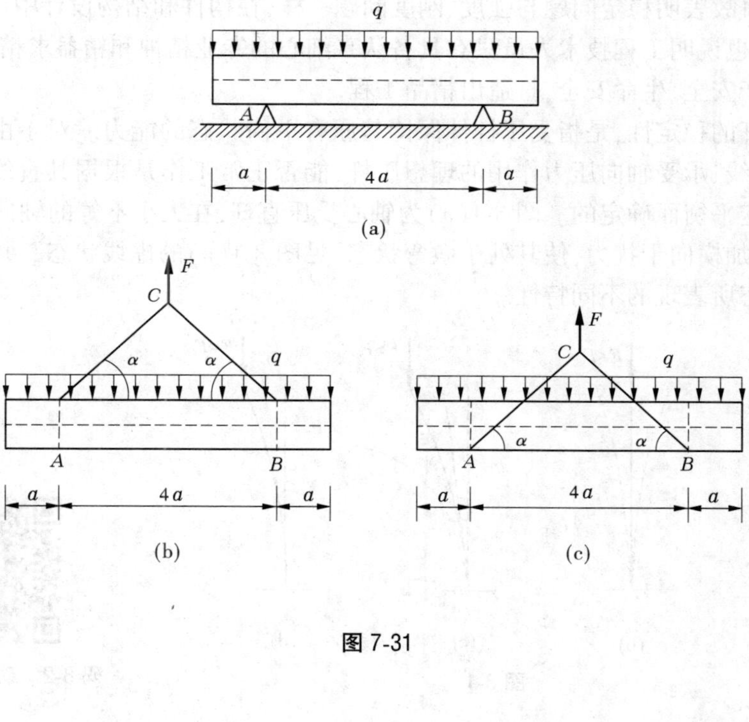

图 7-31

项目八 压杆稳定

【学习目标】 理解压杆稳定的概念及稳定在实际工程中的重要性，掌握细长压杆临界力、临界应力的计算；掌握压杆的稳定计算，了解提高压杆稳定性的措施。

任务一 细长压杆的临界力和临界应力

一、压杆稳定的概念

码 8-1 微课-细长压杆的临界力和临界应力

工程中把承受轴向压力的直杆称为压杆。对于短粗压杆而言，只要其横截面上的正应力不超过材料的许用应力，就能保证杆件正常工作，这类问题属于强度问题。但对于细长的杆件，在轴向压力作用下，杆内的应力在远没有达到材料的许用应力时，就可能发生突然弯曲而破坏，即压杆丧失稳定。2021 年，广德市一在建厂房发生脚手架坍塌的较大建筑施工事故，造成 3 人死亡。主要原因是脚手架搭建不符合规范要求，加之受严重超荷堆载和施工荷载作用，导致失稳坍塌。这起事故表明稳定问题与强度、刚度问题一样，在构件和结构设计中占据着重要的地位。同时，也说明工程技术人员只有具备认真细心的专业精神和精益求精的工匠精神，才能确保生产安全、生命安全，打造出精品工程。

所谓压杆的稳定性，是指受压杆件保持其原有平衡状态的能力。对于由均质材料制成、轴线为直线、承受轴向压力作用的理想压杆，能否正常工作是根据其直线形状下的平衡是否为稳定平衡而确定的。图 8-1(a)为轴心受压直杆，在大小不等的轴向压力 F 作用下，对压杆施加横向干扰力，使其处于微弯状态[见图 8-1(a)的虚线状态]，可观察到压杆直线平衡状态所表现的不同特性。

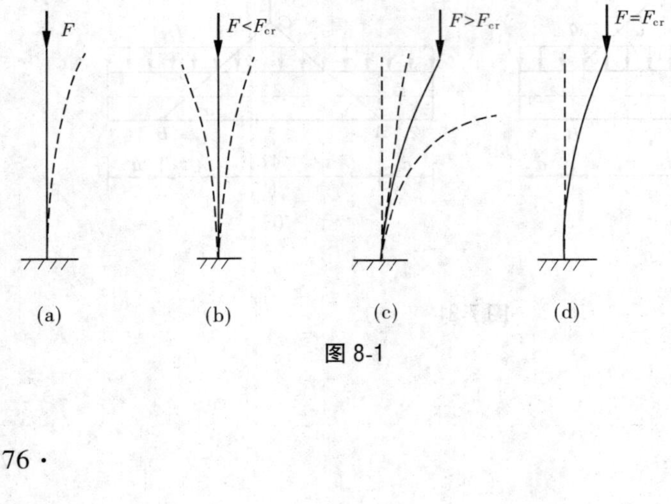

图 8-1

码 8-2 动画-压杆稳定

(1)当 F 值小于某一临界值 F_{cr} 时,将横向干扰力去掉后,压杆将在直线平衡位置左右摆动,最终仍回到原来的直线平衡状态[见图 8-1(b)]。这表明,该压杆原有直线状态的平衡是稳定平衡。

(2)当压力 F 值超过某一临界值 F_{cr} 时,将横向干扰力去掉后,压杆不仅不能恢复到原来的直线平衡状态,而且还可能在微弯的基础上继续弯曲,从而使压杆失去承载能力[见图 8-1(c)]。这表明,该压杆原有直线状态的平衡是不稳定平衡。

(3)当压力 F 值恰好等于某一临界值 F_{cr} 时,将横向干扰力去掉后,压杆就在微弯状态下处于新的平衡,既不恢复原状,也不增加其弯曲的程度[见图 8-1(d)]。这表明,压杆可以在偏离直线平衡位置的附近保持微弯状态的平衡,它是介于稳定平衡和不稳定平衡之间的一种临界状态,也属于不稳定平衡。

压杆不能保持原有平衡状态的现象,称为丧失稳定,简称失稳。压杆处于稳定平衡和不稳定平衡之间的临界状态时,其轴向压力称为临界力或临界荷载,用 F_{cr} 表示。临界力 F_{cr} 是判别压杆是否会失稳的重要指标。

二、细长压杆的临界力

所谓细长压杆,就是当压力等于临界力时,直杆横截面上的正应力不超过比例极限的压杆。细长压杆的临界力计算可由挠曲线近似微分方程推得为

$$F_{cr}=\frac{\pi^2 EI}{(\mu l)^2} \tag{8-1}$$

式中:F_{cr} 为压杆的临界力;E 为压杆材料的弹性模量;I 为弯曲方向横截面对中性轴的惯性矩;l 为压杆的长度;μ 为长度系数,反映了压杆两端支承对临界力的影响,μl 称为相当长度。

式(8-1)是由意大利科学家欧拉最先证明的,故称为欧拉公式。

各种支承情况下等截面细长压杆的长度系数见表 8-1。

表 8-1 各种支承情况下等截面细长压杆的长度系数

支承情况	两端固定	一端固定一端铰支	两端铰支	一端固定一端自由
杆端支承情况	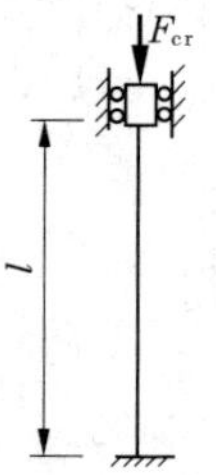	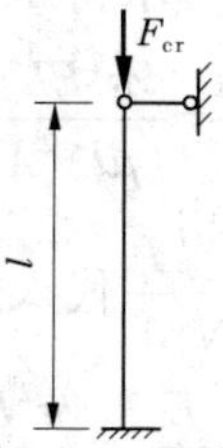	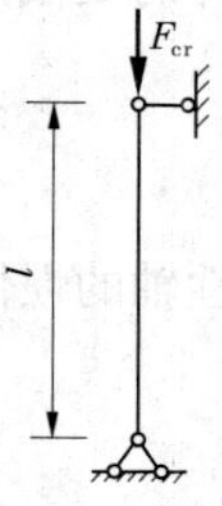	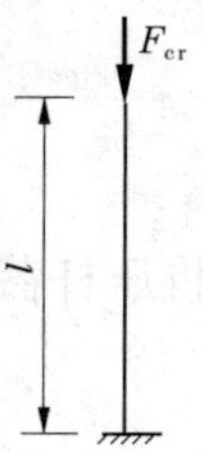
临界力 F_{cr}	$F_{cr}=\frac{\pi^2 EI}{(0.5l)^2}$	$F_{cr}=\frac{\pi^2 EI}{(0.7l)^2}$	$F_{cr}=\frac{\pi^2 EI}{l^2}$	$F_{cr}=\frac{\pi^2 EI}{(2l)^2}$
相当长度 μl	$0.5l$	$0.7l$	l	$2l$
长度系数 μ	0.5	0.7	1	2

应当注意的是，在两端支承各方向相同时，杆的弯曲必然发生在抗弯能力最小的平面内，所以式(8-1)中的惯性矩 I 应为压杆横截面的最小惯性矩；对于杆端各方向支承情况不同时，应分别计算，然后取其最小者作为压杆的临界力。

【例 8-1】 图 8-2 是一矩形截面钢制压杆，一端固定，另一端自由，已知弹性模量 $E=200$ GPa，杆长 $l=2.0$ m。试计算：①当截面尺寸 $b=40$ mm、$h=90$ mm 时，此压杆的临界力；②当截面尺寸 $b=h=60$ mm 时，此压杆的临界力。

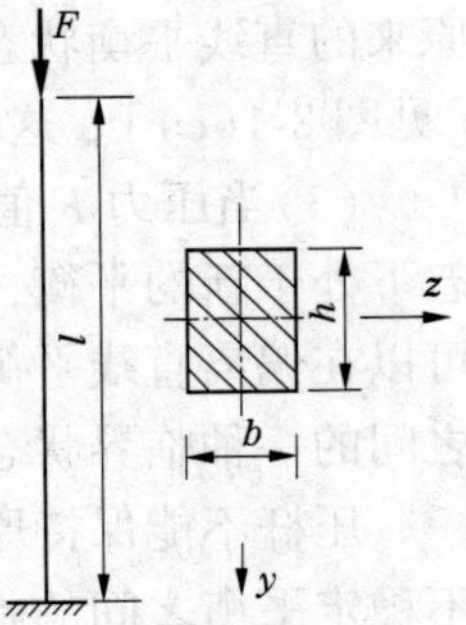

图 8-2

解：由于杆一端固定，一端自由，查表 8-1 得 $\mu=2$。

(1) 当截面尺寸 $b=40$ mm、$h=90$ mm 时，截面对 y、z 轴的惯性矩分别为

$$I_y=\frac{hb^3}{12}=\frac{90\times 40^3}{12}=4.8\times 10^{-7}(\text{m}^4)$$

$$I_z=\frac{bh^3}{12}=\frac{40\times 90^3}{12}=24.3\times 10^{-7}(\text{m}^4)$$

因为 $I_y<I_z$，应按 I_y 计算临界荷载，于是将 I_y 代入欧拉公式得

$$F_{\text{cr}}=\frac{\pi^2 EI}{(\mu l)^2}=\frac{\pi^2\times 200\times 10^9\times 4.8\times 10^{-7}}{(2\times 2.0)^2}=59(\text{kN})$$

(2) 当截面尺寸为 $b=h=60$ mm 时，截面的惯性矩为

$$I_y=I_z=\frac{bh^3}{12}=\frac{60^4}{12}=1.08\times 10^{-6}(\text{m}^4)$$

代入欧拉公式得临界荷载为

$$F_{\text{cr}}=\frac{\pi^2 EI}{(\mu l)^2}=\frac{\pi^2\times 200\times 10^9\times 1.08\times 10^{-6}}{(2\times 2.0)^2}=133(\text{kN})$$

由上述计算可知，两杆所用材料相同，长度相同，截面面积相等，但临界力后者是前者的 2.25 倍。

三、压杆的临界应力

将临界荷载除以压杆的横截面面积，即可求得压杆的临界应力，即

$$\sigma_{\text{cr}}=\frac{F_{\text{cr}}}{A}=\frac{\pi^2 EI}{(\mu l)^2 A} \tag{8-2}$$

将压杆截面对于中性轴的惯性半径 $i=\sqrt{\frac{I}{A}}$ 代入式(8-2)，得

$$\sigma_{\text{cr}}=\frac{\pi^2 E}{\left(\frac{\mu l}{i}\right)^2}=\frac{\pi^2 E}{\lambda^2} \tag{8-3}$$

式(8-3)称为临界应力欧拉公式。式(8-3)中，$\lambda=\frac{\mu l}{i}$ 称为柔度或长细比，它是一个无量纲量。柔度综合考虑了压杆的长度、截面的形状与尺寸以及杆件的支承情况对临界应力的影响。λ 值越大，压杆就越容易失稳。

欧拉公式是根据弯曲变形的微分方程 $EIy''=-M(x)$ 导出的,而这个微分方程只有在材料服从胡克定律时才成立,故欧拉公式的适用范围应该是临界应力不超过材料的比例极限 σ_p,即

$$\sigma_{cr}=\frac{\pi^2E}{\lambda^2}\leqslant\sigma_p \text{ 或 } \lambda\geqslant\pi\sqrt{\frac{E}{\sigma_p}} \tag{8-4}$$

式(8-4)中,$\pi\sqrt{\frac{E}{\sigma_p}}$ 为压杆的临界应力等于比例极限 σ_p 时的柔度值,以 λ_p 表示,即

$$\lambda_p=\pi\sqrt{\frac{E}{\sigma_p}} \tag{8-5}$$

欧拉公式的适用范围可用柔度表示为:$\lambda\geqslant\lambda_p$。$\lambda_p$ 是与压杆材料性质有关的量。对于 Q235 钢制成的压杆,$E=200$ GPa,$\sigma_p=200$ MPa,代入式(8-5)得

$$\lambda_p=\pi\sqrt{\frac{200\times10^3}{200}}\approx100$$

$\lambda\geqslant\lambda_p$ 的压杆称为大柔度杆或细长杆,其临界力或临界应力可用欧拉公式来计算。

在工程实际中,常遇到柔度 $\lambda<\lambda_p$ 的压杆,其临界应力已超过比例极限,不能再用欧拉公式计算临界应力。工程中通常采用以实验结果为依据的经验公式来计算,如抛物线公式:

$$\sigma_{cr}=a-b\lambda^2 \tag{8-6}$$

式中:a、b 为与材料力学性能有关的两个常数,可以通过实验加以测定,使用时可以从有关手册上查取。

Q235 钢 $\sigma_{cr}=235-0.006\ 68\lambda^2$

16 锰钢 $\sigma_{cr}=343-0.014\ 2\lambda^2$

式中,σ_{cr} 的单位为 MPa。

四、临界应力总图

若将式(8-3)和式(8-6)中的临界应力与柔度之间的函数关系绘在 σ_{cr}-λ 直角坐标系内,则得到临界应力随柔度变化的曲线图形,称为临界应力总图,如图 8-3 所示。由图 8-3 可知,临界应力随柔度的增大而逐渐减小,说明压杆柔度越大(越细长)就越容易失稳。但对于柔度较小的短粗杆,其临界应力接近材料的屈服极限,曲线的曲率比较平缓,一般可取 σ_s 或 σ_b 作为临界应力。这说明短粗杆的破坏不是失稳而是强度破坏。

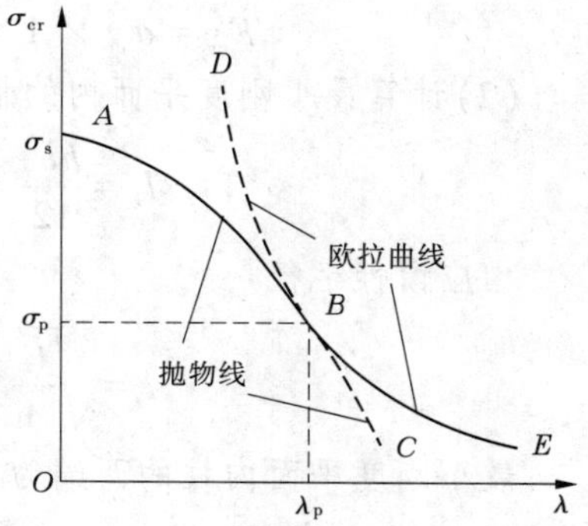

图 8-3

【例 8-2】 矩形截面木柱长 $l=8$ m,截面面积 $A=12$ cm×20 cm,在最大刚度平面内弯曲时两端为铰支,如图 8-4(a)所示;在最小刚度平面内弯曲时,两端为固定支座,如图 8-4(b)所示。木材的弹性模量 $E=10$ GPa,柔度 $\lambda_p=110$。试求木柱的临界荷载和临界应力。

解:由于两个刚度平面内的支座情况不同,需要分别计算两种情况下的临界荷载和临界应力。

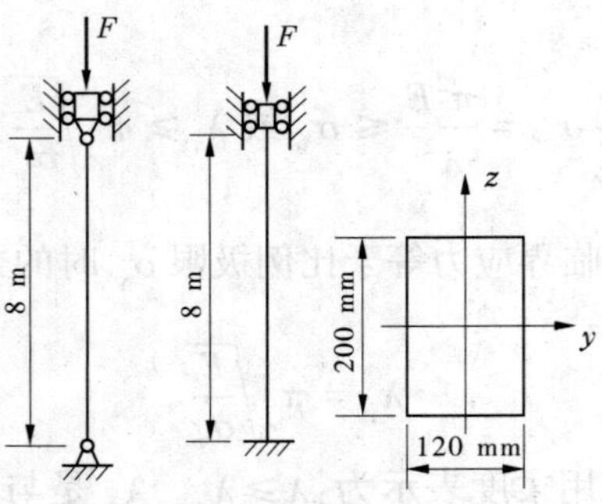

图 8-4

(1)计算最大刚度平面内的临界荷载和临界应力。

$$I_y = \frac{bh^3}{12} = \frac{120 \times 200^3}{12} = 80 \times 10^{-6}(\mathrm{m}^4)$$

相应的惯性半径为

$$i_y = \sqrt{\frac{I_y}{A}} = \sqrt{\frac{80 \times 10^{-6}}{0.12 \times 0.20}} = 5.77 \times 10^{-2}(\mathrm{m})$$

在此平面内柱的两端为铰支,$\mu = 1$,柔度为

$$\lambda_y = \frac{\mu l}{i_y} = \frac{1 \times 8}{5.77 \times 10^{-2}} = 139 > 110$$

由此可见立柱为细长压柱,采用欧拉公式计算临界应力和临界荷载为

$$\sigma_{cr} = \frac{\pi^2 E}{\lambda_y^2} = \frac{3.14^2 \times 10 \times 10^9}{139^2} = 5.1(\mathrm{MPa})$$

$$F_{cr} = \sigma_{cr} \times A = 5.1 \times 10^6 \times 0.12 \times 0.2 = 122(\mathrm{kN})$$

(2)计算最小刚度平面内的临界荷载和临界应力。

$$I_z = \frac{hb^3}{12} = \frac{200 \times 120^3}{12} = 28.8 \times 10^{-6}(\mathrm{m}^4)$$

相应惯性半径

$$i_z = \sqrt{\frac{I_z}{A}} = \sqrt{\frac{28.8 \times 10^{-6}}{0.12 \times 0.20}} = 3.46 \times 10^{-2}(\mathrm{m})$$

最小刚度平面内柱的两端为固定支座,$\mu = 0.5$,柔度为

$$\lambda_z = \frac{\mu l}{i_z} = \frac{0.5 \times 8}{3.46 \times 10^{-2}} = 116 > 110$$

采用欧拉公式计算临界应力和临界荷载为

$$\sigma_{cr} = \frac{\pi^2 E}{\lambda_z^2} = \frac{3.14^2 \times 10 \times 10^9}{116^2} = 7.33(\mathrm{MPa})$$

$$F_{cr} = \sigma_{cr} \times A = 7.33 \times 10^6 \times 0.12 \times 0.20 = 176(\mathrm{kN})$$

计算结果表明，第一种情况的柔度 λ 较大，临界力较小，此杆失稳时将在最大刚度平面内弯曲。本例说明，在不同平面内，当杆端支承条件不相同时，应分别计算 λ，取较大者计算临界应力（或临界力），因为压杆总是在 λ 较大的平面内先失稳。

任务二 压杆的稳定计算

一、压杆的稳定条件

对于工程实际中的压杆，为了使其能够正常工作而不丧失稳定性，不但不能使压杆的工作应力达到临界应力，而且必须具有一定的安全储备，也即工作应力不超过稳定许用应力$[\sigma_{cr}]$。为了便于计算，通常将稳定许用应力$[\sigma_{cr}]$表示为材料的强度许用应力$[\sigma]$乘以一个小于 1 的系数 φ，即

码 8-3 微课-压杆稳定的计算

$$[\sigma_{cr}] = \varphi[\sigma]$$

则压杆的稳定条件可写为

$$\sigma = \frac{N}{A} \leqslant \varphi[\sigma] \tag{8-7}$$

式(8-7)为折减系数法的稳定条件，φ 称为压杆的折减系数或稳定系数，它随材料和柔度 λ 的不同而变化。常用材料压杆的 φ 值可从表 8-2 中查得。

表 8-2 常用材料压杆的折减系数 φ

λ	φ 值				
	Q215、Q235 钢	Q345 钢（16 锰钢）	铸铁	木材	混凝土
0	1.000	1.000	1.00	1.000	1.00
10	0.995	0.993	0.97	0.971	
20	0.981	0.973	0.91	0.932	0.96
30	0.958	0.940	0.81	0.883	
40	0.927	0.895	0.69	0.822	0.83
50	0.888	0.840	0.57	0.757	
60	0.842	0.776	0.44	0.668	0.70
70	0.789	0.705	0.34	0.575	0.63
80	0.731	0.627	0.26	0.460	0.57
90	0.669	0.546	0.20	0.371	0.46
100	0.604	0.462	0.16	0.300	
110	0.536	0.384		0.248	
120	0.466	0.325		0.209	

续表 8-2

λ	φ值				
	Q215、Q235 钢	Q345 钢(16 锰钢)	铸铁	木材	混凝土
130	0.401	0.279		0.178	
140	0.349	0.242		0.154	
150	0.306	0.213		0.133	
160	0.272	0.188		0.117	
170	0.243	0.168		0.102	
180	0.218	0.151		0.093	
190	0.197	0.136		0.083	
200	0.180	0.124		0.075	

二、压杆的稳定计算

类似于强度计算,可以用稳定条件式(8-7)对压杆进行三类问题的计算。

(一)稳定校核

若已知压杆的长度、支承情况、材料、截面以及荷载,则可校核压杆的稳定性,即

$$\sigma = \frac{N}{A} \leqslant \varphi[\sigma]$$

(二)设计截面

将稳定条件式(8-7)改写为

$$A \geqslant \frac{N}{\varphi[\sigma]} \tag{8-8}$$

在设计截面时,由于 φ 和 A 都是未知量,并且它们又是两个相依的未知量,因此常采用试算法进行计算,步骤如下:

(1)直接假设 φ_1 值(一般是假定 $\varphi_1 = 0.5 \sim 0.6$),再用式(8-8)可初步定出一个截面尺寸 A_1。

(2)按所选的截面 A_1,计算柔度 λ_1,查出相应的 φ'_1,比较 φ'_1 与 φ_1,若两者相差较大,则再设 $\varphi_2 = \frac{\varphi_1 + \varphi'_1}{2}$,重新按以上步骤进行计算,直到求得的 φ 值与假设的 φ 值比较接近为止。

(3)根据求得的 φ 值,按式(8-7)验算是否满足稳定条件。若能满足,又不过于安全,则所选得的截面就是所需的截面。若不满足或过于安全,则应参考验算结果,对截面尺寸作适当的调整,然后再进行验算,直到满足要求为止。

(三)确定许可荷载

若已知压杆的长度、支承情况、材料及截面,则可以按稳定条件式(8-7)确定压杆所能承受的最大荷载,即

$$[F] \leqslant \varphi[\sigma]A$$

【例 8-3】 如图 8-5 所示木柱高 6 m,截面为圆形,直径 $d=20$ cm,两端铰接。承受轴向压力 $F=50$ kN,试校核其稳定性。木材的许用应力 $[\sigma]=10$ MPa。

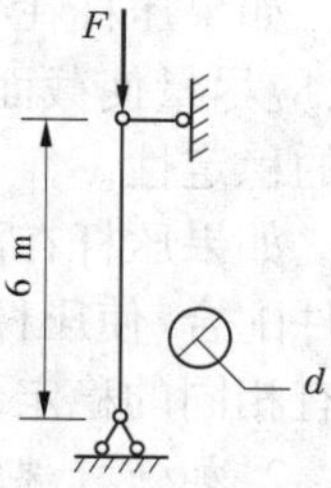

图 8-5

解:截面的惯性半径为

$$i=\sqrt{\frac{I}{A}}=\frac{d}{4}=\frac{20}{4}=5(\text{cm})$$

两端铰接时的长度系数 $\mu=1$,所以 $\lambda=\dfrac{\mu l}{i}=\dfrac{1\times 600}{5}=120$。

由表 8-2 查得 $\varphi=0.209$,则

$$\sigma=\frac{F}{A}=\frac{50\times 10^{3}}{\dfrac{\pi(20\times 10^{-2})^{2}}{4}}=1.59\times 10^{6}(\text{N/m}^{2})=1.59(\text{MPa})$$

$$\varphi[\sigma]=0.209\times 10=2.09(\text{MPa})$$

由于 $\sigma<\varphi[\sigma]$,因此木柱安全。

三、提高压杆稳定性的措施

提高压杆稳定性,关键在于提高临界应力。由欧拉公式可知,压杆的临界应力与压杆的柔度和材料的力学性能有关,所以要提高压杆的稳定性,就必须从这两方面考虑。

(一)减小压杆的柔度

从压杆的临界应力总图可知,压杆的柔度 λ 越小,其临界应力越大,压杆的稳定性越好,所以要提高压杆的稳定性,可行的措施是使压杆的柔度尽可能地小。

1. 选择合理截面

由欧拉公式可知,选择合理的截面形状,可以在不增加截面面积的情况下,尽量增大截面的惯性矩 I,从而增大惯性半径 i,减小压杆的柔度 λ,提高压杆的稳定性。为此,应尽量使材料远离截面的中性轴。例如,把实心截面做成空心截面(见图 8-6),将集中放置在形心附近的四根角钢分散放置在截面的四个角处(见图 8-7)。

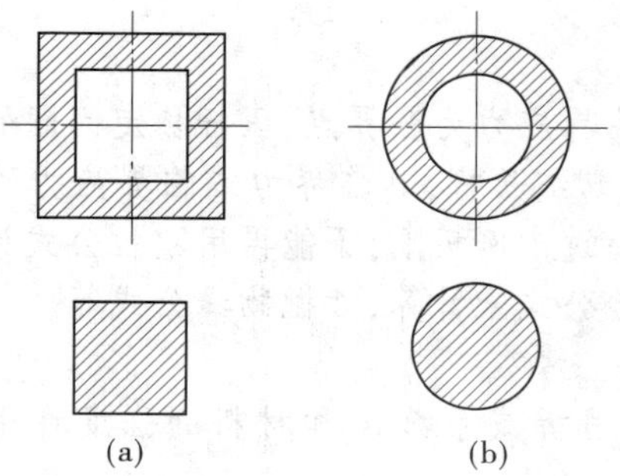

图 8-6

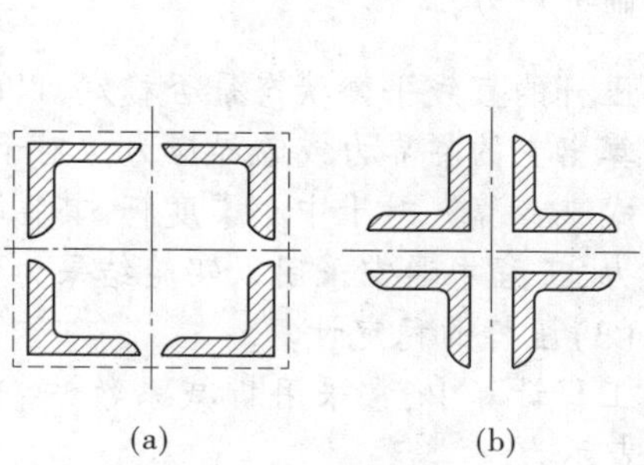

图 8-7

如果压杆在各个弯曲平面内的支承条件相同，压杆总是在最小刚度平面内失稳。因此，应尽量使截面对任一形心主轴的惯性矩相同，这样可使压杆在各个弯曲平面内具有相同的稳定性。

如果压杆在两个弯曲平面内的约束条件不同，即可采用 $I_y \neq I_z$ 的截面与相应的约束条件配合，使压杆在两个互相垂直平面内的柔度值相等，即 $\lambda_y = \lambda_z$，则压杆在两个方向上具有相同的稳定性。

2. 加强杆端约束

加固杆端支承，μ 值降低，λ 相应减小，压杆的稳定性就会提高。

3. 减小压杆的长度

在其他条件相同的情况下，杆长越短，λ 越小，临界应力也越高，在条件允许时，应尽量减小压杆的长度，提高压杆的稳定性。在工程中，通常采用增设中间支承的方法，来减小计算长度。

(二)合理地选用材料

对于大柔度杆，临界应力与材料的弹性模量 E 有关，由于各种钢材的弹性模量 E 相差不大，所以对大柔度杆来说，用高强度钢时 σ_{cr} 的提高不显著，所以细长压杆用普通钢制造，既合理又经济。对于中小柔度杆，其临界应力与材料强度有关，σ_{cr} 随 σ_s 的提高而增大。所以，对中小柔度杆而言，选用高强度钢有助于提高压杆的稳定性。

小 结

(1)压杆稳定。

压杆直线状态的平衡有稳定和不稳定之分。压杆直线状态的平衡能经受干扰而保持原有平衡状态时是稳定的，不能保持原有平衡状态称为丧失稳定，简称失稳。

压杆由失稳引起的破坏和强度破坏不同，并且先于强度破坏，所以工程中要特别引起注意。

(2)欧拉公式。

临界力：
$$F_{cr} = \frac{\pi^2 EI}{(\mu l)^2}$$

临界应力：
$$\sigma_{cr} = \frac{\pi^2 E}{\lambda^2}$$

压杆的直线平衡状态是否稳定，以临界力或临界应力为分界点，压杆稳定问题的关键是计算出它的临界力或临界应力。对于大柔度杆或细长杆，其临界力或临界应力可用欧拉公式来计算。对于中小柔度杆，其临界应力已超过比例极限，不能再用欧拉公式计算临界应力，工程中通常采用以实验结果为依据的经验公式来计算，如抛物线公式等。

(3)压杆的稳定计算。

工程计算中，常采用折减系数法。稳定条件用折减系数 φ 和材料的强度许用应力 $[\sigma]$ 表示为

$$\sigma = \frac{N}{A} \leqslant \varphi[\sigma]$$

折减系数 φ 与柔度 λ 有关。根据 λ 可查得 φ。

应用稳定条件可用来做校核稳定、设计截面、确定许可荷载三类问题的计算。

(4)提高压杆稳定性的措施。

可以通过选择合理截面、加强杆端约束和减小压杆长度等措施,来减小压杆的柔度,进而达到提高稳定性的目的。对中小柔度杆而言,选用高强度钢有助于提高压杆的稳定性。

思考与练习

(一)思考题

1. 何谓失稳?杆件的强度、刚度和稳定性有什么区别?

2. 以下两种说法是否正确?

(1)临界力是使压杆丧失稳定的最小荷载。

(2)临界力是压杆维持直线稳定平衡状态的最大荷载。

3. 什么叫柔度?它的大小由哪些因素确定?

4. 欧拉公式的应用条件是什么?中小柔度压杆的临界应力如何计算?

5. 其他条件不变,细长压杆的长度增加1倍,它的临界力有何变化?

6. 试述用折减系数法选择压杆截面尺寸的步骤。

7. 若某一压杆的截面设计如图8-8(a)和(b)所示的两种情况,试问哪种设计方案合理?

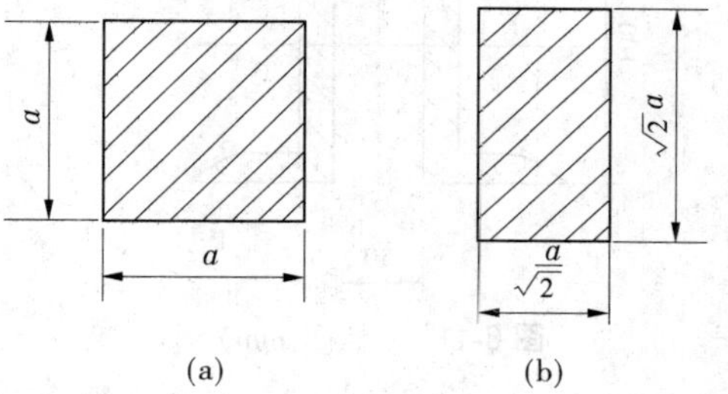

图 8-8

(二)一般练习题

1. 两钢柱在相同的条件下工作,一柱为圆形截面,另一柱为管形,外径与内径之比$d_1:d_2=1.25$,横截面面积相等,试用欧拉公式求两柱临界力之比。

2. 如图8-9所示的压杆是由20a工字钢制成,它的下端固定,上端铰支(球形铰),已知$l=4$ m,材料的比例极限$\sigma_p=200$ MPa,弹性模量$E=200$ GPa,试计算该压杆的临界力。

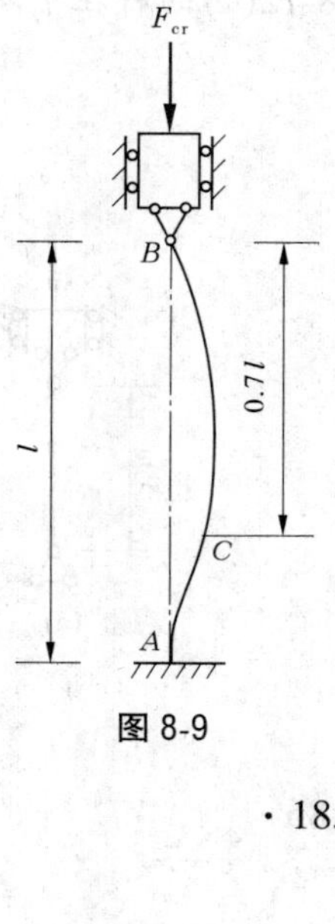

图 8-9

3. 两端铰支的两根圆截面钢制压杆,直径$d=160$ mm,$E=200$ GPa,$\lambda_p=100$,抛物线公式中$a=240$ MPa,$b=0.006\ 82$ MPa,长度分别为$l_1=4l_2=5$ m,试求压杆的临界力。

4. 如图8-10所示压杆,弹性模量$E=70$ GPa,$\lambda_p=50$,截面有四种形式,面积均为$A=32\ mm^2$,试计算它们的临界力。

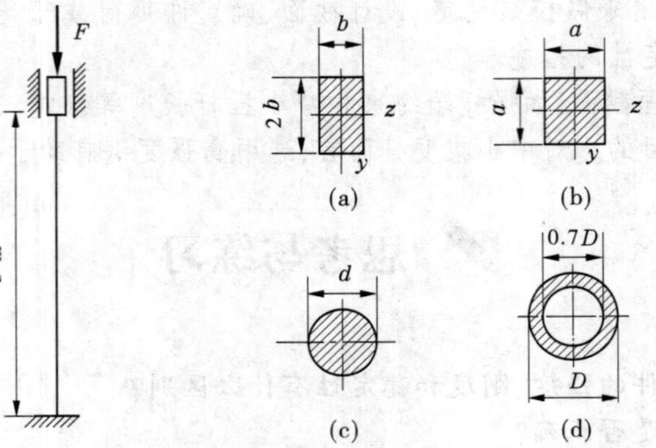

图 8-10

5. 截面为 160 mm×240 mm 的矩形截面木柱，长 6 m，两端铰支。若材料的许用应力 $[\sigma]=10$ MPa，问承受轴向压力 60 kN 时，柱是否安全？

6. 如图 8-11 所示，求钢柱的许可荷载 $[F]$。已知钢柱由两根 10 号槽钢组成，$l=10$ m，两端固定，$[\sigma]=140$ MPa。

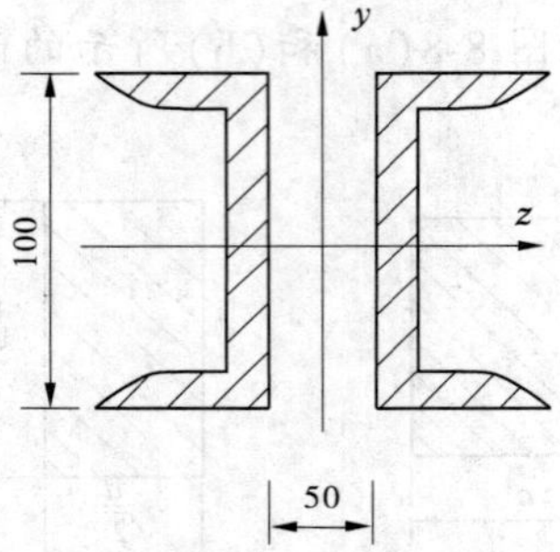

图 8-11 （单位：mm）

7. 如图 8-12 所示，各杆材料和截面均相同，试问杆能承受的压力哪根最大，哪根最小［图 8-12(f) 的杆在中间支承处不能转动］？

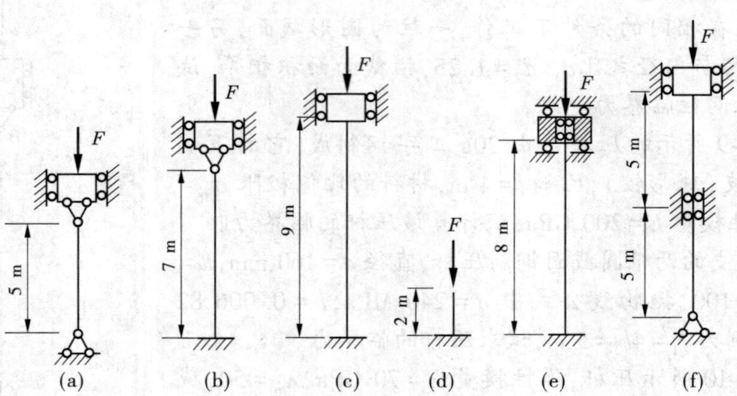

图 8-12

8. 图 8-13 为一简单托架，其撑杆 AB 为圆截面木杆，若架上承受集度 $q=50\ \mathrm{kN/m}$ 的均布荷载作用，AB 两端为铰支承，材料的强度许用应力 $[\sigma]=11\ \mathrm{MPa}$。试求撑杆 AB 的直径 d。

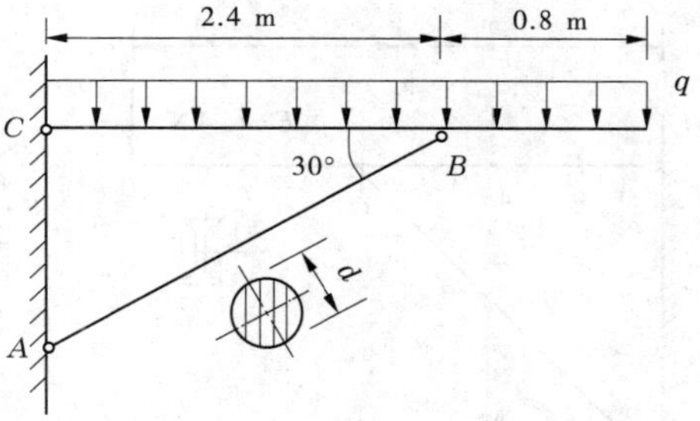

图 8-13

9. 长 5 m 的 10 号工字钢，在温度为 0 ℃时安装在两个固定支座之间，这时杆不受力。已知钢的线膨胀系数 $\alpha_l=125\times10^{-7}\ ℃^{-1}$，$E=210\ \mathrm{GPa}$。试问当温度升高至多少摄氏度时，杆将丧失稳定性？

（三）较难练习题

1. 两根直径为 d 的立柱，上、下端分别与强劲的顶、底块刚性连接，如图 8-14 所示。试根据杆端的约束条件，分析在总压力 F 作用下，立柱可能产生的几种失稳形态下的挠曲线形状，分别写出对应的总压力 F 临界值的算式（按细长杆考虑），确定最小临界力 F_{cr} 的算式。

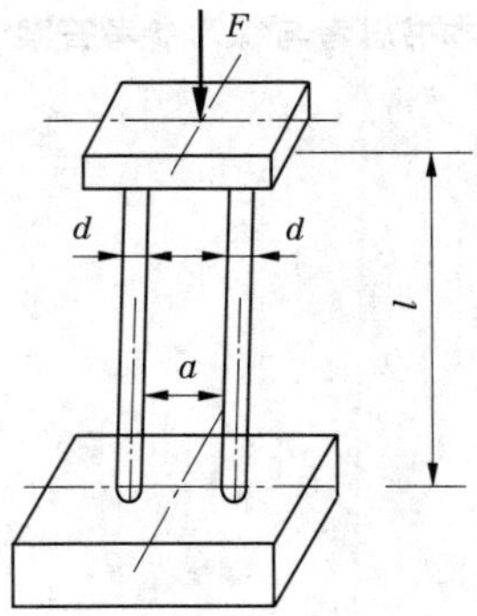

图 8-14

2. 如图 8-15 所示，铰接杆系 ABC 由两根具有相同截面和同样材料的细长杆所组成。若由于杆件在平面 ABC 内失稳而引起毁坏，试确定荷载 F 为最大时的 θ 角（假设 $0<\theta<\dfrac{\pi}{2}$）。

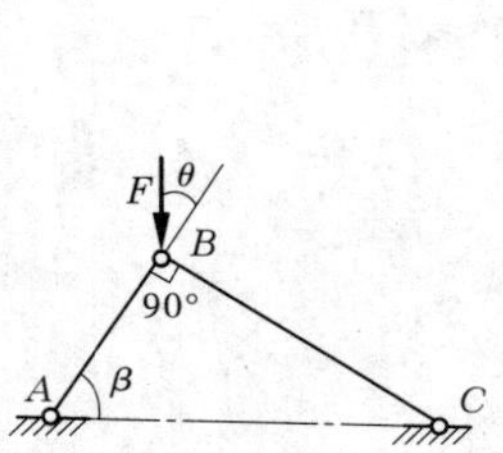

图 8-15

3. 如图 8-16 所示的结构中，横梁 AB 由 14 号工字钢制成，材料的许用应力 $[\sigma]=160$ MPa，CD 杆为 Q235 钢管，$d=26$ mm，$D=36$ mm。试对结构进行强度校核与稳定校核。

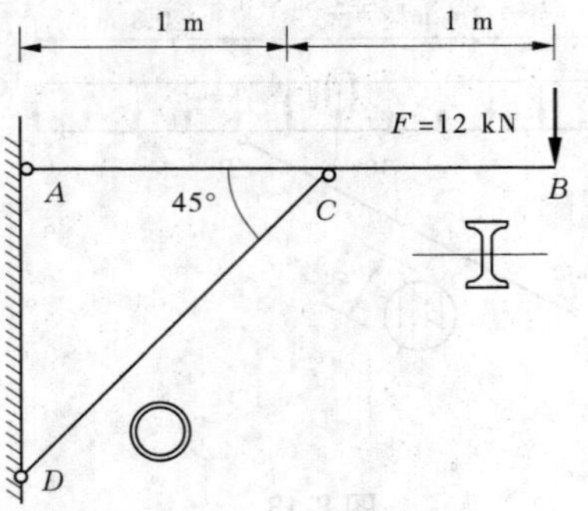

图 8-16

本书思考与练习参考答案

附　录　热压型钢规格和截面特性(GB/T 706—2016)

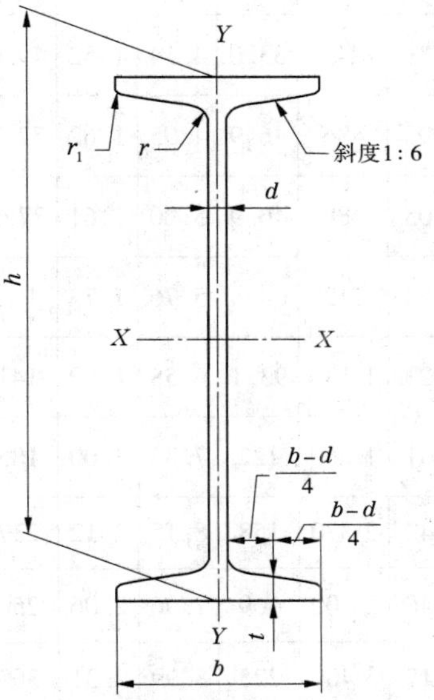

h—高度；b—腿宽度；d—腰厚度；
t—腿中间厚度；r—内圆弧半径；
r_1—腿端圆弧半径。

附图 1　工字钢截面图

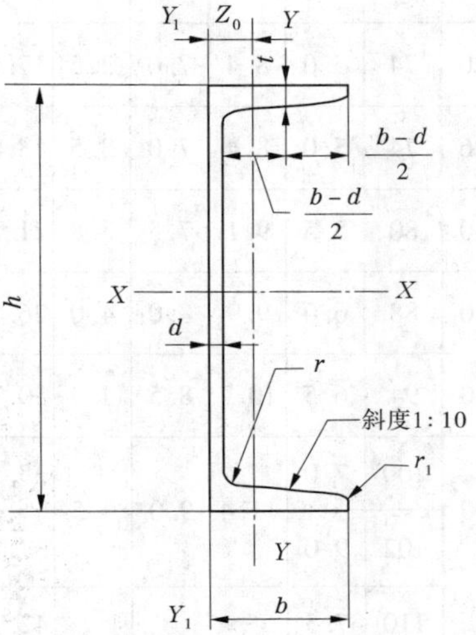

h—高度；b—腿宽度；d—腰厚度；
t—腿中间厚度；r—内圆弧半径；
r_1—腿端圆弧半径；Z_0—重心距离。

附图 2　槽钢截面图

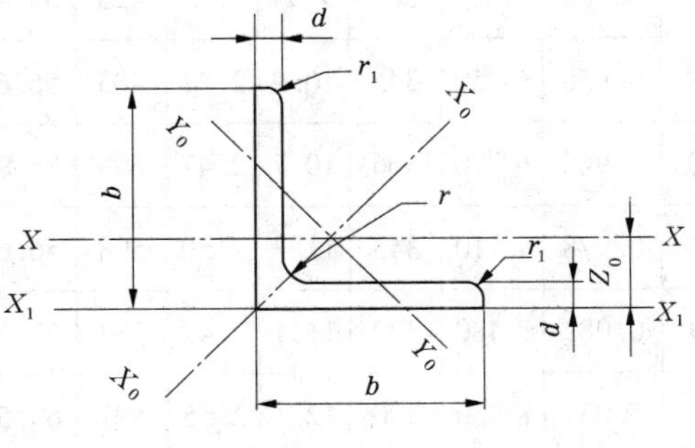

b—边宽度；d—边厚度；r—内圆弧半径；
r_1—边端圆弧半径；
Z_0—重心距离。

附图 3　等边角钢截面图

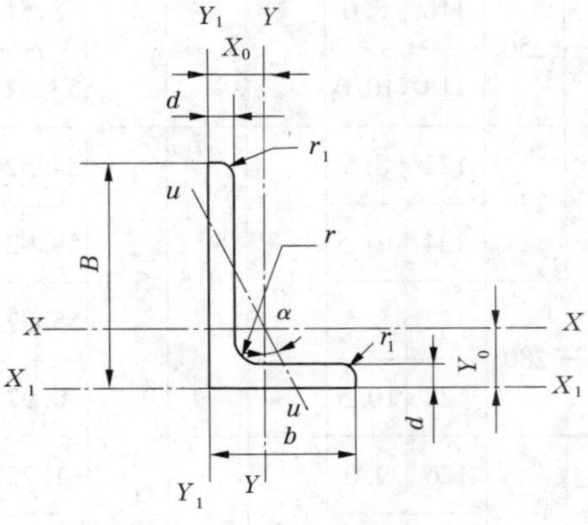

B—长边宽度；b—短边宽度；d—边厚度；
r—内圆弧半径；r_1—边端圆弧半径；
X_0—重心距离；Y_0—重心距离。

附图 4　不等边角钢截面图

附表1　工字钢截面尺寸、截面面积、理论重量及截面特性

型号	截面尺寸/mm						截面面积/cm^2	理论重量/(kg/m)	外表面积/(m^2/m)	惯性矩/cm^4		惯性半径/cm		截面模数/cm^3	
	h	b	d	t	r	r_1				I_x	I_y	i_x	i_y	W_x	W_y
10	100	68	4.5	7.6	6.5	3.3	14.33	11.3	0.432	245	33.0	4.14	1.52	49.0	9.72
12	120	74	5.0	8.4	7.0	3.5	17.80	14.0	0.493	436	46.9	4.95	1.62	72.7	12.7
12.6	126	74	5.0	8.4	7.0	3.5	18.10	14.2	0.505	488	46.9	5.20	1.61	77.5	12.7
14	140	80	5.5	9.1	7.5	3.8	21.50	16.9	0.553	712	64.4	5.76	1.73	102	16.1
16	160	88	6.0	9.9	8.0	4.0	26.11	20.5	0.621	1 130	93.1	6.58	1.89	141	21.2
18	180	94	6.5	10.7	8.5	4.3	30.74	24.1	0.681	1 660	122	7.36	2.00	185	26.0
20a	200	100	7.0	11.4	9.0	4.5	35.55	27.9	0.742	2 370	158	8.15	2.12	237	31.5
20b		102	9.0				39.55	31.1	0.746	2 500	169	7.96	2.06	250	33.1
22a	220	110	7.5	12.3	9.5	4.8	42.10	33.1	0.817	3 400	225	8.99	2.31	309	40.9
22b		112	9.5				46.50	36.5	0.821	3 570	239	8.78	2.27	325	42.7
24a	240	116	8.0	13.0	10.0	5.0	47.71	37.5	0.878	4 570	280	9.77	2.42	381	48.4
24b		118	10.0				52.51	41.2	0.882	4 800	297	9.57	2.38	400	50.4
25a	250	116	8.0				48.51	38.1	0.898	5 020	280	10.2	2.40	402	48.3
25b		118	10.0				53.51	42.0	0.902	5 280	309	9.94	2.40	423	52.4
27a	270	122	8.5	13.7	10.5	5.3	54.52	42.8	0.958	6 550	345	10.9	2.51	485	56.6
27b		124	10.5				59.92	47.0	0.962	6 870	366	10.7	2.47	509	58.9
28a	280	122	8.5				55.37	43.5	0.978	7 110	345	11.3	2.50	508	56.6
28b		124	10.5				60.97	47.9	0.982	7 480	379	11.1	2.49	534	61.2
30a	300	126	9.0	14.4	11.0	5.5	61.22	48.1	1.031	8 950	400	12.1	2.55	597	63.5
30b		128	11.0				67.22	52.8	1.035	9 400	422	11.8	2.50	627	65.9
30c		130	13.0				73.22	57.5	1.039	9 850	445	11.6	2.46	657	68.5

续附表 1

型号	截面尺寸/mm						截面面积/cm^2	理论重量/(kg/m)	外表面积/(m^2/m)	惯性矩/cm^4		惯性半径/cm		截面模数/cm^3	
	h	b	d	t	r	r_1				I_x	I_y	i_x	i_y	W_x	W_y
32a		130	9.5				67.12	52.7	1.084	11 100	460	12.8	2.62	692	70.8
32b	320	132	11.5	15.0	11.5	5.8	73.52	57.7	1.088	11 600	502	12.6	2.61	726	76.0
32c		134	13.5				79.92	62.7	1.092	12 200	544	12.3	2.61	760	81.2
36a		136	10.0				76.44	60.0	1.185	15 800	552	14.4	2.69	875	81.2
36b	360	138	12.0	15.8	12.0	6.0	83.64	65.7	1.189	16 500	582	14.1	2.64	919	84.3
36c		140	14.0				90.84	71.3	1.193	17 300	612	13.8	2.60	962	87.4
40a		142	10.5				86.07	67.6	1.285	21 700	660	15.9	2.77	1 090	93.2
40b	400	144	12.5	16.5	12.5	6.3	94.07	73.8	1.289	22 800	692	15.6	2.71	1 140	96.2
40c		146	14.5				102.1	80.1	1.293	23 900	727	15.2	2.65	1190	99.6
45a		150	11.5				102.4	80.4	1.411	32 200	855	17.7	2.89	1 430	114
45b	450	152	13.5	18.0	13.5	6.8	111.4	87.4	1.415	33 800	894	17.4	2.84	1 500	118
45c		154	15.5				120.4	94.5	1.419	35 300	938	17.1	2.79	1570	122
50a		158	12.0				119.2	93.6	1.539	46 500	1 120	19.7	3.07	1 860	142
50b	500	160	14.0	20.0	14.0	7.0	129.2	101	1.543	48 600	1 170	19.4	3.01	1 940	146
50c		162	16.0				139.2	109	1.547	50 600	1 220	19.0	2.96	2 080	151
55a		166	12.5				134.1	105	1.667	62 900	1 370	21.6	3.19	2 290	164
55b	550	168	14.5				145.1	114	1.671	65 600	1 420	21.2	3.14	2 390	170
55c		170	16.5	21.0	14.5	7.3	156.1	123	1.675	68 400	1 480	20.9	3.08	2 490	175
56a		166	12.5				135.4	106	1.687	65 600	1 370	22.0	3.18	2 340	165
56b	560	168	14.5				146.6	115	1.691	68 500	1 490	21.6	3.16	2 450	174
56c		170	16.5				157.8	124	1.695	71 400	1 560	21.3	3.16	2 550	183
63a		176	13.0				154.6	121	1.862	93 900	1 700	24.5	3.31	2 980	193
63b	630	178	15.0	22.0	15.0	7.5	167.2	131	1.866	98 100	1 810	24.2	3.29	3 160	204
63c		180	17.0				179.8	141	1.870	102 000	1 920	23.8	3.27	3 300	214

注:表中 r、r_1 的数据用于孔型设计,不做交货条件。

附表 2 槽钢截面尺寸、截面面积、理论重量及截面特性

型号	截面尺寸/mm						截面面积/cm²	理论重量/(kg/m)	外表面积/(m²/m)	惯性矩/cm⁴			惯性半径/cm		截面模数/cm³		重心距离/cm
	h	b	d	t	r	r_1				I_x	I_y	I_{y1}	i_x	i_y	W_x	W_y	Z_0
5	50	37	4.5	7.0	7.0	3.5	6.925	5.44	0.226	26.0	8.30	20.9	1.94	1.10	10.4	3.55	1.35
6.3	63	40	4.8	7.5	7.5	3.8	8.446	6.63	0.262	50.8	11.9	28.4	2.45	1.19	16.1	4.50	1.36
6.5	65	40	4.3	7.5	7.5	3.8	8.292	6.51	0.267	55.2	12.0	28.3	2.54	1.19	17.0	4.59	1.38
8	80	43	5.0	8.0	8.0	4.0	10.24	8.04	0.307	101	16.6	37.4	3.15	1.27	25.3	5.79	1.43
10	100	48	5.3	8.5	8.5	4.2	12.74	10.0	0.365	198	25.6	54.9	3.95	1.41	39.7	7.80	1.52
12	120	53	5.5	9.0	9.0	4.5	15.36	12.1	0.423	346	37.4	77.7	4.75	1.56	57.7	10.2	1.62
12.6	126	53	5.5	9.0	9.0	4.5	15.69	12.3	0.435	391	38.0	77.1	4.95	1.57	62.1	10.2	1.59
14a	140	58	6.0	9.5	9.5	4.8	18.51	14.5	0.480	564	53.2	107	5.52	1.70	80.5	13.0	1.71
14b		60	8.0				21.31	16.7	0.484	609	61.1	121	5.35	1.69	87.1	14.1	1.67
16a	160	63	6.5	10.0	10.0	5.0	21.95	17.2	0.538	866	73.3	144	6.28	1.83	108	16.3	1.80
16b		65	8.5				25.15	19.8	0.542	935	83.4	161	6.10	1.82	117	17.6	1.75
18a	180	68	7.0	10.5	10.5	5.2	25.69	20.2	0.596	1 270	98.6	190	7.04	1.96	141	20.0	1.88
18b		70	9.0				29.29	23.0	0.600	1 370	111	210	6.84	1.95	152	21.5	1.84
20a	200	73	7.0	11.0	11.0	5.5	28.83	22.6	0.654	1 780	128	244	7.86	2.11	178	24.2	2.01
20b		75	9.0				32.83	25.8	0.658	1 910	144	268	7.64	2.09	191	25.9	1.95
22a	220	77	7.0	11.5	11.5	5.8	31.83	25.0	0.709	2 390	158	298	8.67	2.23	218	28.2	2.10
22b		79	9.0				36.23	28.5	0.713	2 570	176	326	8.42	2.21	234	30.1	2.03
24a	240	78	7.0	12.0	12.0	6.0	34.21	26.9	0.752	3 050	174	325	9.45	2.25	254	30.5	2.10
24b		80	9.0				39.01	30.6	0.756	3 280	194	355	9.17	2.23	274	32.5	2.03
24c		82	11.0				43.81	34.4	0.760	3 510	213	388	8.96	2.21	293	34.4	2.00
25a	250	78	7.0				34.91	27.4	0.722	3 370	176	322	9.82	2.24	270	30.6	2.07
25b		80	9.0				39.91	31.3	0.776	3 530	196	353	9.41	2.22	282	32.7	1.98
25c		82	11.0				44.91	35.3	0.780	3 690	218	384	9.07	2.21	295	35.9	1.92

续附表 2

型号	截面尺寸/mm						截面面积/	理论重量/	外表面积/	惯性矩/cm^4			惯性半径/cm		截面模数/cm^3		重心距离/cm
	h	b	d	t	r	r_1	cm^2	(kg/m)	(m^2/m)	I_x	I_y	I_{y1}	i_x	i_y	W_x	W_y	Z_0
27a		82	7.5				39.27	30.8	0.826	4 360	216	393	10.5	2.34	323	35.5	2.13
27b	270	84	9.5				44.67	35.1	0.830	4 690	239	428	10.3	2.31	347	37.7	2.06
27c		86	11.5	12.5	12.5	6.2	50.07	39.3	0.834	5 020	261	467	10.1	2.28	372	39.8	2.03
28a		82	7.5				40.02	31.4	0.846	4 760	218	388	10.9	2.33	340	35.7	2.10
28b	280	84	9.5				45.62	35.8	0.850	5 130	242	428	10.6	2.30	366	37.9	2.02
28c		86	11.5				51.22	40.2	0.854	5 500	268	463	10.4	2.29	393	40.3	1.95
30a		85	7.5				43.89	34.5	0.897	6 050	260	467	11.7	2.43	403	41.1	2.17
30b	300	87	9.5	13.5	13.5	6.8	49.89	39.2	0.901	6 500	289	515	11.4	2.41	433	44.0	2.13
30c		89	11.5				55.89	43.9	0.905	6 950	316	560	11.2	2.38	463	46.4	2.09
32a		88	8.0				48.50	38.1	0.947	7 600	305	552	12.5	2.50	475	46.5	2.24
32b	320	90	10.0	14.0	14.0	7.0	54.90	43.1	0.951	8 140	336	593	12.2	2.47	509	49.2	2.16
32c		92	12.0				61.30	48.1	0.955	8 690	374	643	11.9	2.47	543	52.6	2.09
36a		96	9.0				60.89	47.8	1.053	11 900	455	818	14.0	2.73	660	63.5	2.44
36b	360	98	11.0	16.0	16.0	8.0	68.09	53.5	1.057	12 700	497	880	13.6	2.70	703	66.9	2.37
36c		100	13.0				75.29	59.1	1.061	13 400	536	948	13.4	2.67	746	70.0	2.34
40a		100	10.5				75.04	58.9	1.144	17 600	592	1 070	15.3	2.81	879	78.8	2.49
40b	400	102	12.5	18.0	18.0	9.0	83.04	65.2	1.148	18 600	640	1 140	15.0	2.78	932	82.5	2.44
40c		104	14.5				91.04	71.5	1.152	19 700	688	1 220	14.7	2.75	986	86.2	2.42

注:表中 r、r_1 的数据用于孔型设计,不做交货条件。

附表 3　等边角钢截面尺寸、截面面积、理论重量及截面特性

型号	截面尺寸/mm			截面面积/cm²	理论重量/(kg/m)	外表面积/(m²/m)	惯性矩/cm⁴				惯性半径/cm			截面模数/cm³			重心距离/cm
	b	d	r				I_x	I_{x1}	I_{x0}	I_{y0}	i_x	i_{x0}	i_{y0}	W_x	W_{x0}	W_{y0}	Z_0
2	20	3	3.5	1.132	0.89	0.078	0.40	0.81	0.63	0.17	0.59	0.75	0.39	0.29	0.45	0.20	0.60
		4		1.459	1.15	0.077	0.50	1.09	0.78	0.22	0.58	0.73	0.38	0.36	0.55	0.24	0.64
2.5	25	3		1.432	1.12	0.098	0.82	1.57	1.29	0.34	0.76	0.95	0.49	0.46	0.73	0.33	0.73
		4		1.859	1.46	0.097	1.03	2.11	1.62	0.43	0.74	0.93	0.48	0.59	0.92	0.40	0.76
3.0	30	3	4.5	1.749	1.37	0.117	1.46	2.71	2.31	0.61	0.91	1.15	0.59	0.68	1.09	0.51	0.85
		4		2.276	1.79	0.117	1.84	3.63	2.92	0.77	0.90	1.13	0.58	0.87	1.37	0.62	0.89
3.6	36	3		2.109	1.66	0.141	2.58	4.68	4.09	1.07	1.11	1.39	0.71	0.99	1.61	0.76	1.00
		4		2.756	2.16	0.141	3.29	6.25	5.22	1.37	1.09	1.38	0.70	1.28	2.05	0.93	1.04
		5		3.382	2.65	0.141	3.95	7.84	6.24	1.65	1.08	1.36	0.7	1.56	2.45	1.00	1.07
4	40	3	5	2.359	1.85	0.157	3.59	6.41	5.69	1.49	1.23	1.55	0.79	1.23	2.01	0.96	1.09
		4		3.086	2.42	0.157	4.60	8.56	7.29	1.91	1.22	1.54	0.79	1.60	2.58	1.19	1.13
		5		3.792	2.98	0.156	5.53	10.7	8.76	2.30	1.21	1.52	0.78	1.96	3.10	1.39	1.17
4.5	45	3		2.659	2.09	0.177	5.17	9.12	8.20	2.14	1.40	1.76	0.89	1.58	2.58	1.24	1.22
		4		3.486	2.74	0.177	6.65	12.2	10.6	2.75	1.38	1.74	0.89	2.05	3.32	1.54	1.26
		5		4.292	3.37	0.176	8.04	15.2	12.7	3.33	1.37	1.72	0.88	2.51	4.00	1.81	1.30
		6		5.077	3.99	0.176	9.33	18.4	14.8	3.89	1.36	1.70	0.80	2.95	4.64	2.06	1.33

续附表3

型号	截面尺寸/mm			截面面积/cm²	理论重量/(kg/m)	外表面积/(m²/m)	惯性矩/cm⁴				惯性半径/cm			截面模数/cm³			重心距离/cm
	b	d	r				I_x	I_{x1}	I_{x0}	I_{y0}	i_x	i_{x0}	i_{y0}	W_x	W_{x0}	W_{y0}	Z_0
5	50	3	5.5	2.971	2.33	0.197	7.18	12.5	11.4	2.98	1.55	1.96	1.00	1.96	3.22	1.57	1.34
		4		3.897	3.06	0.197	9.26	16.7	14.7	3.82	1.54	1.94	0.99	2.56	4.16	1.96	1.38
		5		4.803	3.77	0.196	11.2	20.9	17.8	4.64	1.53	1.92	0.98	3.13	5.03	2.31	1.42
		6		5.688	4.46	0.196	13.1	25.1	20.7	5.42	1.52	1.91	0.98	3.68	5.85	2.63	1.46
5.6	56	3	6	3.343	2.62	0.221	10.2	17.6	16.1	4.24	1.75	2.20	1.13	2.48	4.08	2.02	1.48
		4		4.39	3.45	0.220	13.2	23.4	20.9	5.46	1.73	2.18	1.11	3.24	5.28	2.52	1.53
		5		5.415	4.25	0.220	16.0	29.3	25.4	6.61	1.72	2.17	1.10	3.97	6.42	2.98	1.57
		6		6.42	5.04	0.220	18.7	35.3	29.7	7.73	1.71	2.15	1.10	4.68	7.49	3.40	1.61
		7		7.404	5.81	0.219	21.2	41.2	33.6	8.82	1.69	2.13	1.09	5.36	8.49	3.80	1.64
		8		8.367	6.57	0.219	23.6	47.2	37.4	9.89	1.68	2.11	1.09	6.03	9.44	4.16	1.68
6	60	5	6.5	5.829	4.58	0.236	19.9	36.1	31.6	8.21	1.85	2.33	1.19	4.59	7.44	3.48	1.67
		6		6.914	5.43	0.235	23.4	43.3	36.9	9.60	1.83	2.31	1.18	5.41	8.70	3.98	1.70
		7		7.977	6.26	0.235	26.4	50.7	41.9	11.0	1.82	2.29	1.17	6.21	9.88	4.45	1.74
		8		9.02	7.08	0.235	29.5	58.0	46.7	12.3	1.81	2.27	1.17	6.98	11.0	4.88	1.78
6.3	63	4	7	4.978	3.91	0.248	19.0	33.4	30.2	7.89	1.96	2.46	1.26	4.13	6.78	3.29	1.70
		5		6.143	4.82	0.248	23.2	41.7	36.8	9.57	1.94	2.45	1.25	5.08	8.25	3.90	1.74
		6		7.288	5.72	0.247	27.1	50.1	43.0	11.2	1.93	2.43	1.24	6.00	9.66	4.46	1.78
		7		8.412	6.60	0.247	30.9	58.6	49.0	12.8	1.92	2.41	1.23	6.88	11.0	4.98	1.82
		8		9.515	7.47	0.247	34.5	67.1	54.6	14.3	1.90	2.40	1.23	7.75	12.3	5.47	1.85
		10		11.66	9.15	0.246	41.1	84.3	64.9	17.3	1.88	2.36	1.22	9.39	14.6	6.36	1.93

续附表 3

型号	截面尺寸/mm			截面面积/cm²	理论重量/(kg/m)	外表面积/(m²/m)	惯性矩/cm⁴				惯性半径/cm			截面模数/cm³			重心距离/cm
	b	d	r				I_x	I_{x1}	I_{x0}	I_{y0}	i_x	i_{x0}	i_{y0}	W_x	W_{x0}	W_{y0}	Z_0
		4		5.570	4.37	0.275	26.4	45.7	41.8	11.0	2.18	2.74	1.40	5.14	8.44	4.17	1.86
		5		6.876	5.40	0.275	32.2	57.2	51.1	13.3	2.16	2.73	1.39	6.32	10.3	4.95	1.91
7	70	6	8	8.160	6.41	0.275	37.8	68.7	59.9	15.6	2.15	2.71	1.38	7.48	12.1	5.67	1.95
		7		9.424	7.40	0.275	43.1	80.3	68.4	17.8	2.14	2.69	1.38	8.59	13.8	6.34	1.99
		8		10.67	8.37	0.274	48.2	91.9	76.4	20.0	2.12	2.68	1.37	9.68	15.4	6.98	2.03
		5		7.412	5.82	0.295	40.0	70.6	63.3	16.6	2.33	2.92	1.50	7.32	11.9	5.77	2.04
		6		8.797	6.91	0.294	47.0	84.6	74.4	19.5	2.31	2.90	1.49	8.64	14.0	6.67	2.07
		7		10.16	7.98	0.294	53.6	98.7	85.0	22.2	2.30	2.89	1.48	9.93	16.0	7.44	2.11
7.5	75	8		11.50	9.03	0.294	60.0	113	95.1	24.9	2.28	2.88	1.47	11.2	17.9	8.19	2.15
		9		12.83	10.1	0.294	66.1	127	105	27.5	2.27	2.86	1.46	12.4	19.8	8.89	2.18
		10	9	14.13	11.1	0.293	72.0	142	114	30.1	2.26	2.84	1.46	13.6	21.5	9.56	2.22
		5		7.912	6.21	0.315	48.8	85.4	77.3	20.3	2.48	3.13	1.60	8.34	13.7	6.66	2.15
		6		9.397	7.38	0.314	57.4	103	91.0	23.7	2.47	3.11	1.59	9.87	16.1	7.65	2.19
		7		10.86	8.53	0.314	65.6	120	104	27.1	2.46	3.10	1.58	11.4	18.4	8.58	2.23
8	80	8		12.30	9.66	0.314	73.5	137	117	30.4	2.44	3.08	1.57	12.8	20.6	9.46	2.27
		9		13.73	10.8	0.314	81.1	154	129	33.6	2.43	3.06	1.56	14.3	22.7	10.3	2.31
		10		15.13	11.9	0.313	88.4	172	140	36.8	2.42	3.04	1.56	15.6	24.8	11.1	2.35

续附表 3

型号	截面尺寸/mm			截面面积/	理论重量/	外表面积/	惯性矩/cm^4				惯性半径/cm			截面模数/cm^3			重心距离/cm
	b	d	r	cm^2	(kg/m)	(m^2/m)	I_x	I_{x1}	I_{x0}	I_{y0}	i_x	i_{x0}	i_{y0}	W_x	W_{x0}	W_{y0}	Z_0
9	90	6	10	10. 64	8. 35	0. 354	82. 8	146	131	34. 3	2. 79	3. 51	1. 80	12. 6	20. 6	9. 95	2. 44
		7		12. 30	9. 66	0. 354	94. 8	170	150	39. 2	2. 78	3. 50	1. 78	14. 5	23. 6	11. 2	2. 48
		8		13. 94	10. 9	0. 353	106	195	169	44. 0	2. 76	3. 48	1. 78	16. 4	26. 6	12. 4	2. 52
		9		15. 57	12. 2	0. 353	118	219	187	48. 7	2. 75	3. 46	1. 77	18. 3	29. 4	13. 5	2. 56
		10		17. 17	13. 5	0. 353	129	244	204	53. 3	2. 74	3. 45	1. 76	20. 1	32. 0	14. 5	2. 59
		12		20. 31	15. 9	0. 352	149	294	236	62. 2	2. 71	3. 41	1. 75	23. 6	37. 1	16. 5	2. 67
10	100	6	12	11. 93	9. 37	0. 393	115	200	182	47. 9	3. 10	3. 90	2. 00	15. 7	25. 7	12. 7	2. 67
		7		13. 80	10. 8	0. 393	132	234	209	54. 7	3. 09	3. 89	1. 99	18. 1	29. 6	14. 3	2. 71
		8		15. 64	12. 3	0. 393	148	267	235	61. 4	3. 08	3. 88	1. 98	20. 5	33. 2	15. 8	2. 76
		9		17. 46	13. 7	0. 392	164	300	260	68. 0	3. 07	3. 86	1. 97	22. 8	36. 8	17. 2	2. 80
		10		19. 26	15. 1	0. 392	180	334	285	74. 4	3. 05	3. 84	1. 96	25. 1	40. 3	18. 5	2. 84
		12		22. 80	17. 9	0. 391	209	402	331	86. 8	3. 03	3. 81	1. 95	29. 5	46. 8	21. 1	2. 91
		14		26. 26	20. 6	0. 391	237	471	374	99. 0	3. 00	3. 77	1. 94	33. 7	52. 9	23. 4	2. 99
		16		29. 63	23. 3	0. 390	263	540	414	111	2. 98	3. 74	1. 94	37. 8	58. 6	25. 6	3. 06
11	110	7	12	15. 20	11. 9	0. 433	177	311	281	73. 4	3. 41	4. 30	2. 20	22. 1	36. 1	17. 5	2. 96
		8		17. 24	13. 5	0. 433	199	355	316	82. 4	3. 40	4. 28	2. 19	25. 0	40. 7	19. 4	3. 01
		10		21. 26	16. 7	0. 432	242	445	384	100	3. 38	4. 25	2. 17	30. 6	49. 4	22. 9	3. 09
		12		25. 20	19. 8	0. 431	283	535	448	117	3. 35	4. 22	2. 15	36. 1	57. 6	26. 2	3. 16
		14		29. 06	22. 8	0. 431	321	625	508	133	3. 32	4. 18	2. 14	41. 3	65. 3	29. 1	3. 24

续附表 3

型号	截面尺寸/mm			截面面积/	理论重量/	外表面积/	惯性矩/cm^4				惯性半径/cm			截面模数/cm^3			重心距离/cm
	b	d	r	cm^2	(kg/m)	(m^2/m)	I_x	I_{x1}	I_{x0}	I_{y0}	i_x	i_{x0}	i_{y0}	W_x	W_{x0}	W_{y0}	Z_0
12.5	125	8	14	19.75	15.5	0.492	297	521	471	123	3.88	4.88	2.50	32.5	53.3	25.9	3.37
		10		24.37	19.1	0.491	362	652	574	149	3.85	4.85	2.48	40.0	64.9	30.6	3.45
		12		28.91	22.7	0.491	423	783	671	175	3.83	4.82	2.46	41.2	76.0	35.0	3.53
		14		33.37	26.2	0.490	482	916	764	200	3.80	4.78	2.45	54.2	86.4	39.1	3.61
		16		37.74	29.6	0.489	537	1 050	851	224	3.77	4.75	2.43	60.9	96.3	43.0	3.68
14	140	10		27.37	21.5	0.551	515	915	817	212	4.34	5.46	2.78	50.6	82.6	39.2	3.82
		12		32.51	25.5	0.551	604	1 100	959	249	4.31	5.43	2.76	59.8	96.9	45.0	3.90
		14		37.57	29.5	0.550	689	1 280	1 090	284	4.28	5.40	2.75	68.8	110	50.5	3.98
		16		42.54	33.4	0.549	770	1 470	1 220	319	4.26	5.36	2.74	77.5	123	55.6	4.06
15	150	8		23.75	18.6	0.592	521	900	827	215	4.69	5.90	3.01	47.4	78.0	38.1	3.99
		10		29.37	23.1	0.591	638	1 130	1 010	262	4.66	5.87	2.99	58.4	95.5	45.5	4.08
		12		34.91	27.4	0.591	749	1 350	1 190	308	4.63	5.84	2.97	69.0	112	52.4	4.15
		14		40.37	31.7	0.590	856	1 580	1 360	352	4.60	5.80	2.95	79.5	128	58.8	4.23
		15		43.06	33.8	0.590	907	1 690	1 440	374	4.59	5.78	2.95	84.6	136	61.9	4.27
		16		45.74	35.9	0.589	958	1 810	1 520	395	4.58	5.77	2.94	89.6	143	64.9	4.31

续附表3

型号	截面尺寸/mm			截面面积/cm²	理论重量/(kg/m)	外表面积/(m²/m)	惯性矩/cm⁴				惯性半径/cm			截面模数/cm³			重心距离/cm
	b	d	r				I_x	I_{x1}	I_{x0}	I_{y0}	i_x	i_{x0}	i_{y0}	W_x	W_{x0}	W_{y0}	Z_0
16	160	10	16	31. 50	24. 7	0. 630	780	1 370	1 240	322	4. 98	6. 27	3. 20	66. 7	109	52. 8	4. 31
		12		37. 44	29. 4	0. 630	917	1 640	1 460	377	4. 95	6. 24	3. 18	79. 0	129	60. 7	4. 39
		14		43. 30	34. 0	0. 629	1 050	1 910	1 670	432	4. 92	6. 20	3. 16	91. 0	147	68. 2	4. 47
		16		49. 07	38. 5	0. 629	1 180	2 190	1 870	485	4. 89	6. 17	3. 14	103	165	75. 3	4. 55
18	180	12		42. 24	33. 2	0. 710	1 320	2 330	2 100	543	5. 59	7. 05	3. 58	101	165	78. 4	4. 89
		14		48. 90	38. 4	0. 709	1 510	2 720	2 410	622	5. 56	7. 02	3. 56	116	189	88. 4	4. 97
		16		55. 47	43. 5	0. 709	1 700	3 120	2 700	699	5. 54	6. 98	3. 55	131	212	97. 8	5. 05
		18		61. 96	48. 6	0. 708	1 880	3 500	2 990	762	5. 50	6. 94	3. 51	146	235	105	5. 13
20	200	14	18	54. 64	42. 9	0. 788	2 100	3 730	3 340	864	6. 20	7. 82	3. 98	145	236	112	5. 46
		16		62. 01	48. 7	0. 788	2 370	4 270	3 760	971	6. 18	7. 79	3. 96	164	266	124	5. 54
		18		69. 30	54. 4	0. 787	2 620	4 810	4 160	1 080	6. 15	7. 75	3. 94	182	294	136	5. 62
		20		76. 51	60. 1	0. 787	2 870	5 350	4 550	1 180	6. 12	7. 72	3. 93	200	322	147	5. 69
		24		90. 66	71. 2	0. 785	3 340	6 460	5 290	1 380	6. 07	7. 64	3. 90	236	374	167	5. 87
22	220	16	21	68. 67	53. 9	0. 866	3 190	5 680	5 060	1 310	6. 81	8. 59	4. 37	200	326	154	6. 03
		18		76. 75	60. 3	0. 866	3 540	6 400	5 620	1 450	6. 79	8. 55	4. 35	223	361	168	6. 11
		20		84. 76	66. 5	0. 865	3 870	7 110	6 150	1 590	6. 76	8. 52	4. 34	245	395	182	6. 18
		22		92. 68	72. 8	0. 865	4 200	7 830	6 670	1 730	6. 73	8. 48	4. 32	267	429	195	6. 26
		24		100. 5	78. 9	0. 864	4 520	8 550	7 170	1 870	6. 71	8. 45	4. 31	289	461	208	6. 33
		26		108. 3	85. 0	0. 864	4 830	9 280	7 690	2 000	6. 68	8. 41	4. 30	310	492	221	6. 41

续附表 3

型号	截面尺寸/mm			截面面积/	理论重量/	外表面积/	惯性矩/cm^4				惯性半径/cm			截面模数/cm^3			重心距离/cm
	b	d	r	cm^2	(kg/m)	(m^2/m)	I_x	I_{x1}	I_{x0}	I_{y0}	i_x	i_{x0}	i_{y0}	W_x	W_{x0}	W_{y0}	Z_0
25	250	18	24	87.84	69.0	0.985	5 270	9 380	8 370	2 170	7.75	9.76	4.97	290	473	224	6.84
		20		97.05	76.2	0.984	5 780	10 400	9 180	2 380	7.72	9.73	4.95	320	519	243	6.92
		22		106.2	83.3	0.983	6 280	11 500	9 970	2 580	7.69	9.69	4.93	349	564	261	7.00
		24		115.2	90.4	0.983	6 770	12 500	10 700	2 790	7.67	9.66	4.92	378	608	278	7.07
		26		124.2	97.5	0.982	7 240	13 600	11 500	2 980	7.64	9.62	4.90	406	650	295	7.15
		28		133.0	104	0.982	7 700	14 600	12 200	3 180	7.61	9.58	4.89	433	691	311	7.22
		30		141.8	111	0.981	8 160	15 700	12 900	3 380	7.58	9.55	4.88	461	731	327	7.30
		32		150.5	118	0.981	8 600	16 800	13 600	3 570	7.56	9.51	4.87	488	770	342	7.37
		35		163.4	128	0.980	9 240	18 400	14 600	3 850	7.52	9.46	4.86	527	827	364	7.48

注：截面图中的 $r_1 = 1/3d$ 及表中 r 的数据用于孔型设计，不做交货条件。

附表 4 不等边角钢截面尺寸、截面面积、理论重量及截面特性

型号	截面尺寸/mm				截面面积/cm²	理论重量/(kg/m)	外表面积/(m²/m)	惯性矩/cm⁴					惯性半径/cm			截面模数/cm³			tanα	重心距离/cm	
	B	b	d	r				I_x	I_{x1}	I_y	I_{y1}	I_u	i_x	i_y	i_u	W_x	W_y	W_u		X_0	Y_0
2.5/1.6	25	16	3	3.5	1.162	0.91	0.080	0.70	1.56	0.22	0.43	0.14	0.78	0.44	0.34	0.43	0.19	0.16	0.392	0.42	0.86
			4		1.499	1.18	0.079	0.88	2.09	0.27	0.59	0.17	0.77	0.43	0.34	0.55	0.24	0.20	0.381	0.46	0.90
3.2/2	32	20	3		1.492	1.17	0.102	1.53	3.27	0.46	0.82	0.28	1.01	0.55	0.43	0.72	0.30	0.25	0.382	0.49	1.08
			4		1.939	1.52	0.101	1.93	4.37	0.57	1.12	0.35	1.00	0.54	0.42	0.93	0.39	0.32	0.374	0.53	1.12
4/2.5	40	25	3	4	1.890	1.48	0.127	3.08	5.39	0.93	1.59	0.56	1.28	0.70	0.54	1.15	0.49	0.40	0.385	0.59	1.32
			4		2.467	1.94	0.127	3.93	8.53	1.18	2.14	0.71	1.36	0.69	0.54	1.49	0.63	0.52	0.381	0.63	1.37
4.5/2.8	45	28	3	5	2.149	1.69	0.143	4.45	9.10	1.34	2.23	0.80	1.44	0.79	0.61	1.47	0.62	0.51	0.383	0.64	1.47
			4		2.806	2.20	0.143	5.69	12.1	1.70	3.00	1.02	1.42	0.78	0.60	1.91	0.80	0.66	0.380	0.68	1.51
5/3.2	50	32	3	5.5	2.431	1.91	0.161	6.24	12.5	2.02	3.31	1.20	1.60	0.91	0.70	1.84	0.82	0.68	0.404	0.73	1.60
			4		3.177	2.49	0.160	8.02	16.7	2.58	4.45	1.53	1.59	0.90	0.69	2.39	1.06	0.87	0.402	0.77	1.65
5.6/3.6	56	36	3	6	2.743	2.15	0.181	8.88	17.5	2.92	4.7	1.73	1.80	1.03	0.79	2.32	1.05	0.87	0.408	0.80	1.78
			4		3.590	2.82	0.180	11.5	23.4	3.76	6.33	2.23	1.79	1.02	0.79	3.03	1.37	1.13	0.408	0.85	1.82
			5		4.415	3.47	0.180	13.9	29.3	4.49	7.94	2.67	1.77	1.01	0.78	3.71	1.65	1.36	0.404	0.88	1.87
6.3/4	63	40	4	7	4.058	3.19	0.202	16.5	33.3	5.23	8.63	3.12	2.02	1.14	0.88	3.87	1.70	1.40	0.398	0.92	2.04
			5		4.993	3.92	0.202	20.0	41.6	6.31	10.9	3.76	2.00	1.12	0.87	4.74	2.07	1.71	0.396	0.95	2.08
			6		5.908	4.64	0.201	23.4	50.0	7.29	13.1	4.34	1.96	1.11	0.86	5.59	2.43	1.99	0.393	0.99	2.12
			7		6.802	5.34	0.201	26.5	58.1	8.24	15.5	4.97	1.98	1.10	0.86	6.40	2.78	2.29	0.389	1.03	2.15

续附表 4

型号	截面尺寸/mm				截面面积/	理论重量/	外表面积/	惯性矩/cm^4					惯性半径/cm			载面模数/cm^3			$\tan\alpha$	重心距离/cm	
	B	b	d	r	cm^2	(kg/m)	(m^2/m)	I_x	I_{x1}	l_y	I_{y1}	I_u	i_x	i_y	i_u	W_x	W_y	W_u		X_0	Y_0
7/4.5	70	45	4	7.5	4.553	3.57	0.226	23.2	45.9	7.55	12.3	4.40	2.26	1.29	0.98	4.86	2.17	1.77	0.410	1.02	2.24
			5		5.609	4.40	0.225	28.0	57.1	9.13	15.4	5.40	2.23	1.28	0.98	5.92	2.65	2.19	0.407	1.06	2.28
			6		6.644	5.22	0.225	32.5	68.4	10.6	18.6	6.35	2.21	1.26	0.98	6.95	3.12	2.59	0.404	1.09	2.32
			7		7.658	6.01	0.225	37.2	80.0	12.0	21.8	7.16	2.20	1.25	0.97	8.03	3.57	2.94	0.402	1.13	2.36
7.5/5	75	50	5	8	6.126	4.81	0.245	34.9	70.0	12.6	21.0	7.41	2.39	1.44	1.10	6.83	3.3	2.74	0.435	1.17	2.40
			6		7.260	5.70	0.245	41.1	84.3	14.7	25.4	8.54	2.38	1.42	1.08	8.12	3.88	3.19	0.435	1.21	2.44
			8		9.467	7.43	0.244	52.4	113	18.5	34.2	10.9	2.35	1.40	1.07	10.5	4.99	4.10	0.429	1.29	2.52
			10		11.59	9.10	0.244	62.7	141	22.0	43.4	13.1	2.33	1.38	1.06	12.8	6.04	4.99	0.423	1.36	2.60
8/5	80	50	5		6.376	5.00	0.255	42.0	85.2	12.8	21.1	7.66	2.56	1.42	1.10	7.78	3.32	2.74	0.388	1.14	2.60
			6		7.560	5.93	0.255	49.5	103	15.0	25.4	8.85	2.56	1.41	1.08	9.25	3.91	3.20	0.387	1.18	2.65
			7		8.724	6.85	0.255	56.2	119	17.0	29.8	10.2	2.54	1.39	1.08	10.6	4.48	3.70	0.384	1.21	2.69
			8		9.867	7.75	0.254	62.8	136	18.9	34.3	11.4	2.52	1.38	1.07	11.9	5.03	4.16	0.381	1.25	2.73
9/5.6	90	56	5	9	7.212	5.66	0.287	60.5	121	18.3	29.5	11.0	2.90	1.59	1.23	9.92	4.21	3.49	0.385	1.25	2.91
			6		8.557	6.72	0.286	71.0	146	21.4	35.6	12.9	2.88	1.58	1.23	11.7	4.96	4.13	0.384	1.29	2.95
			7		9.881	7.76	0.286	81.0	170	24.4	41.7	14.7	2.86	1.57	1.22	13.5	5.70	4.72	0.382	1.33	3.00
			8		11.18	8.78	0.286	91.0	194	27.2	47.9	16.3	2.85	1.56	1.21	15.3	6.41	5.29	0.380	1.36	3.04

续附表 4

型号	截面尺寸/mm				截面面积/	理论重量/	外表面积/	惯性矩/cm^4					惯性半径/cm			截面模数/cm^3			tanα	重心距离/cm	
	B	b	d	r	cm^2	(kg/m)	(m^2/m)	I_x	I_{x1}	l_y	I_{y1}	I_u	i_x	i_y	i_u	W_x	W_y	W_u		X_0	Y_0
10/6.3	100	63	6	10	9.618	7.55	0.320	99.1	200	30.9	50.5	18.4	3.21	1.79	1.38	14.6	6.35	5.25	0.394	1.43	3.24
			7		11.11	8.72	0.320	113	233	35.3	59.1	21.0	3.20	1.78	1.38	16.9	7.29	6.02	0.394	1.47	3.28
			8		12.58	9.88	0.319	127	266	39.4	67.9	23.5	3.18	1.77	1.37	19.1	8.21	6.78	0.391	1.50	3.32
			10		15.47	12.1	0.319	154	333	47.1	85.7	28.3	3.15	1.74	1.35	23.3	9.98	8.24	0.387	1.58	3.40
10/8	100	80	6	10	10.64	8.35	0.354	107	200	61.2	103	31.7	3.17	2.40	1.72	15.2	10.2	8.37	0.627	1.97	2.95
			7		12.30	9.66	0.354	123	233	70.1	120	36.2	3.16	2.39	1.72	17.5	11.7	9.60	0.626	2.01	3.00
			8		13.94	10.9	0.353	138	267	78.6	137	40.6	3.14	2.37	1.71	19.8	13.2	10.8	0.625	2.05	3.04
			10		17.17	13.5	0.353	167	334	94.7	172	49.1	3.12	2.35	1.69	24.2	16.1	13.1	0.622	2.13	3.12
18/11	180	110	10	14	28.37	22.3	0.571	956	1 940	278	447	167	5.80	3.13	2.42	79.0	32.5	26.9	0.376	2.44	5.89
			12		33.71	26.5	0.571	1 120	2 330	325	539	195	5.78	3.10	2.40	93.5	38.3	31.7	0.374	2.52	5.98
			14		38.97	30.6	0.570	1 290	2 720	370	632	222	5.75	3.08	2.39	108	44.0	36.3	0.372	2.59	6.06
			16		44.14	34.6	0.569	1 440	3 110	412	726	249	5.72	3.06	2.38	122	49.4	40.9	0.369	2.67	6.14
20/12.5	200	125	12		37.91	29.8	0.641	1 570	3 190	483	788	286	6.44	3.57	2.74	117	50.0	41.2	0.392	2.83	6.54
			14		43.87	34.4	0.640	1 800	3 730	551	922	327	6.41	3.54	2.73	135	57.4	47.3	0.390	2.91	6.62
			16		49.74	39.0	0.639	2 020	4 260	615	1 060	366	6.38	3.52	2.71	152	64.9	53.3	0.388	2.99	6.70
			18		55.53	43.6	0.639	2 240	4 790	677	1 200	405	6.35	3.49	2.70	169	71.7	59.2	0.385	3.06	6.78

注:截面图中的 $r_1=1/3d$ 及表中 r 的数据用于孔型设计,不做交货条件。

参考文献

[1] 李舒瑶,赵云翔. 工程力学[M]. 2 版. 郑州:黄河水利出版社,2009.
[2] 顾志荣,吴永生. 材料力学学习方法及解题指导[M]. 2 版. 上海:同济大学出版社,2000.
[3] 单辉祖,谢传锋. 工程力学(静力学与材料力学)[M]. 北京:高等教育出版社,2004.
[4] 孙训方,方孝淑,关来泰. 材料力学[M]. 3 版. 北京:高等教育出版社,1994.
[5] 谢芝馨. 新编工程力学学习指导书[M]. 北京:机械工业出版社,2002.
[6] 范钦珊. 工程力学习题指导(上册、中册)[M]. 北京:中国建筑工业出版社,1980.
[7] 奚立平. 基于高职学生认知特点的《工程力学》课程教学改革探究[J]. 安徽水利水电职业技术学院学报,2017,(2):65-68.
[8] 奚立平. 层次递进学力学[M]. 郑州:黄河水利出版社,2017.
[9] 叶建海,赵淑梅. 工程力学[M]. 4 版. 郑州:黄河水利出版社,2021.
[10] 丁学所,凌卫宁,佟新,等. 建筑工程力学[M]. 郑州:黄河水利出版社,2011.
[11] 李有香. 力学与结构[M]. 郑州:黄河水利出版社,2016.
[12] 谢帮华,章宝华,贾巧燕. 工程力学[M]. 西安:西北工业大学出版社,2015.
[13] 王长连. 工程力学[M]. 北京:机械工业出版社,2009.
[14] 中华人民共和国国家质量监督检验检疫总局,中国国家标准化管理委员会. 热轧型钢:GB/T 706—2016[S]. 北京:中国标准出版社,2017.
[15] 金舜卿,李蔚英. 土木工程力学[M]. 南京:南京大学出版社,2021.
[16] 金铮. 工程力学习题与解答[M]. 南京:东南大学出版社,2010.